高职高专“十三五”规划教材

电气控制技术

周庆贵　赵秀芬　刘彬　主编
李艳红　王立宪　副主编

化学工业出版社
·北京·

本书根据教育部《关于加强高职高专教育人才培养工作的意见》精神编写。教材面向工程实际，面向当今控制技术，突出提升应用技能、理论知识适度的特点。内容叙述简明扼要，深入浅出，引入工程实例，使读者容易理解掌握电气控制技术的基本知识和技能，并安排有八个实训项目。

本书可作为高等职业院校机电、电气、机械制造自动化等专业的教材，也可作为设备操作、设计与维护维修等工程技术人员学习电气控制技术用书。

图书在版编目（CIP）数据

电气控制技术/周庆贵，赵秀芬，刘彬主编．—3版．—北京：化学工业出版社，2018.3（2022.11重印）
高职高专“十三五”规划教材
ISBN 978-7-122-31630-1

Ⅰ.①电… Ⅱ.①周…②赵…③刘… Ⅲ.①电气控制-高等职业教育-教材 Ⅳ.①TM921.5

中国版本图书馆CIP数据核字（2018）第040689号

责任编辑：潘新文　　装帧设计：韩　飞
责任校对：宋　玮

出版发行：化学工业出版社（北京市东城区青年湖南街13号　邮政编码100011）
印　　刷：三河市航远印刷有限公司
装　　订：三河市宇新装订厂
787mm×1092mm　1/16　印张13½　字数333千字　2022年11月北京第3版第4次印刷

购书咨询：010-64518888　　售后服务：010-64518899
网　　址：http://www.cip.com.cn
凡购买本书，如有缺损质量问题，本社销售中心负责调换。

定　　价：39.80元

前　言

《电气控制技术》自2001年第一版出版以来，被越来越多的高职高专院校采用，并得到了广大师生的一致好评，2006年本书推出第二版，对教材内容进行了完善和修改。随着高等职业教育人才培养观念的变化，以及电气控制领域新技术的发展，我国的高等职业教育教学改革取得长足发展，新理念、新方法层出不穷，近几年很多高等职业院校老师和社会读者对本书第二版内容提出各种宝贵的意见和建议，在此表示衷心的感谢。为了使本书更好地适应当前高职高专教学改革的需要，编者根据一线教师在教学中的反映以及读者的建议，结合当前的职业教育实际状况，对第二版教材进行了修订完善，并重点进行了以下修改。

1. 删除第三章中锻压机械电气控制线路和起重机电气控制线路，增加卧式镗床电气控制线路分析。

2. 第五章中以目前实际使用较普遍的西门子802C数控系统和华中HNC-21数控系统为例，补充数控系统外部连接与接口方面的内容。

3. 第六章新增了进给驱动装置的接口（知识点主要有电源接口、指令接口、反馈接口和控制接口，以及数控装置与进给驱动器的连线）和主轴电机驱动器的接口（知识点主要有变频器基本接口、数控装置与变频器的接线）等内容。

4. 第七章数控车床电气控制系统分析，第二版介绍的是基于华中早期教学型数控系统的车床控制线路，第三版修订为基于华中HNC-21T数控系统的车床控制线路分析，并增加基于西门子802C数控系统的铣床控制线路分析内容。

5. 根据项目驱动理念，体现职业教育特点，增加第八章实训项目。

本书由周庆贵、赵秀芬、刘彬任主编，李艳红、王立宪任副主编，孙琴梅参加编写。

由于水平所限，书中难免存在一些不足之处，恳请广大读者不吝批评指正，以便我们今后更好地修订完善，使本书继续得到兄弟院校的师生和广大读者的厚爱。

编者

2018.1

目　录

第一章

常用低压电器

电器是所有电工器械的简称。凡是根据外界特定的信号和要求，自动或手动接通和断开电路，断续或连续改变电路参数，实现对电路或非电对象的切换、控制、保护、检测和调节作用的电气设备统称为电器。随着科学技术的飞速发展，自动化程度的不断提高，电器的应用范围日益扩大，品种不断增加。尤其是随着电子技术在电器中的广泛应用，近年来出现了许多新型电器。按照中国现行标准规定，低压电器通常是指工作在交流1200V或直流1500V以下的电器。本章主要介绍机械设备电气控制系统中常用的几种低压电器。

第一节　低压电器的基本知识

一、低压电器的分类

低压电器的品种规格繁多，构造及工作原理各异，有多种分类方法。

1. 按用途分

（1）低压配电电器　这类电器包括刀开关、转换开关、熔断器和断路器等，主要用于低压配电系统中，实现电能的输送和分配，以及系统保护，要求这类电器动作准确、工作可靠、稳定性能良好。

（2）低压控制电器　这类电器包括接触器、继电器及各种主令电器等，主要用于电气控制系统，要求这类电器工作准确可靠、操作频率高、寿命长、而且体积小、质量轻。

2. 按动作性质分

（1）自动电器　这类电器依靠电器本身的参数变化或外来信号（如电流、电压、温度、压力、速度、热量等）而自动接通、分断电路或使电动机进行正转、反转及停止等动作，如接触器及各种继电器等。

（2）手动电器　这类电器依靠外力（人工）直接操作来进行接通、分断电路等动作，如各种开关、按钮等。

3. 按低压电器的执行机理分

（1）有触点电器　这类电器具有动触点和静触点，利用触点的接触和分离来实现电路的通断。

（2）无触点电器　这类电器没有触点，主要利用晶体管的开关效应，即导通或截止来实现电路的通断。

二、低压电器的型号表示法

国产常用低压电器的全型号组成形式如下：

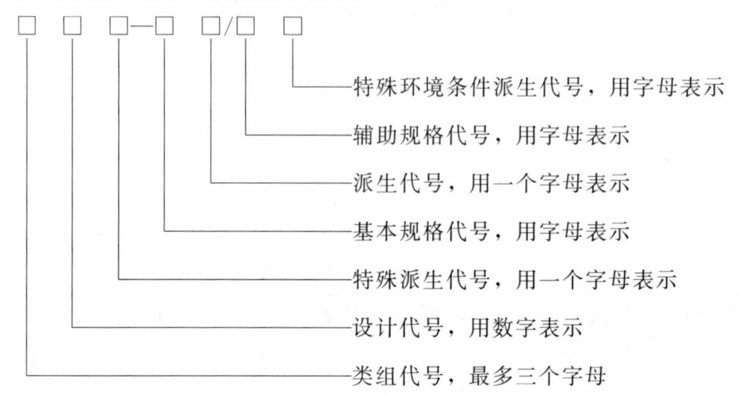

三、低压电器的主要技术参数

1. 额定电压

（1）额定工作电压　规定条件下，保证电器正常工作的工作电压值。

（2）额定绝缘电压　规定条件下，用来度量电器及其部件的绝缘强度、电气间隙和漏电距离的标称电压值。除非另有规定，一般为电器最大额定工作电压。

（3）额定脉冲耐受电压　反映电器当其所在系统发生最大过电压时所能耐受的能力。额定绝缘电压和额定脉冲耐受电压共同决定绝缘水平。

2. 额定电流

（1）额定工作电流　在规定条件下，保证开关电器正常工作的电流值。

（2）约定发热电流　在规定条件下试验时，电器处于非封闭状态下，开关电器在8h工作制下，各部件温升不超过极限值时所能承载的最大电流。

（3）约定封闭发热电流　电器处于封闭状态下，在所规定的最小外壳内，开关电器在8h工作制下，各部件的温升不超过极限值时所承载的最大电流。

（4）额定持续电流　在规定的条件下，开关电器在长期工作制下，各部件的温升不超过规定极限值时所能承载的最大电流值。

3. 操作频率与通电持续率

开关电器每小时内可能实现的最高操作循环次数称为操作频率。通电持续率是电器工作于断续周期工作制时有载时间与工作周期之比，通常以百分数表示。

4. 机械寿命和电寿命

机械开关电器在需要修理或更换机械零件前所能承受的无载操作次数，称为机械寿命。在正常工作条件下，机械开关电器无需修理或更换零件的负载操作次数称为电寿命。

对于有触点的电器，其触头在工作中除机械磨损外，尚有比机械磨损更为严重的电磨损。因而，电器的电寿命一般小于其机械寿命。设计电器时，要求其电寿命为机械寿命的20％～50％。

四、低压电器的选用原则

目前，国产低压电器大约有130多个系列，品种规格繁多。在对低压电器的设计和制造上，国家规定有严格的标准。选用的一般原则如下。

1．安全原则

安全可靠是对任何电器的基本要求，保证电路和用电设备的可靠运行是正常生活与生产的前提。例如：用手操作的低压电器要确保人身安全；金属外壳要有明显接地标志等。

2．经济原则

经济性包括电器本身的经济价值和使用该种电器产生的价值。前者要求合理适用，后者必须保证运行可靠，不能因故障而引起各类经济损失。

3．选用低压电器的注意事项

① 明确控制对象的分类和使用环境。

② 明确有关的技术数据，如控制对象的额定电压、额定功率、操作特性、起动电流倍数和工作制等。

③ 了解电器的正常工作条件，如周围温度、湿度、海拔高度、震动和防御有害气体等方面的能力。

④ 了解电器的主要技术性能，如用途、种类、控制能力、通断能力和使用寿命等。

第二节　低压电器的电磁机构及执行机构

低压电器一般都有两个基本部分，即感受部分和执行部分。感受部分感受外界信号，并做出反应。自控电器中，感受部分大多由电磁机构组成；手控电器中，感受部分通常为电器的操作手柄。执行部分根据指令，执行接通、切断电路等任务，如触点及灭弧系统。

一、电磁机构

电磁机构是各种自动化电磁式电器的感测部件，由线圈、铁芯和衔铁组成，如图1-1所示。当线圈通入电流之后，铁芯和衔铁的端面上出现了不同极性的磁极，彼此相吸，使衔铁向铁芯运动，由连动机构带动触头动作。电磁机构实质上是电磁铁的一种。

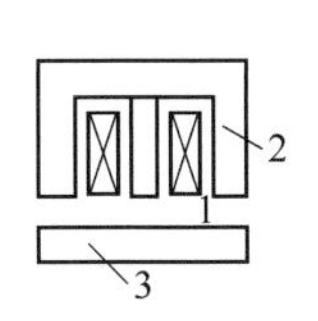

(a) 单山形电磁铁

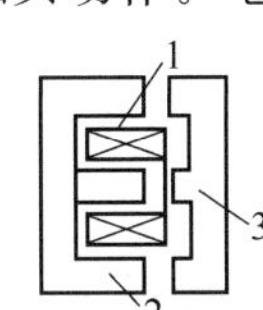

(b) 双山形电磁铁

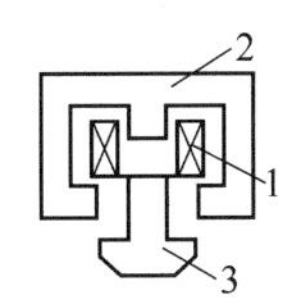

(c) 螺管式电磁铁

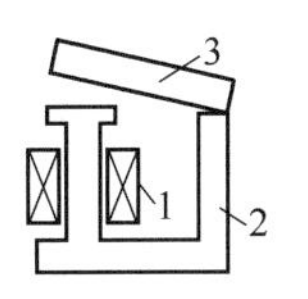

(d) 拍合式电磁铁

图1-1　电磁机构的几种结构形式

1—线圈；2—铁芯；3—衔铁

（一）铁芯和衔铁的结构形式

常用的铁芯和衔铁的结构形式有山字形、螺管式和拍合式几种。

（1）山字形电磁铁　山字形电磁铁有单山字形和双山字形之分。这种结构形式的电磁铁多用于交流继电器、交流接触器以及其他交流电磁机构的电磁系统。

（2）螺管式电磁铁　多用作牵引电磁铁和自动开关的操作电磁铁，但也有少数过电流继电器采用这种形式的电磁铁。

(3) 拍合式电磁铁　广泛用于直流继电器和直流接触器，有时也用于交流继电器。

(二) 线圈

线圈是电磁铁的心脏，是产生磁通的源泉。按通入线圈电源的种类不同，可分为直流线圈和交流线圈。根据励磁的需要，线圈可分串联和并联两种，前者称为电流线圈，后者称为电压线圈。电流线圈串接在主电路中，电流较大，所以常用扁铜条或粗铜线绕制，匝数也较少；电压线圈并接在电源上，匝数多，阻抗也大，但电流却较小，所以常用绝缘较好的电磁线绕制。

从结构上来看，线圈可分为有骨架的和无骨架的两种。交流电磁铁的线圈多为有骨架式，因为考虑到铁芯中有磁滞损耗和涡流损耗，不仅很难帮助线圈散热，而且有可能把热量传给线圈。直流电磁铁的线圈则多是无骨架的。

二、电器的触头系统和灭弧方法

(一) 电器的触头系统

触头是用来接通或断开电路的，其结构形式很多。按其接触形式有点接触、线接触和面接触三种。如图 1-2 所示。

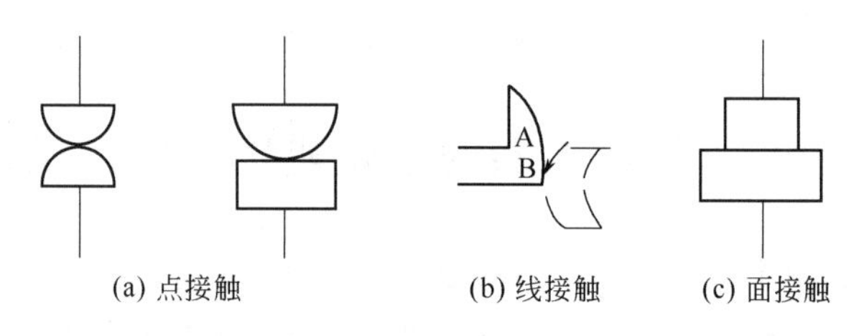

图 1-2　触头的三种接触形式

点接触允许通过的电流较小，常用于继电器电路或辅助触点。线接触和面接触允许通过的电流较大，常用于大电流场合，如刀开关、接触器的主触点等。为减少接触电阻，使接触更加可靠，需在触点间施加一定的压力。压力一般是靠反作用弹簧或触点本身的弹性变形而得。

图 1-3 分别为不同接触形式的触头结构形式。图 (a) 为采用点接触的桥式触头，图 (b) 为采用面接触的桥式触头，图 (c) 为采用线接触的指形触头。

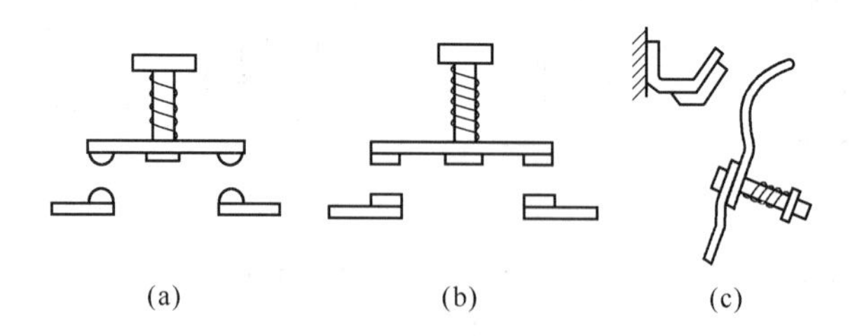

图 1-3　触头的结构形式

(二) 灭弧方法

1. 电弧的产生

电弧的形成过程：当触头间刚出现断口时，两触头间距离极小，电场强度极大，在高热和强电场作用下，金属内部的自由电子从阴极表面逸出，奔向阳极，这些自由电子在电场中运动时撞击中性气体分子，使之激励和游离，产生正离子和电子，这些电子在强电场作用下继续向阳极移动时还要撞击其他中性分子。因此，在触头间隙中产生了大量的带电粒子，使气体导电形成了炽热的电子流即电弧。电弧产生高温并发出强光，将触头烧损，并使电路的切断时间延长，严重时会引起火灾或其他事故，因此应采取灭弧措施。

2. 常用灭弧方法

(1) 电动力吹弧　一般用于交流接触器等交流电器。图 1-4 是一种桥式结构双断口触头系统，双断口就是在一个回路中有两个产生和断开电弧的间隙。当触点打开时，在断口中产生电弧。触头 1 和 2 在弧区内产生图中所示的磁场，根据左手定则，电弧电流要受到一个指向外侧的力 F 的作用而向外运动，迅速离开触点而熄灭。电弧的这种运动，一是会使电弧本身被拉长，二是电弧穿越冷却介质时要受到较强的冷却作用，这都有助于熄灭电弧。最主要的还是两断口处的每一电极近旁，在交流过零时都能出现 150～250V 的介质绝缘强度。

(2) 窄缝灭弧室　磁吹灭弧装置一般都带灭弧罩，灭弧罩通常用耐弧陶土、石棉水泥或耐弧塑料制成。其作用有二：一是引导电弧纵向吹出，借此防止发生相间短路；二是使电弧与灭弧室的绝缘壁接触，从而迅速冷却，增强去游离作用，迫使电弧熄灭。如图 1-5 所示，灭弧罩的绝缘壁之间的缝隙有大有小，凡是宽度比电弧直径小的缝（图中缝宽 δ_1 小于电弧直径 d_2 处）称为窄缝；反之，宽度比电弧直径大的缝（图中缝宽 δ_2 大于电弧直径 d_2 处）称为宽缝。窄缝可将电弧弧柱直径压缩（如压缩为 d_1），使电弧同缝壁紧密接触，加强冷却和降低游离作用，同时，也加大了电弧运动的阻力，使其运动速度下降，缝壁温度上升，并在壁面产生表面放电。总之，缝宽的大小需要综合考虑。目前，有采用数个窄缝的多纵缝灭弧室，它将电弧引入纵缝，分劈成若干股直径较小的电弧，以增强灭弧作用。

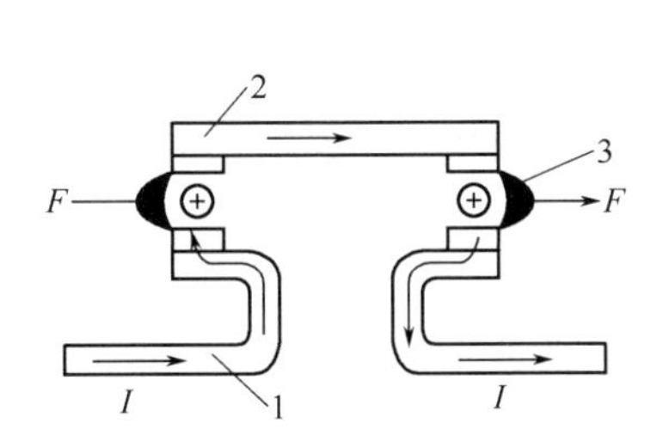

图 1-4　双断口结构的电动力吹弧效应

1—静触头；2—动触头；3—电弧

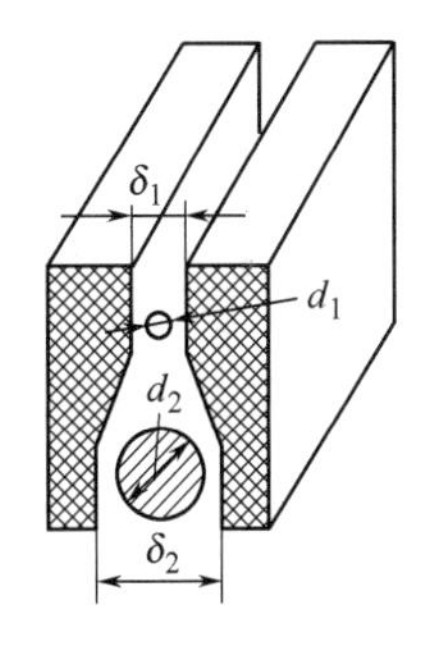

图 1-5　窄缝灭弧室的断面

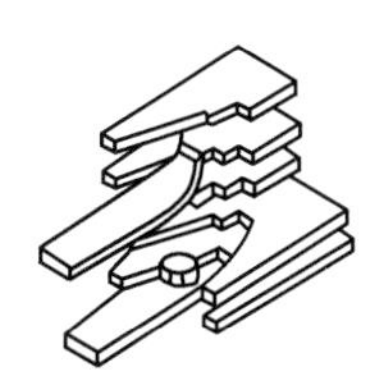

图 1-6　栅片灭弧

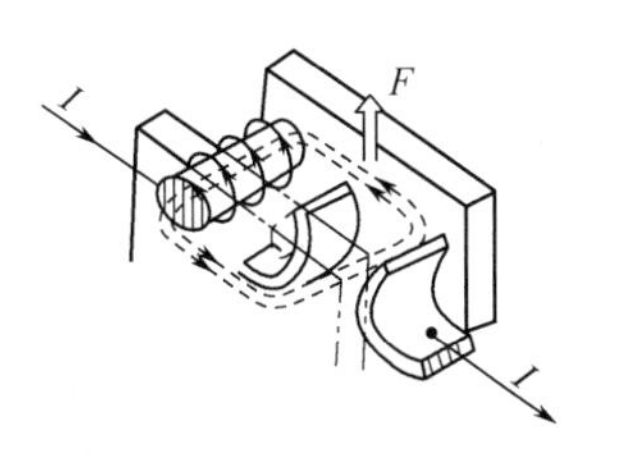

图 1-7　磁吹灭弧

（3）栅片灭弧　触头分断时产生的电弧在磁吹力和电动力作用下被拉长后，推向一组静止的金属片，这组金属片称为栅片，它们彼此间是互相绝缘的。电弧进入栅片后，被分割成一段段串联的电弧，而每一栅片又相当于一个电极，使每段短弧上的电压达不到燃弧电压，同时栅片还具有冷却作用，致使电弧迅速熄灭，如图 1-6 所示。

（4）磁吹灭弧　灭弧装置设有与触点串联的磁吹线圈，电弧在吹弧线圈的作用下受力拉长，从触点间吹离，加速了冷却而熄灭，如图 1-7 所示。

为了加强灭弧效果，往往要同时采取几种灭弧措施。

第三节　熔　断　器

一、熔断器的工作原理及特性

熔断器是一种最简单有效的保护电器。主要由熔体和安装熔体的熔管两部分组成。熔体是熔断器的核心部分，常做成丝状或片状，其材料有两类：一类为低熔点材料，如铅锡合金、锌等；另一类材料为高熔点材料，如银、铜、铝等。

熔断器使用时，串联在所保护的电路中。当电路正常工作时，熔体允许通过一定大小的电流而不熔断；当电路发生短路或严重过载时，熔体中流过很大的故障电流，当电流产生的热量使熔体温度上升到熔点时，熔体熔断切断电路，从而达到保护电气设备的目的。

电气设备的电流保护主要有过载延时保护和短路瞬时保护。过载延时保护与短路瞬时保护不仅电流倍数不同，两者的差异也很大。从特性上看，过载延时保护需要反时限保护特性，短路瞬时保护则需要瞬动保护特性。从参数要求方面看，过载延时保护要求熔化系数小，发热时间常数大；短路瞬时保护则要求较大的限流系数、较小的发热时间常数、较高的分断能力和较低的过电压。从工作原理看，过载延时保护动作的物理过程主要是熔化过程，而短路瞬时保护则主要是电弧的熄灭过程。

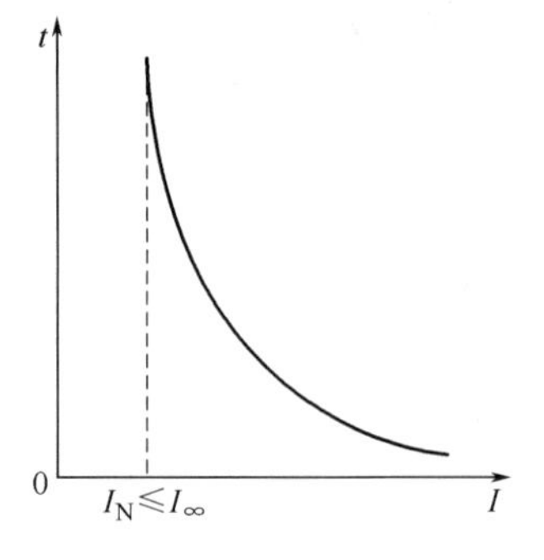

图 1-8　熔断器的安秒特性

熔断器的主要特性为熔断器的安秒特性，即熔断器的熔断时间 t 与熔断电流 I 的关系曲线。因 $t \propto 1/I^2$，熔断器安秒特性如图 1-8 所示。图中 I_∞ 为最小熔化电流或称临界电流，即通过熔体的电流小于此电流时不会熔断。所以选择的熔体额定电流 I_N 应小于 I_∞。通常 $I_\infty/I_N=1.5\sim2$，称为熔化系数。该系数反映熔断器在过载时的保护特性。要使熔断器能保护较小过载电流，熔化系数应低些。为避免电动机启动时的短时过电流，熔体熔化系数应高些。

二、熔断器的常用类型及适用场合

常用熔断器的主要类型有 RC1A 系列瓷插式熔断器、RL1 系列螺旋式熔断器、RM10 系列无填料封闭管式熔断器、RT0 系列有填料封闭管式熔断器等。

RC1A 系列瓷插式熔断器的结构如图 1-9 所示，一般适用于交流 50Hz、额定电压 380V、额定电流 200A 以下的低压线路末端或分支电路中，作为电气设备的短路保护及一定程度上的过载保护之用。

RL1 系列螺旋式熔断器的外形及结构如图 1-10 所示，主要适用于控制箱、配电屏、机床设备及振动较大的场所，作为短路保护元件。

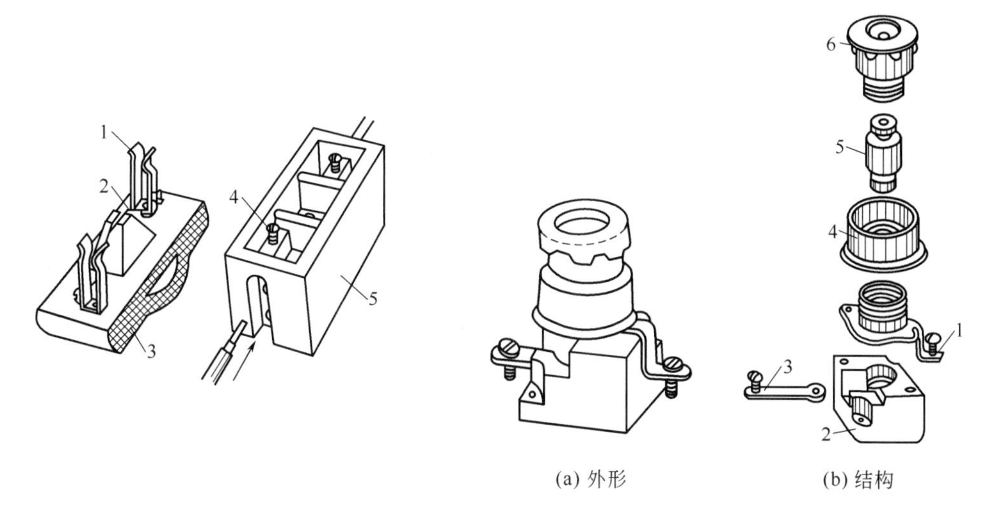

(a) 外形　　(b) 结构

图 1-9　RC1A 系列瓷插式熔断器

1—动触头；2—熔丝；3—瓷盖；
4—静触头；5—瓷底

图 1-10　RL1 系列螺旋式熔断器

1—上接线端；2—瓷底；3—下接线端；
4—瓷套；5—熔断器；6—瓷帽

RM10 系列无填料封闭管式熔断器的外形及结构如图 1-11 所示，一般适用于低压电网和成套配电装置中，作为导线、电缆及较大容量电气设备的短路或连续过载时的保护。

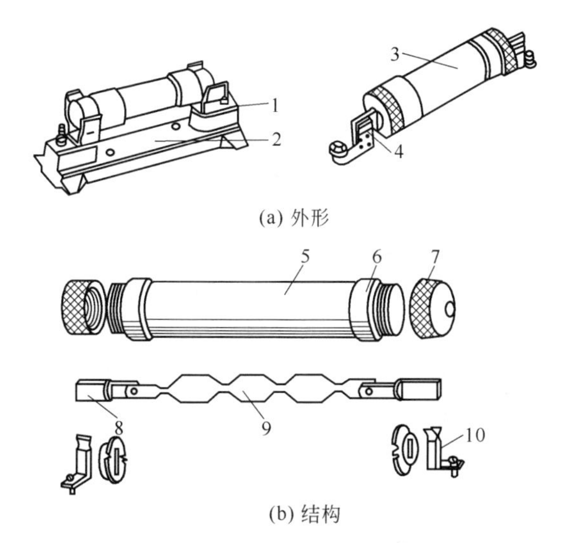

(a) 外形

(b) 结构

图 1-11　RM10 系列无填料封闭管式熔断器

1,4,10—夹座；2—底座；3—熔断管；5—硬质绝缘管；6—黄铜套管；
7—黄铜帽；8—插刀；9—熔体

RT0 系列有填料封闭管式熔断器的外形及结构如图 1-12 所示，主要适用于短路电流很大的电力网络或低压配电装置中。

三、熔断器的符号及型号含义

图形及文字符号如图 1-13 所示。

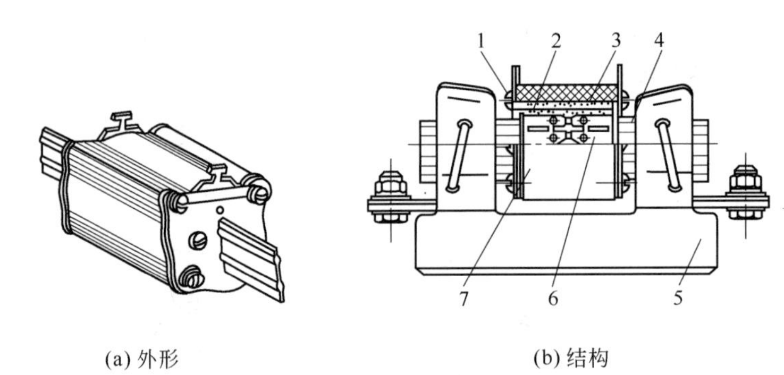

(a) 外形　　(b) 结构

图 1-12　RT0 系列有填料封闭管式熔断器

1—熔断指示器；2—石英砂填料；3—指示器熔丝；4—插刀；5—底座；6—熔体；7—熔管

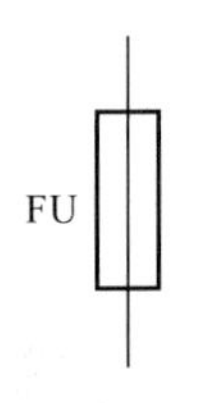

图 1-13　熔断器的图形及文字符号

型号含义

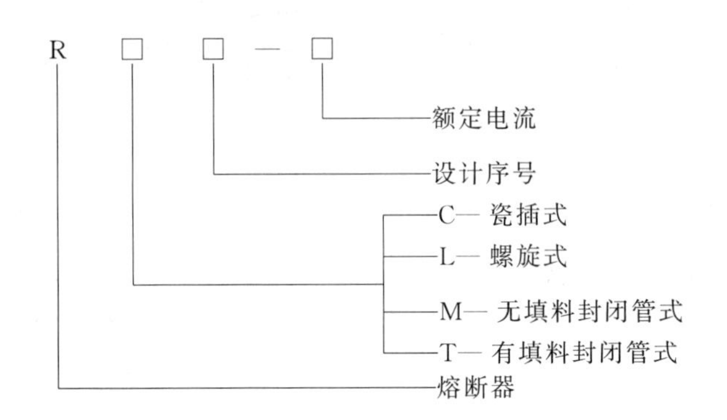

四、熔断器的使用

对于瓷插式，电源线和负载线分别接在瓷底两端的静触头上，熔体接在瓷盖两端的动触头上，并经过瓷盖中间的凸起部分。插入瓷盖时要保证动、静触头接触良好，而且熔体不能受到机械损伤。对于螺旋式，将带色标的熔断管一端插入瓷帽，再将瓷帽连同熔管一起拧入瓷套，负载线接到连接金属螺纹壳的上接线端，电源线接到瓷座上的下接线端，并保证各处接触良好。另外，铅、锡、锌为低熔点材料，所制成的熔体不易熄弧，一般用在小电流电路中；银、铜、铝为高熔点材料，所制成的熔体易熄弧，一般用在大电流电路中。当熔体已熔断或已严重氧化，需要更换熔体时，还应注意使新换熔体和原来熔体的规格保持一致，以保证动作的可靠性。

第四节　低压开关

低压开关是一种用来隔离、转换以及接通和分断电路的控制电器。

一、低压开关的常用类型及适用场合

常用低压开关的主要类型有 HK2 系列开启式负荷开关、HZ10 系列组合开关、DZ20 系列自动空气开关等。

HK2 系列开启式负荷开关（又称瓷底胶盖刀开关）的结构如图 1-14 所示，主要适用于一般的照明电路和功率小于 5.5kW 电动机的控制电路中。

HZ10 系列组合开关（又称转换开关）的外形及结构如图 1-15 所示，一般适用于机床电气控制线路中作为电源的引入开关，也可以用来不频繁地接通和断开电路、通断电源和负载以及控制 5kW 以下的小容量异步电动机的正反转和星三角起动。

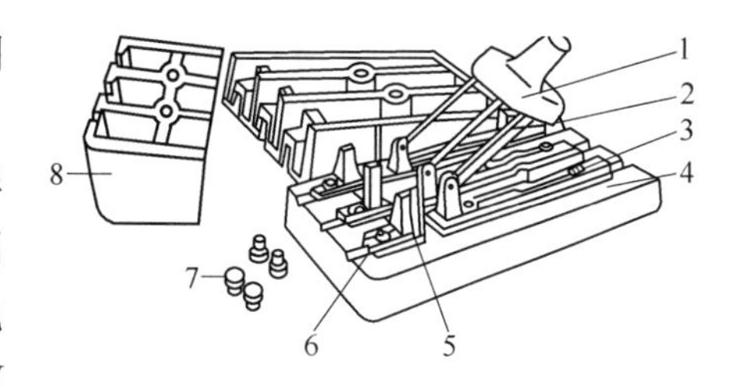

图 1-14　HK2 系列瓷底胶盖刀开关

1—瓷柄；2—动触头；3—出线座；4—瓷底座；5—静触头；6—进线座；7—胶盖紧固螺钉；8—胶盖

DZ20 系列自动空气开关（又称自动空气断路器）的动作原理示意如图 1-16 所示，图中 1、2 为自动空气开关的三副主触头（1 为动触头、2 为静触头），它们串联在被控制的三相电路中。当按下接通按钮 14 时，外力使锁扣 3 克服反力弹簧 16 的斥力，将固定在锁扣上的动触头 1 与静触头 2 闭合，并由锁扣锁住搭钩 4，使开关处于接通状态。当开关接通电源后，电磁脱扣器、热脱扣器及欠电压脱扣器若无异常反应，开关运行正常。

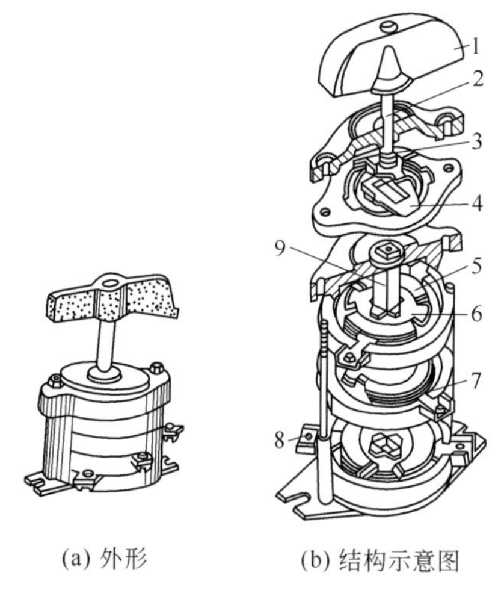

图 1-15　HZ10 系列组合开关

1—手柄；2—转轴；3—弹簧；4—凸轮；5—绝缘垫板；6—动触片；7—静触片；8—接线柱；9—绝缘杆

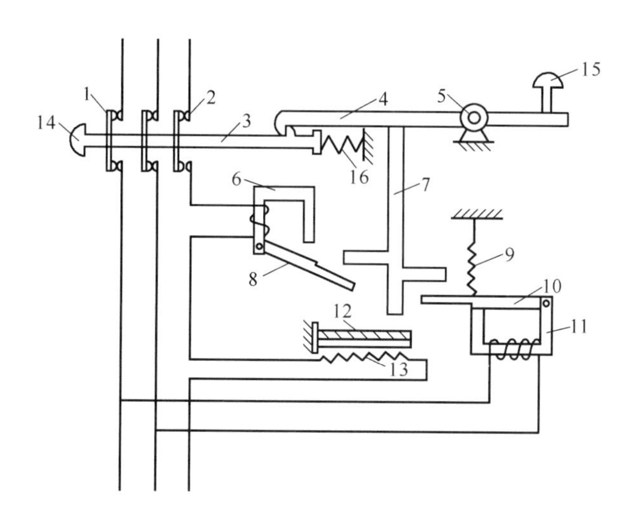

图 1-16　自动空气开关原理示意图

1—动触头；2—静触头；3—锁扣；4—搭钩；5—转轴座；6—电磁脱扣器；7—杠杆；8—电磁脱扣器衔铁；9—拉力弹簧；10—欠压脱扣器衔铁；11—欠压脱扣器；12—热双金属片；13—热元件；14—接通按钮；15—停止按钮；16—压力弹簧

当线路发生短路或严重过载电流时，短路电流超过瞬时脱扣整定值，电磁脱扣器 6 产生足够大的吸力，将衔铁 8 吸合并撞击杠杆 7，使搭钩 4 绕转轴座 5 向上转动与锁扣 3 脱开，锁扣在反弹簧 16 的作用下，将三副主触头分断，切断电源。

当线路发生一般性过载时，过载电流虽不能使电磁脱扣器动作，但能使热元件 13 产生一定的热量，促使双金属片 12 受热向上弯曲，推动杠杆 7 使搭钩与锁扣脱开将主触头分断。

欠电压脱扣器 11 的工作过程与电磁脱扣器恰恰相反，当线路电压正常时，电压脱扣器

11 产生足够的吸力，克服拉力弹簧 9 的作用将衔铁 10 吸合，衔铁与杠杆脱离，锁扣与搭钩才得以锁住，主触头方能闭合。当线路上电压全部消失或电压降到某一数值时，欠压脱扣器吸力消失或减小，衔铁拉力弹簧拉开并撞击杠杆，主电路电源被分断。同样道理，在无电源电压或电压过低时，自动空气开关也不能接通电源。

正常分断电路时，按下停止按钮 15 即可。

自动空气开关集控制和多种保护功能于一身，用途广泛，除能完成接通和分断电路外，还能对电路或电气设备发生的短路、严重过载及欠压等进行保护，同时也可用于不频繁启动的电动机。

二、低压开关的符号及型号含义

图 1-17 为刀开关及组合开关的图形及文字符号，图 1-18 为自动开关的图形及文字符号。

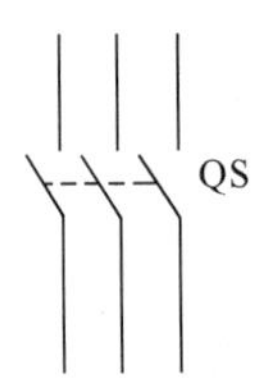

图 1-17　刀开关及组合开关的图形及文字符号

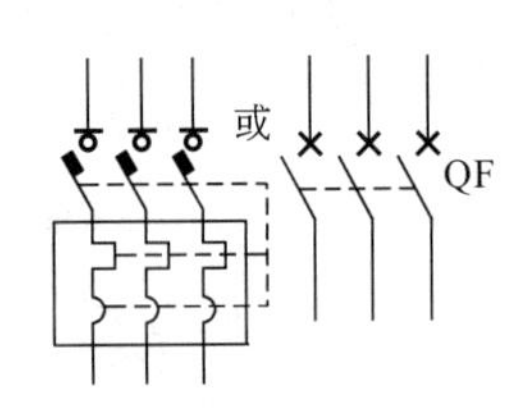

图 1-18　自动开关的图形和文字符号

刀开关的型号含义

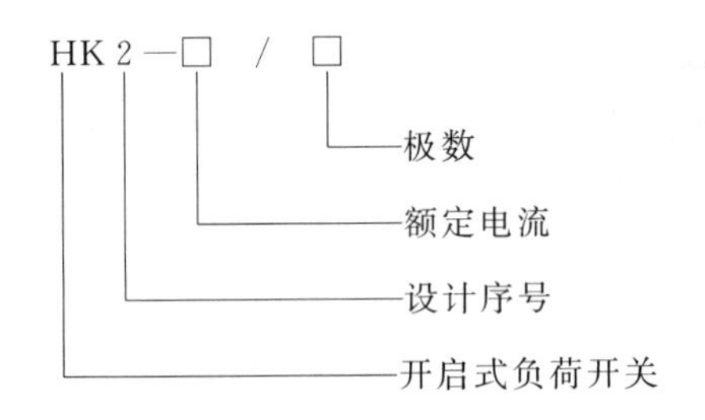

组合开关的型号含义

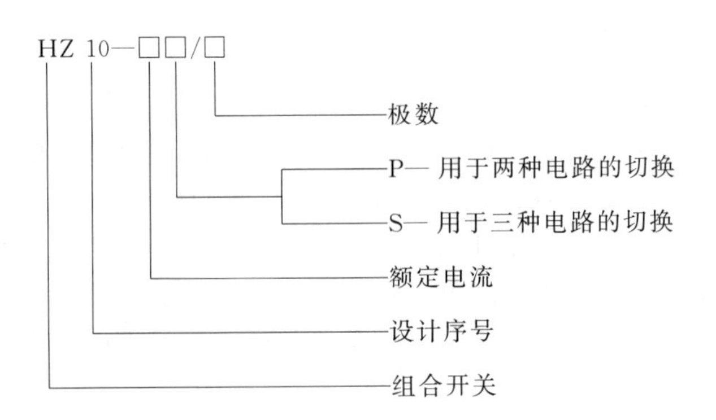

自动空气开关的型号含义

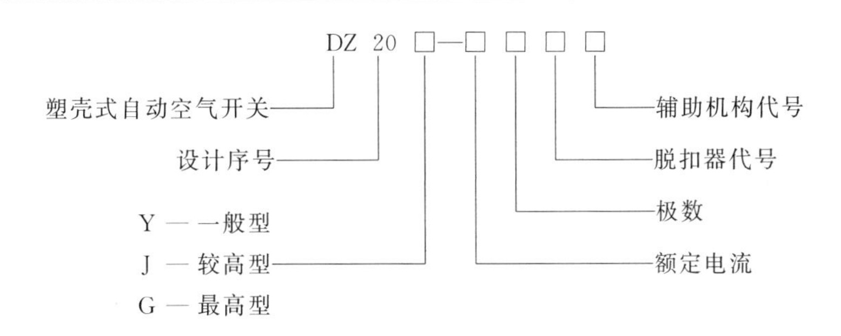

三、低压开关的使用

使用开启式负荷开关时，必须垂直安装在控制屏或开关板上，绝不允许倒装，以防手柄因自重落下，引起误合闸。接线时应把电源线接在上端，负载线接在下端，并装接熔丝作为短路和严重过载保护。开启式负荷开关不宜带负载操作，若带小功率负载操作时，分合闸动作应迅速，使电弧较快熄灭。

使用组合开关时，将其安装在控制屏面板上，面板外只能看到转换手柄，其他部分均在屏内，操作频率不能过高，一般每小时不宜超过 5～20 次，当用于电动机正反转控制时，应在电动机完全停转后，方可允许反向启动，否则容易烧坏开关或造成弧光短路事故。

使用自动空气开关时一般应注意下面几点。

① 安装前先检查其脱扣器的整定电流是否与被控线路、电动机等的额定电流相符，核实有关参数，满足要求方可安装。

② 应按规定垂直安装，连接导线要按规定截面选用。

③ 操作机构在使用一定次数后，应添加润滑剂。

④ 定期检查触头系统，保证触头接触良好。

第五节 主令电器

主令电器是在自动控制系统中用来发送控制指令或信号的操纵电器。

一、常用主令电器的类型及适用场合

常用主令电器有按钮、行程开关、转换开关、凸轮控制器等。

1. 按钮

按钮开关主要是在控制电路中，发出手动指令去控制其他电器（接触器、继电器等），再由其他电器去控制主电路，或者转移各种信号。以 LA18、LA19 系列为例，其外形及结构如图 1-19 所示。

LA18 系列按钮采用积木式结构，触头数目可按需要拼装，一般装成二常开、二常闭，也可根据需要装成一常开、一常闭至六常开、六常闭。其按钮的结构形式可分为按钮式、紧急式、旋钮式及钥匙式等。LA19、LA20 系列有带指示灯和不带指示灯两种，前者按钮帽用透明塑料制成，兼作指示灯罩。为了标明各个按钮的作用，避免误操作，通常将按钮帽作成不同的颜色，以示区别，其颜色有红、绿、黑、黄、白等。一般以红色表示停止按钮，绿色表示启动按钮。

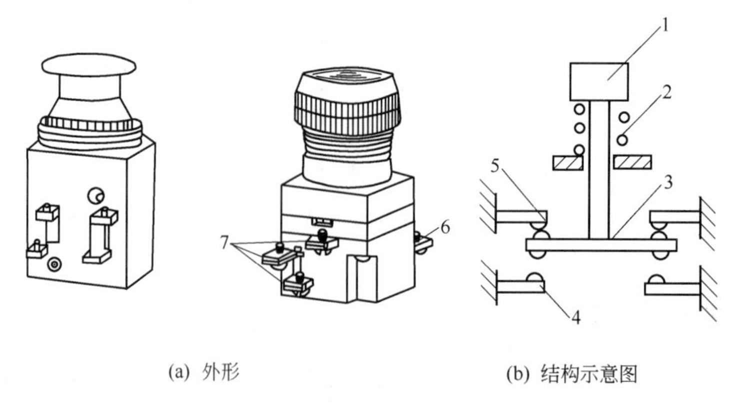

(a) 外形　　(b) 结构示意图

图 1-19　按钮开关

1—按钮帽；2—复位弹簧；3—动触头；4—常开触点的静触头；5—常闭触点的静触头；6,7—触头接线柱

2. 行程开关

行程开关主要用来限制机械运动的位置或行程，使运动机械按一定位置或行程自动停止、反向运动、变速运动或自动往返运动等。以 JLXK1 系列为例，其结构及动作原理如图 1-20所示。

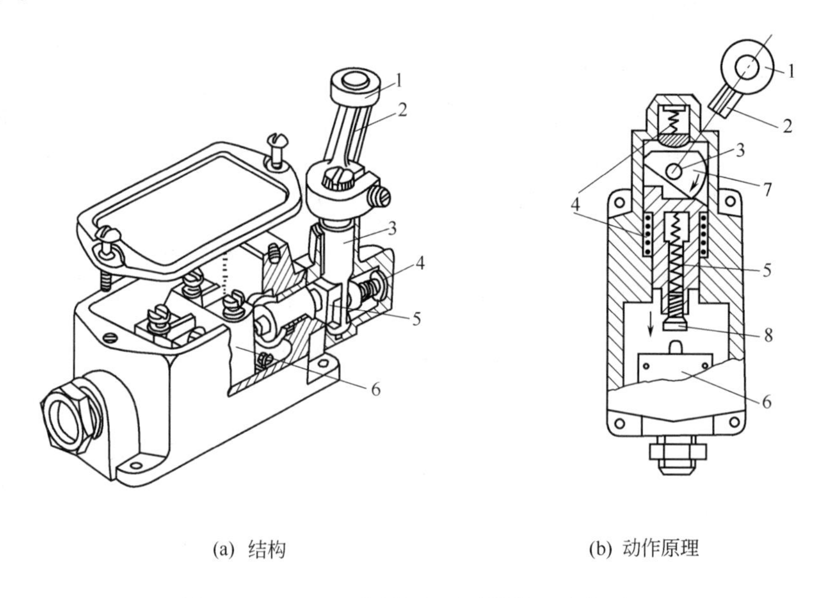

(a) 结构　　(b) 动作原理

图 1-20　JLXK1 系列行程开关结构和动作原理

1—滚轮；2—杠杆；3—转轴；4—复位弹簧；5—撞块；6—微动开关；7—凸轮；8—调节螺钉

当运动机械的挡铁撞到行程开关的滚轮上时，传动杠杆连同转轴一起转动，使凸轮推动撞块，当撞块被压到一定位置时，推动微动开关快速动作，使其常闭触头分断，常开触头闭合；当滚轮上的挡铁移开后，复位弹簧就使行程开关各部分恢复原始位置，这种自动恢复的行程开关是依靠本身的恢复弹簧来复原的，在生产机械中应用较为广泛。

3. 万能转换开关

万能转换开关是一种多挡式，控制多回路的主令电器，一般可作为各种配电装置的远距离控制，也可作为电压表、电流表的换向开关，还可以作为小容量电动机（2.2kW 以下）的起动、调速、换向之用。常用的有 LW5、LW6 等系列。LW6 系列开关由操作机构、面板、手柄及数个触头座等主要部件组成，用螺栓组装成一个整体。其操作位置有 2～12 个，触头底座有 1～10 层，其中每层底座均可装三对触头，并由底座中间的凸轮进行控制。由于每层凸轮可做成不同的形状，因此，当手柄转到不同位置时，通过凸轮的作用，可使各对触头按所需要的规律接通和分断。图 1-21 为 LW6 系列万能转换开关中某一层的结构示意图。

二、主令电器的符号及型号含义

图 1-22～图 1-24 分别为按钮开关、行程开关、万能转换开关的图形及文字符号。

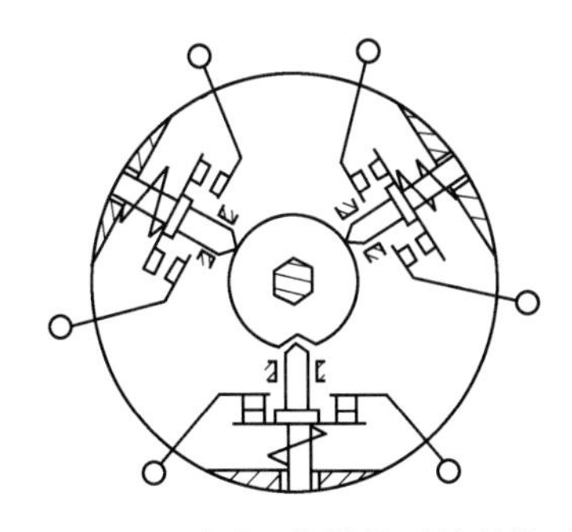

图 1-21 LW6 系列万能转换开关结构示意图

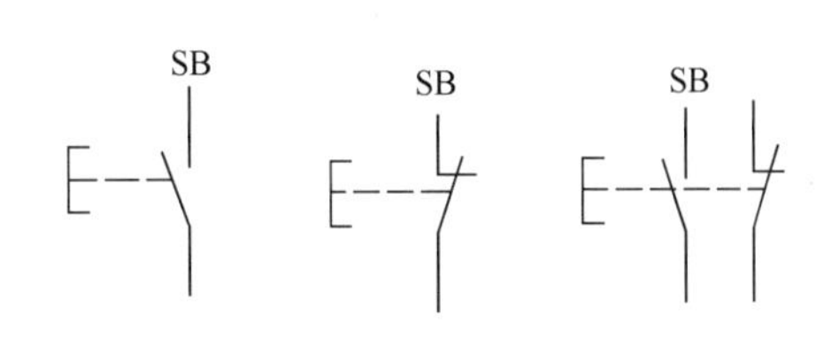

图 1-22 按钮开关的图形和文字符号

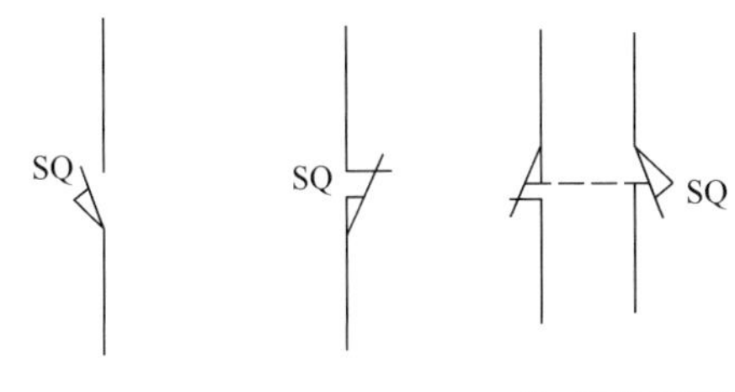

图 1-23 行程开关图形和文字符号

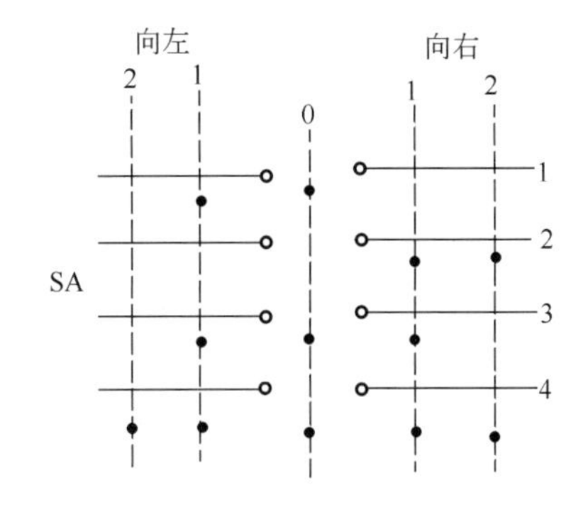

图 1-24 万能转换开关的图形和文字符号

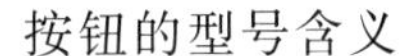
按钮的型号含义

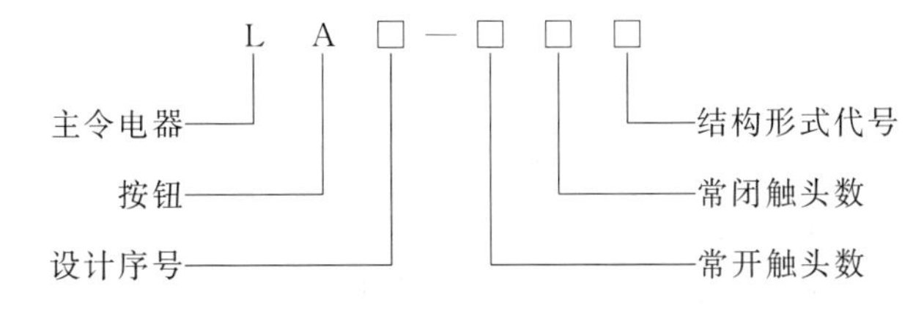

行程开关的型号含义

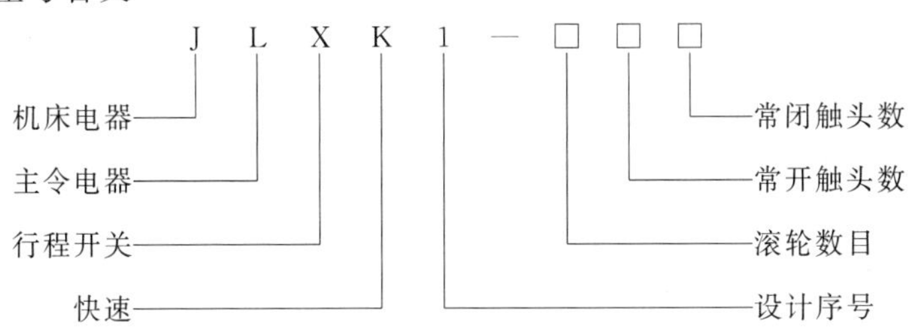

三、主令电器的使用

使用按钮开关时，应注意触头间的清洁，防止油污、杂质进入造成短路或接触不良等事故，在高温场合下使用的按钮，安装时应加紧固垫圈，或在接线柱螺钉处加绝缘套管。带指示灯的按钮不宜长时间通电，在使用中，设法降低灯泡电压，以延长其使用寿命。

使用行程开关时，其安装位置要准确、牢固。若在运动部件上安装，接线应有套管加以保护，使用时，要定期检查，防止尘垢造成接触不良或接线松脱产生误动作。

第六节　接　触　器

接触器是利用电磁吸力及弹簧反力的配合作用，使触头闭合与断开的一种电磁式自动切换电器。

一、接触器的常用类型及适用场合

常用接触器类型有 CJ_0、CJ_{10}、CJ_{20} 系列交流接触器及 CZ_0、CZ_{18}、CZ_{21}、CZ_{22} 系列直流接触器等。以 CJ_{20} 系列为例，其外形及结构如图 1-25 所示。主要由以下四部分组成。

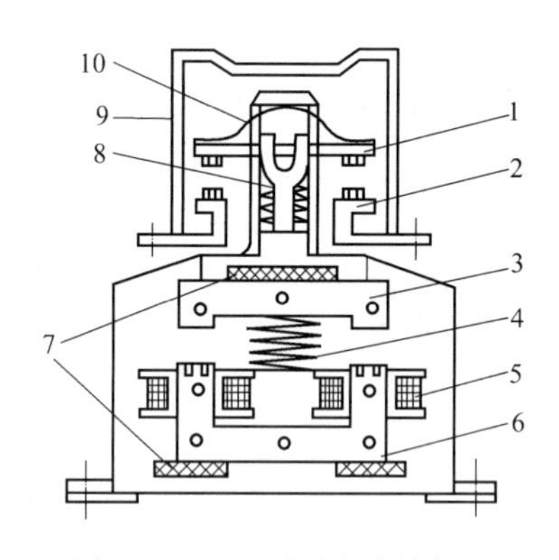

图 1-25　CJ_{20} 系列交流接触器

1—动触头；2—静触头；3—衔铁；4—弹簧；5—线圈；6—铁芯；
7—垫毡；8—触头弹簧；9—灭弧罩；10—触头压力簧片

① 电磁系统。用来操作触头闭合与分断，包括线圈、铁芯和衔铁。

② 触头系统。起着分断和闭合电路的作用，包括主触头和辅助触头，主触头用于通断主电路，通常为五对常开触头，辅助触头用于控制电路，起电器联锁作用，一般常开、常闭各两对。

③ 灭弧装置。起着熄灭电弧的作用，容量在 10A 以上的都有灭弧装置。对于小容量的，常采用双断口触头灭弧、电动力灭弧、相间弧板隔弧及陶土灭弧罩灭弧等；对于大容量的采用纵缝灭弧罩及栅片灭弧。

④ 其他部件。主要包括反作用弹簧、缓冲弹簧、触头压力弹簧、传动机构及外壳等。

直流接触器主要由电磁系统、触头系统及灭弧装置组成，其工作原理与交流接触器基本相同。

接触器适用于频繁地遥控接通和断开电动机或其他负载主电路及控制电路，由于具备低电压释放功能，所以还当作保护电器用。

二、接触器的符号及型号含义

图形及文字符号如图 1-26 所示。

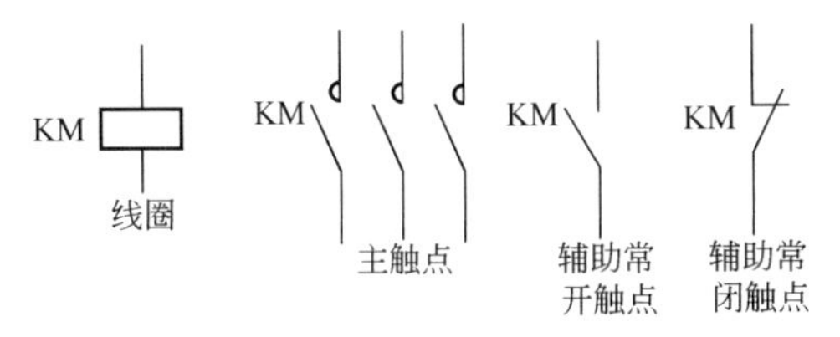

图 1-26　接触器的图形和文字符号

型号含义

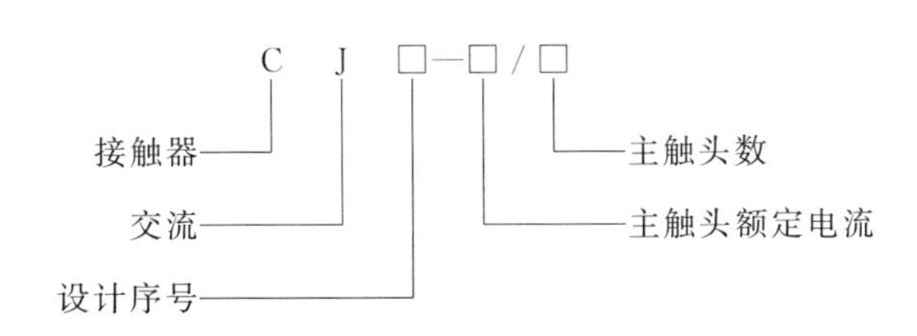

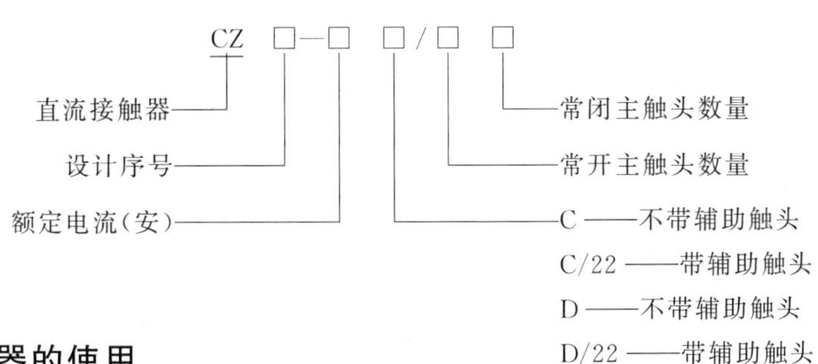

三、接触器的使用

接触器使用中一般应注意以下几点。

① 核对接触器的铭牌数据是否符合要求。

② 一般应安装在垂直面上，而且倾斜角不得超过 5°，否则会影响接触器的动作特性。

③ 安装时应按规定留有适当的飞弧空间，以免飞弧烧坏相邻器件。

④ 检查接线正确无误后，应在主触头不带电的情况下，先使电磁线圈通电分合数次，检查其动作是否可靠，然后才能正式投入使用。

⑤ 使用时，应定期检查各部件，要求可动部分无卡住、紧固件无松脱、触头表面无积垢，灭弧罩不得破损，温升不得过高等。

第七节　继　电　器

继电器是一种根据电或非电信号的变化来接通或断开小电流电路的自动控制电器。其输入量可以是电流、电压等电量，也可以是温度、时间、速度等非电量，而输出则是触头的动作或电参数的变化。

一、常用继电器的类型及适用场合

常用继电器的主要类型有电压继电器、电流继电器、中间继电器、时间继电器、热继电器和速度继电器等。这里以JZ7系列中间继电器、JS7系列时间继电器、JR16系列热继电器、JY1系列速度继电器等为例，介绍常用继电器的工作原理。

1. 中间继电器

中间继电器原理与接触器相同，只是其触头系统中无主、辅触头之分，触头容量相同。中间继电器的触头容量较小，对于电动机额定电流不超过5A的电气控制系统，也可代替接触器来控制，所以，中间继电器也是小容量的接触器。

中间继电器主要适用于以下两方面。

① 当电压或电流继电器触头容量不够时，可借助中间继电器来控制，用中间继电器作为执行元件，这时中间继电器被当作一级放大器用。

② 当其他继电器或接触器触头数量不够时，可利用中间继电器来切换多条电路。

2. 时间继电器

时间继电器主要适用于需要按时间顺序进行控制的电气控制系统中，它接受控制信号后，使触头能够按要求延时动作。

JS7系列时间继电器的动作原理如图1-27所示。

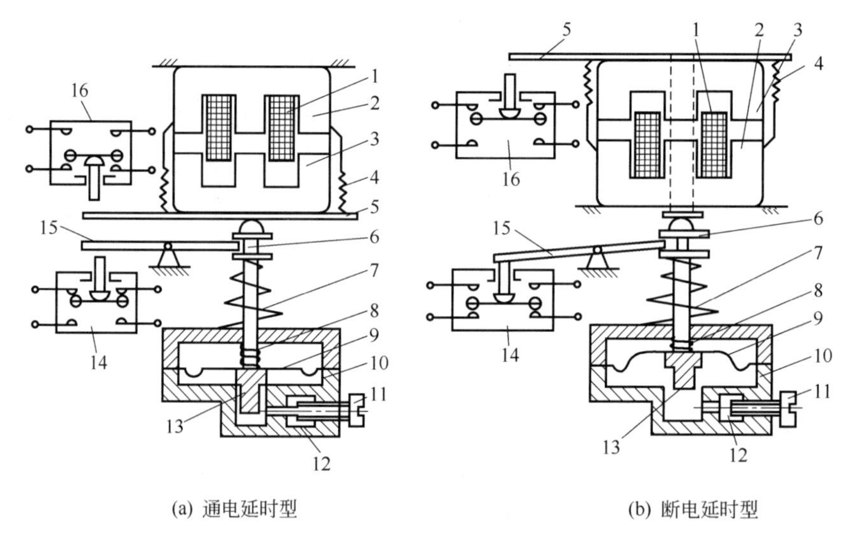

图1-27 JS7系列时间继电器动作原理

1—线圈；2—铁芯；3—衔铁；4—反力弹簧；5—推板；6—活塞杆；7—塔形弹簧；8—弱弹簧；9—橡皮膜；10—空气室壁；11—调节螺杆；12—进气孔；13—活塞；14，16—微动开关；15—杠杆

当线圈1通电后，衔铁3被铁芯2吸合，活塞杆6在塔形弹簧7的作用下，带动活塞13及橡皮膜9向上移动，但由于橡皮膜下方气室的空气稀薄而形成负压，因此活塞杆6只能缓慢地向上移动，其移动的速度视进气孔的大小而定，可通过调节螺杆11进行调整。经过一定的延时时间后，活塞杆才能移到最上端，这时通过杠杆15带动微动开关14，使其常闭触

头断开，常开触头闭合，起到通电延时作用。

当线圈1断电时，电磁吸力消失，衔铁3在反作用力弹簧4的作用下释放，并通过活塞杆6将活塞13推向下端，这时橡皮膜9下方气室内的空气通过橡皮膜9、弱弹簧8、活塞13的肩部所形成的单向阀，迅速地从橡皮膜上方的气室缝隙中排掉。因此杠杆15和微动开关14能迅速复位。

在线圈1通电和断电时，微动开关16在推板5的作用下，都能瞬时动作，为时间继电器的瞬动触头。

断电延时型时间继电器，显然是将通电延时型时间继电器的电磁机构翻转180°而成。

3. 热继电器

热继电器主要适用于电动机的过载保护、断相保护、电流不平衡的保护及其他电气设备发热状态的控制。

JR16系列热继电器的工作原理示意及结构如图1-28所示。

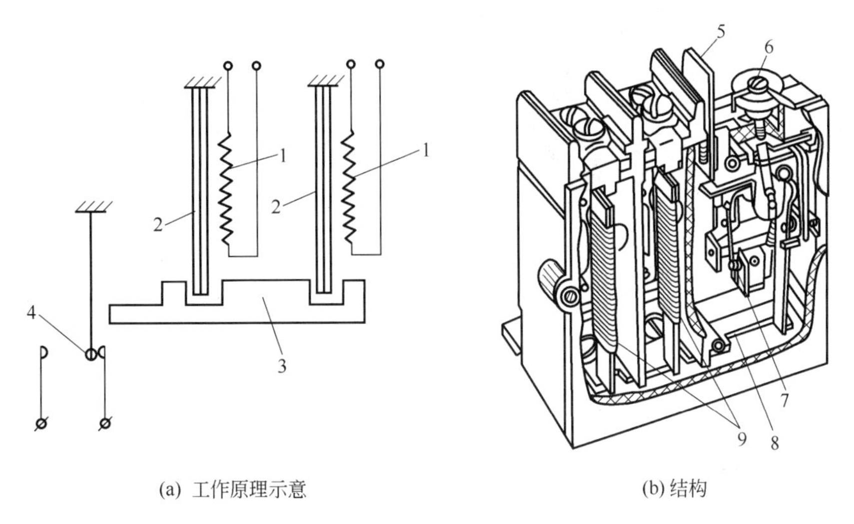

(a) 工作原理示意　　(b) 结构

图1-28　JR16系列热继电器

1—热元件；2—双金属片；3—导板；4—触头；5—复位按钮；6—调整整定电流装置；7—常闭触头；8—动作机构；9—热元件

工作时，热元件1与电动机定子绕组串联，绕组电流即为流过热元件的电流。电机正常运行时，热元件产生的热量虽然能使双金属片2弯曲，但还不足以使继电器动作。当电动机过载时，流过热元件的电流增大，热元件产生的热量增加，使双金属片弯曲位移增大，经过一定时间后，双金属片2推动导板3使继电器触头动作，切断电动机控制电路。

4. 速度继电器

速度继电器主要由转子、定子和触头三部分组成，转子是一个圆柱形永久磁铁，定子是一个笼型空心圆环，由硅钢片叠成，并装有笼型绕组。JY1系列速度继电器的外形及结构如图1-29所示，其转子4与电机轴相连接。当电机转动时，速度继电器的转子随之转动，定子内的短路绕组10便切割磁场，产生感应电动势，从而产生电流；此电流与旋转的转子磁场作用产生转矩，于是定子开始转动；当转到一定角度时，装在定子轴上的摆锤7推动簧片

8 动作，使常闭触头分断，常开触头闭合。当电动机转速低于某一值时，定子产生的转矩减小，触头在弹簧作用下复位。

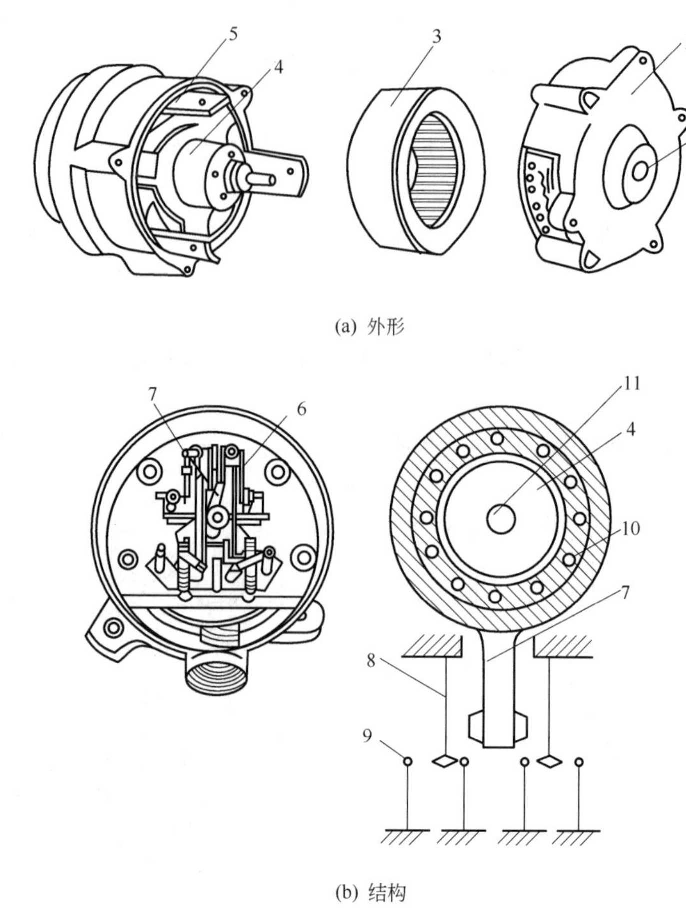

(a) 外形

(b) 结构

图 1-29　JY1 系列速度继电器

1—连接头；2—端盖；3—定子；4—转子；5—可动支架；6—触点；7—胶木摆杆；8—簧片；9—静触头；10—绕组；11—轴

通常当速度继电器转轴转速达到 120r/min 以上时，触头即动作；当转轴转速低于 100r/min 时，触头即复位。转速在 3000～3600r/min 以下能可靠地工作。

二、继电器的符号及型号含义

图 1-30～图 1-33 分别为中间继电器、时间继电器、热继电器和速度继电器的图形及文字符号。

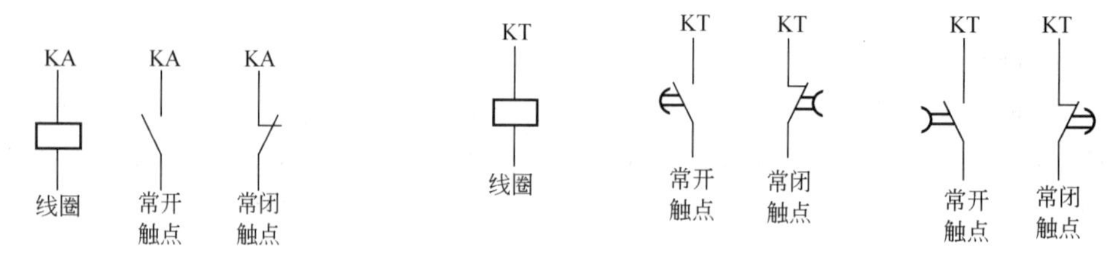

图 1-30　中间继电器图形和文字符号

图 1-31　时间继电器图形和文字符号

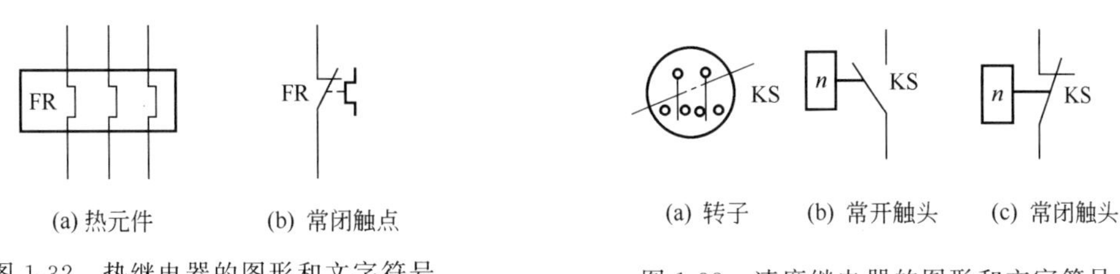

图 1-32　热继电器的图形和文字符号

图 1-33　速度继电器的图形和文字符号

中间继电器的型号含义

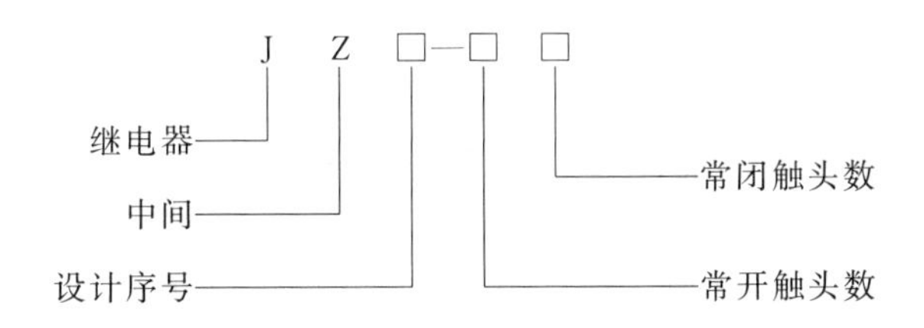

时间继电器的型号含义

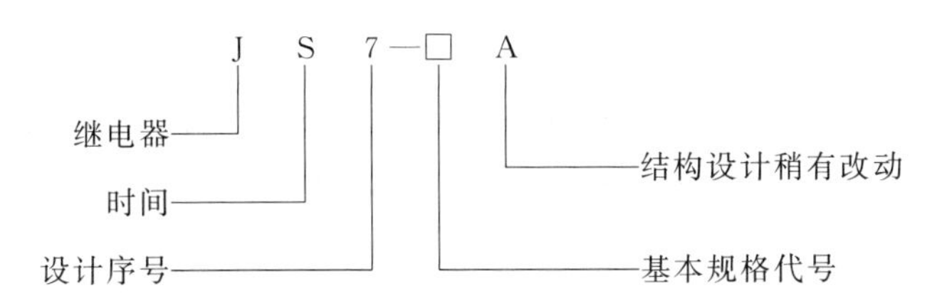

热继电器的型号含义

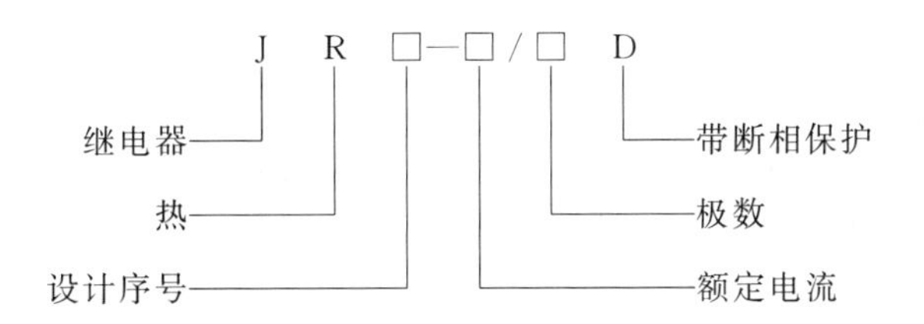

三、继电器的使用

使用继电器时，应注意以下几点：

① 仔细核对继电器的铭牌数据是否符合要求；

② 检查继电器活动部分是否动作灵活、可靠；

③ 清除部件表面污垢；

④ 检查安装是否到位、牢固；

⑤ 检查接线是否正确、使用导线是否合乎规格；

⑥ 使用过程中应定期检查，发现不正常现象，立即处理。

第八节　新型低压电器介绍

目前采用的按钮、接触器、继电器等有触点的电器，是通过外界对这些电器的控制，利用其触头闭合与断开来接通或切断电路，以达到控制目的。随着开关速度的加快，依靠机械动作的电器触头难以满足控制要求；同时，有触点电器还存在着一些固有的缺点，如机械磨损、触头的电蚀损耗、触头分合时往往有颤动而产生电弧等。因此，较容易损坏，开关动作不可靠。

随着微电子技术、电力电子技术的不断发展，人们应用电子元件组成各种新型低压控制电器，可以克服有触点电器的一系列缺点。本节简单介绍电气控制系统中较为常用的几种新型电子式无触点低压电器。

一、接近开关

接近开关又称无触点行程开关。它的用途除行程控制和限位保护外，还可作为检测金属体的存在、高速计数、测速、定位、变换运动方向、检测零件尺寸、液面控制及用作无触点按钮等。它具有工作可靠、寿命长、无噪声、动作灵敏、体积小、耐振、操作频率高和定位精度高等优点。

接近开关以高频振荡型最常用，它占全部接近开关产量的 80%以上。电路形式多样，但电路结构不外乎是由振荡、检测及晶体管输出等部分组成。它的工作基础是高频振荡电路状态的变化。方框图如 1-34 所示。

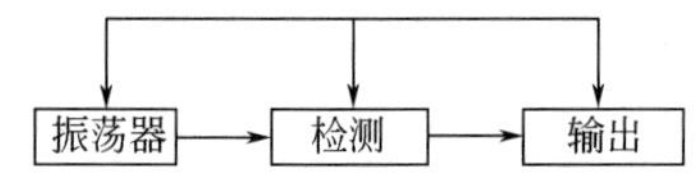

图 1-34　接近开关原理方框图

当金属物体进入以一定频率稳定振荡的线圈磁场时，由于该物体内部产生涡流损耗，使振荡回路电阻增大，能量损耗增加，以致振荡减弱直至终止。因此，在振荡电路后面接上放大电路与输出电路，就能检测出金属物体存在与否，并能给出相应的控制信号去控制继电器，以达到控制的目的。

图 1-35 为 LXJ0 型接近开关的原理线路图。图中 L 为磁头的电感，与电容器 C_1、C_2 组成了电容三点式振荡回路。

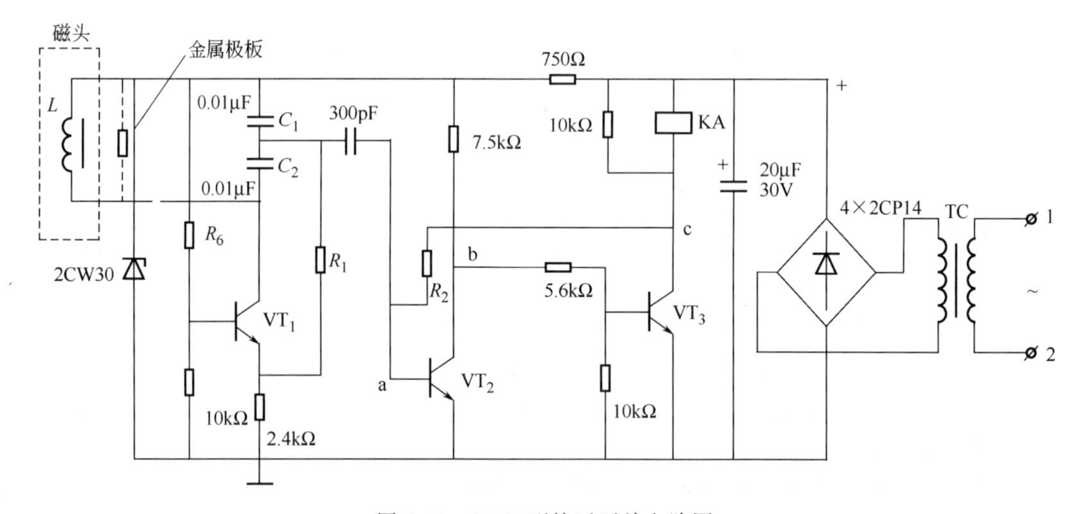

图 1-35　LXJ0 型接近开关电路图

正常情况下，晶体管 VT_1 处于振荡状态，晶体管 VT_2 导通，使集电极 b 点电位降低，VT_3 基极电流减小，其集电极 c 点电位上升，通过 R_2 电阻对 VT_2 起正反馈，加速了 VT_2 的导通和 VT_3 的截止，继电器 KA 的线圈无电流通过，因此开关不动作。

当金属物体接近线圈时，则在金属体内产生涡流，此涡流将减小原振荡回路的品质因数

Q 值，使之停振。此时 VT_2 的基极无交流信号，VT_2 在 R_2 的作用下加速截止，VT_3 迅速导通，继电器 KA 的线圈有电流通过，继电器 KA 动作。其常闭触头断开，常开触头闭合。

LXJ0 型接近开关的使用电压有交流和直流两种。

使用接近开关时应注意选配合适的有触点继电器作为输出器，同时应注意温度对其定位精度的影响。

二、电子式时间继电器

电子式时间继电器的种类很多，最基本的有延时吸合和延时释放两种，它们大多是利用电容充放电原理来达到延时目的的。

JS20 系列电子式时间继电器具有延时时间长、线路较简单、延时调节方便、性能稳定、延时误差小、触点容量较大等优点。图 1-36 为 JS20 系列电子式时间继电器原理图。刚接通电源时，电容器 C_2 尚未充电，此时 $u_C=0$，场效应管 VT_6 的栅极与源极之间电压 $U_{GS}=-U_S$。此后，直流电源经电阻 R_{10}、RP_1、R_2 向 C_2 充电，电容 C_2 上电压逐渐上升，直至 u_C 上升到 $|u_C-U_S|<|U_P|$ （U_P 为场效应管的夹断电压）时，VT_6 开始导通。由于 I_D 在 R_3 上产生电压降，D 点电位开始下降，一旦 D 点电位降低到 VT_7 的发射极电位以下时，VT_7 将导通。VT_7 的集电极电流 I_C 在 R_4 上产生压降，使场效应管 U_S 降低，使负栅偏压越来越小，R_4 起正反馈作用，VT_7 迅速地由截止变为导通，并触发晶闸管 VT 导通，继电器 KA 动作。由上可知，从时间继电器接通电源开始 C_2 被充电到 KA 动作为止的这段时间即为通电延时动作时间。KA 动作后，C_2 经 KA 常开触点对电阻 R_9 放电，同时氖泡 Ne 起辉，并使场效应管 VT_6 和晶体管 VT_7 都截止，为下次工作做准备。此时晶闸管 VT 仍保持导通，除非切断电源，使电路恢复到原来的状态，继电器 KA 才释放。

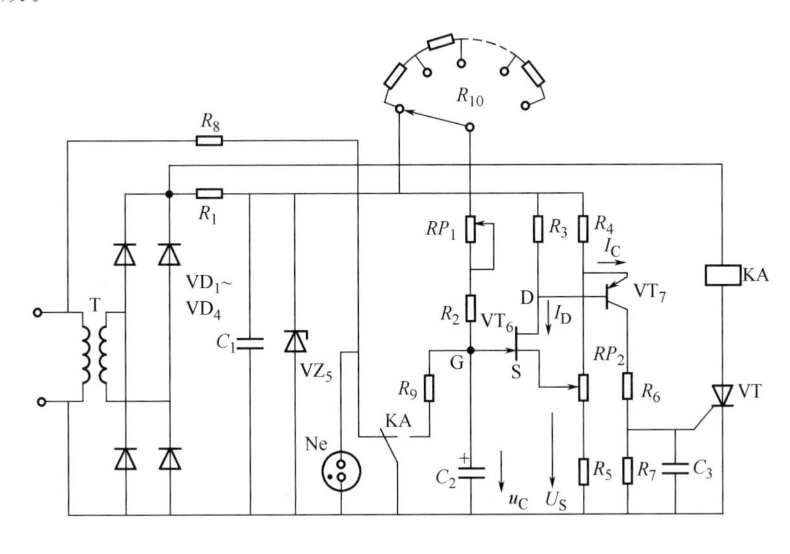

图 1-36　JS20 系列电子式时间继电器电路图

三、电子式电流型漏电开关

电子式漏电开关由主开关、试验回路、零序电流互感器、压敏电阻、电子放大器、晶闸管及脱扣器等组成。其工作原理如图 1-37 所示。

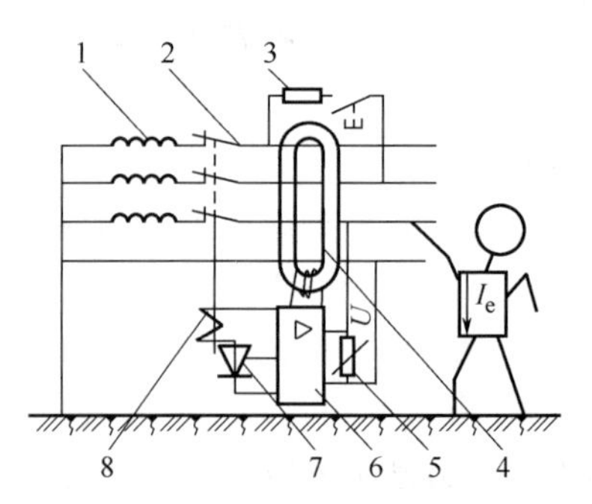

图 1-37 电子式电流型漏电开关工作原理图

1—电源变压器；2—主开关；3—试验回路；4—零序电流互感器；
5—压敏电阻；6—电子放大器；7—晶闸管；8—脱扣器

目前常用的主要有 DZL18 系列。其额定电压为 220V，额定漏电动作电流有 30mA、15mA 和 10mA 三种，对应的漏电不动作电流为 15mA、7.5mA 和 6mA，动作时间小于 0.1s。

漏电开关中，电子组件板是关键部件，它主要由专用集成块和晶闸管组成，图 1-38 是它的原理框图，图中虚线框内部分为专用集成块的结构原理图。

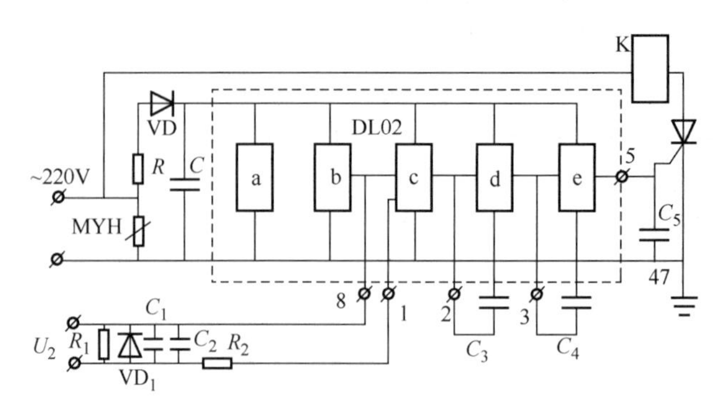

图 1-38 电子组件板原理线路图

漏电或触电信号通过零序电流互感器送入 1、8 端，然后与基准稳压源输出的信号进行比较。当漏电信号小于基准信号时，差动放大器保持其初始状态，2 端为零电平。5 端输出电平小于或等于 0.3V；反之，若漏电信号大于基准信号，2 端输出高电平，该信号被送入电平判别电路，并被滤去干扰信号。一旦确认是漏电信号，当即为整形驱动电路进行整形输出，并通过晶闸管驱动脱扣器，使之动作。稳压回路提供稳定的工作电压。为克服电子器件耐压低的缺点，线路中加入 MYH 型压敏电阻作过电压吸收元件。

四、光电继电器

它是利用光电元件把光信号转换成电信号的光电器件，广泛用于计数、测量和控制等方面。光电继电器分亮通和暗通两种电路，亮通是指光电元件受到光照射时，继电器 KA 吸合。暗通是指光电元件无光照射时，继电器 KA 吸合。

图 1-39 是 JG-D 型光电继电器电原理图。此电路属亮通电路，适用于自动控制系统中，指示工件是否存在或所在位置。继电器的动作电流＞1.9mA，释放电流＜1.5mA，发光头

与接收头的最大距离可达 50m。

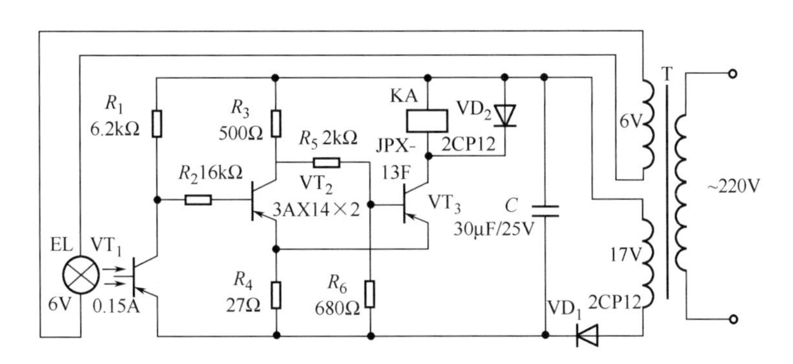

图 1-39　JG-D 型光电继电器电原理图

工作原理：220V 交流电经变压器 T 降压、二极管 VD_1 整流、电容器 C 滤波后作为继电器的直流电源。T 的次级另一组 6V 交流电源直接向发光头 EL 供电。晶体管 VT_2、VT_3 组成射极耦合双稳态触发器。在光线没有照射到光敏三极管 VT_1 上时，VT_2 基极处于低电位而导通，VT_3 截止，继电器 KA 不吸合。当光照射到 VT_1 上，VT_2 基极变为高电位而截止，VT_3 就导通，KA 吸合，能准确地反映被测物是否到位。必须指出，光电继电器安装、使用时，应避免振动及阳光、灯光等其他光线的干扰。

五、温度继电器

在温度自动控制或报警装置中，常采用带电触点的水银温度计或热敏电阻、热电偶等制成的各种型式的温度继电器。

图 1-40 是用热敏电阻作为感温元件的温度继电器。晶体管 VT_1、VT_2 组成射极耦合双稳态电路。晶体管 VT_3 之前串联接入稳压管 VZ_1，可提高反相器开始工作的输入电压值，使整个电路的开关特性更加良好。适当调整电位器 RP_2 的电阻，可减小双稳态电路的回差。RT 采用负温度系数的热敏电阻器，当温度超过极限值时，使 A 点电位上升到 2～4V，触发双稳态电路翻转。

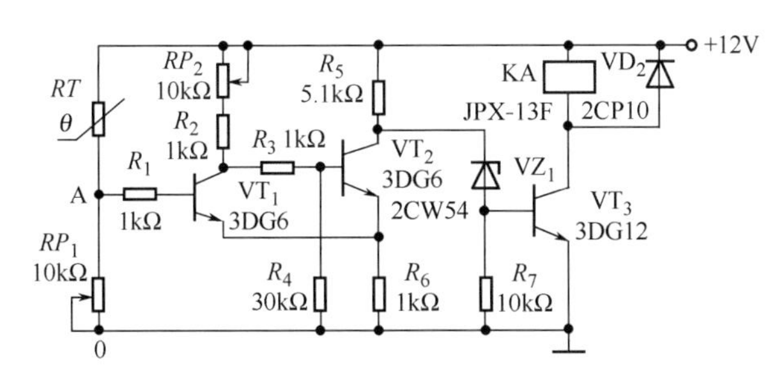

图 1-40　电子式温度继电器电路图

电路的工作原理：当温度在极限值以下时，RT 呈现很大电阻值，使 A 点电位在 2V 以下，则 VT_1 截止，VT_2 导通，VT_2 的集电极电位 2V 左右，远低于稳压管 VZ_1 5～6.5V 的稳定电压值，VT_3 截止，继电器 KA 不吸合。当温度上升到超过极限值时，RT 阻值减小，使 A 点电位上升到 2～4V，VT_1 立即导通，迫使 VT_2 截止，VT_2 集电极电位上升，VZ_1 导通，VT_3 导通，KA 吸合。

该温度继电器可利用 KA 的常开或常闭触头对加热设备进行温度控制，对电动机能实现过热保护等。可通过调整电位器 RP_1 的阻值来实现对不同温度的控制。

六、固态继电器

固态继电器（SSR）是近年发展起来的一种新型电子继电器，具有开关速度快、工作频率高、重量轻、使用寿命长、噪声低和动作可靠等一系列优点，不仅在许多自动化装置中代替了常规电磁式继电器，而且广泛应用于数字程控装置、调温装置、数据处理系统及计算机输入输出接口等电路。固态继电器按其负载类型分类，可分为直流型（DC-SSR）和交流型（AC-SSR）。

常用的 JGD 系列多功能交流固态继电器工作原理如图 1-41 所示。当无信号输入时，光电耦合器中的光敏三极管截止，VT_1 管饱和导通，VT_2 截止，晶体管 VT_1 经桥式整流电路 VD_3～VD_6，而引入的电流很小，不足以使双向可控硅 VT_7 导通。

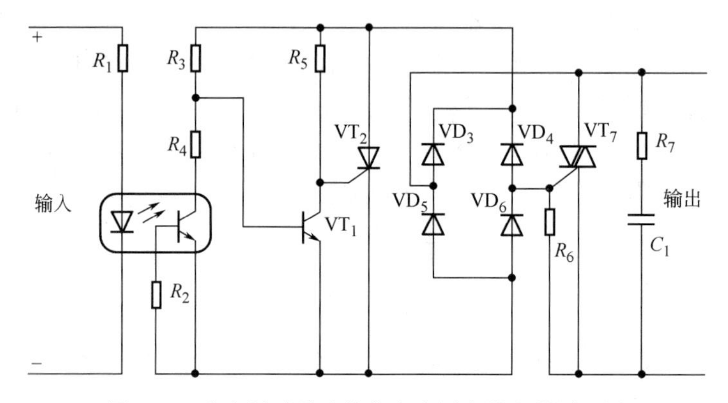

图 1-41 有电压过零功能的交流固态继电器原理图

有信号输入时，光电耦合器中的光敏三极管导通，当交流负载电源电压接近零点时，电压值较低，经过 VD_3～VD_6 整流，R_3 和 R_4 上分压不足以使 VT_1 导通。而整流电压却经过 R_5 为可控硅 VT_2 提供了触发电流，故 VT_2 导通。这种状态相当于短路，电流很大，只要达到双向可控硅 VT_7 的导通值，VT_7 便导通。VT_7 一旦导通，不管输入信号存在与否，只有当电流过零才能恢复关断。电阻 R_7 和电容 C_1 组成浪涌抑制器。

图 1-42 为 SSR 的外部引线图。

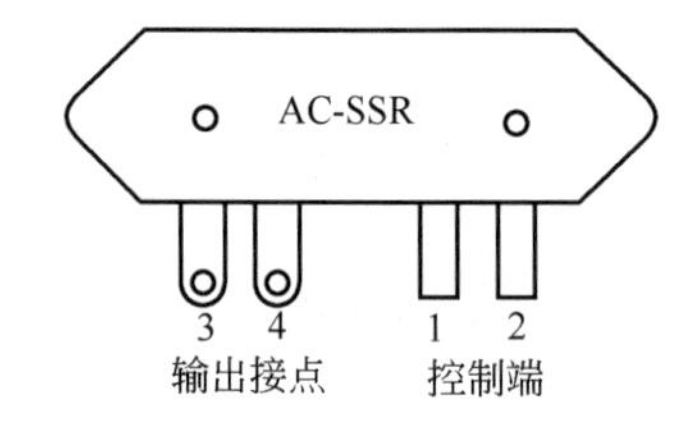

图 1-42 交流 SSR 原理及外部引线图

一般在电路设计时，应让 SSR 的开关电流至少为断态电流的 10 倍，负载电流若低于该值，则应该并联电阻 R，以提高开关电流，如图 1-43 所示。

图 1-44 为利用交流 SSR 控制三相负载的情况，此时要注意 SSR 的驱动电流已增加。当固态继电器的负载驱动能力不能满足要求时，可外接功率扩展器，如直流 SSR 可外接大功率晶体管、单向可控硅驱动，交流 SSR 可采用大功率双向可控硅驱动。

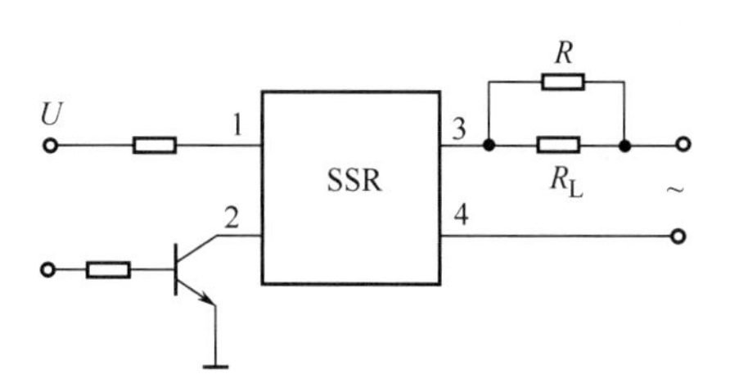

图 1-43 交流 SSR 用于小负载接线

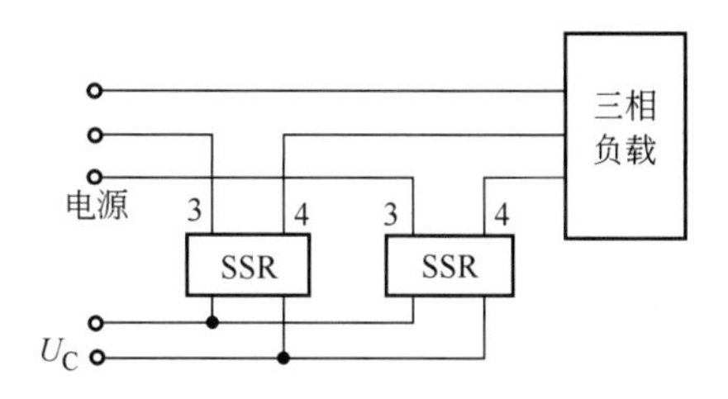

图 1-44 两路 SSR 控制三相负载

JGD 型多功能固态继电器按输出额定电流划分共有四种规格，即 1A、5A、10A、20A，电压均为 220V，选择时应根据负载电流确定规格。

① 电阻型负载，如电阻丝负载，其冲击电流较小，按额定电流 80%选用。

② 冷阻型负载，如冷光卤钨灯，电容负载等，浪涌电流比工作电流高几倍，一般按额定电流的 50%～30%选用。

③ 电感性负载，其瞬变电压及电流均较高，额定电流要按冷阻性选用。

固态继电器用于控制直流电动机时，应在负载两端接入二极管，以阻断反电势。控制交流负载时，则必须估计过电压冲击的程度，并采取相应保护措施（如加装 RC 吸收电路或压敏电阻等）。当控制电感性负载时，固态继电器的两端还需加压敏电阻。

思考题与习题

1. 什么是电器？什么是低压电器？
2. 低压电器按用途分哪几类？
3. 低压电器的主要技术参数有哪些？
4. 选用低压电器时应注意哪些事项？
5. 电磁机构有哪几部分组成？
6. 铁芯和衔铁的结构形式分哪几种？
7. 触头的形式有哪几种？
8. 灭弧方式一般分为哪几种？
9. 什么是熔断器安秒特性？
10. 熔断器的主要作用是什么？常用的类型有哪几种？
11. 使用熔断器应注意什么？
12. 试简述自动空气开关的动作原理。
13. 使用低压开关应注意什么？
14. 什么是主令电器？使用时应注意什么？
15. 接触器主要由哪几部分组成？
16. 使用接触器应注意什么？

17. 什么是继电器？常用的有哪些种类？
18. 接近开关适用哪些场合？有什么优点？
19. 固态继电器适用哪些场合？有什么优点？
20. 使用固态继电器时应注意什么？
21. 无触点电器有何优点？电气控制系统中常用的有哪些？

第二章

电气控制线路的基本环节

第一节　电气制图及电路图分类

电气控制系统是由电气设备及电气元件按一定的要求连接而成的，为了表达电气控制系统的组成结构及工作原理，同时也为了电气系统的安装、调试和检修，必须用统一的工程语言，即工程图的形式来表达，这种工程图称为电气控制系统图。

常用的电气控制系统图有三种：电路图、电器布置图、安装接线图。电气控制系统图是根据国家标准，用规定的文字符号、图形符号及规定的画法绘制而成。

一、图形符号和文字符号

目前中国已颁布实施了电气图形和文字符号的有关国家标准，如

GB 4728—2008

GB 6988—2008

GB 20939—2007

GB 5094—2002。

电气图示符号有图形符号、文字符号及回路标号等。

二、电路图

电路图习惯上称电气原理图，它是根据电路工作原理绘制的。可用于分析系统的组成和工作原理，并可为寻找故障提供帮助，同时也是编制接线图的依据。

由于电气原理图结构简单，层次分明，因此在设计部门和生产现场得到广泛应用。

图 2-1 为某机床电气原理图。

1. 电路图绘制

电路图一般分主电路和控制电路两部分。主电路是设备的驱动电路，是从电源到电动机大电流通过的路径。控制电路是由接触器和继电器线圈、各种电器的动合（常开）和动断（常闭）触点组成的逻辑电路，实现所要求的控制功能。主电路、控制电路和其他辅助的信号照明电路，保护电路一起构成电气控制系统。

电路图中的电路一般垂直布置。电源电路绘成水平线，主电路用垂直线绘制在图的左侧，控制电路用垂直线绘制在图的右侧，控制电路中的耗能元件画在电路的最下端。

2. 元器件绘制

电路图中的所有电气元件不画出实际外形图，而是采用国家标准规定的图形符号和文字

符号表示，同一电气元件的组成部分采用同一文字符号标明。

所有元件的图形符号，均按电器未通电和没有受外力作用时的状态绘制。使触点动作的外力方向必须是：当图形垂直放置时为从左到右，即在垂线左侧的触点为常开（动合）触点，在垂直线右侧的触点为常闭（动断）触点；当图形水平放置时为从下到上，水平线下方为常开触点，水平线上方为常闭触点。保护类元器件处在设备正常工作状态，特殊情况应说明。

3. 图区的划分

为了阅读查找，在图纸下方（或上方）沿横坐标方向划分，并用数字 1，2，3……标明图区，在图区编号的上方标明该区的功能。如图 2-1 所示，1 区所对应的为“电源开关”，使读者能清楚地知道某个元件或某部分电路的功能，以便于理解整个电路的工作原理。

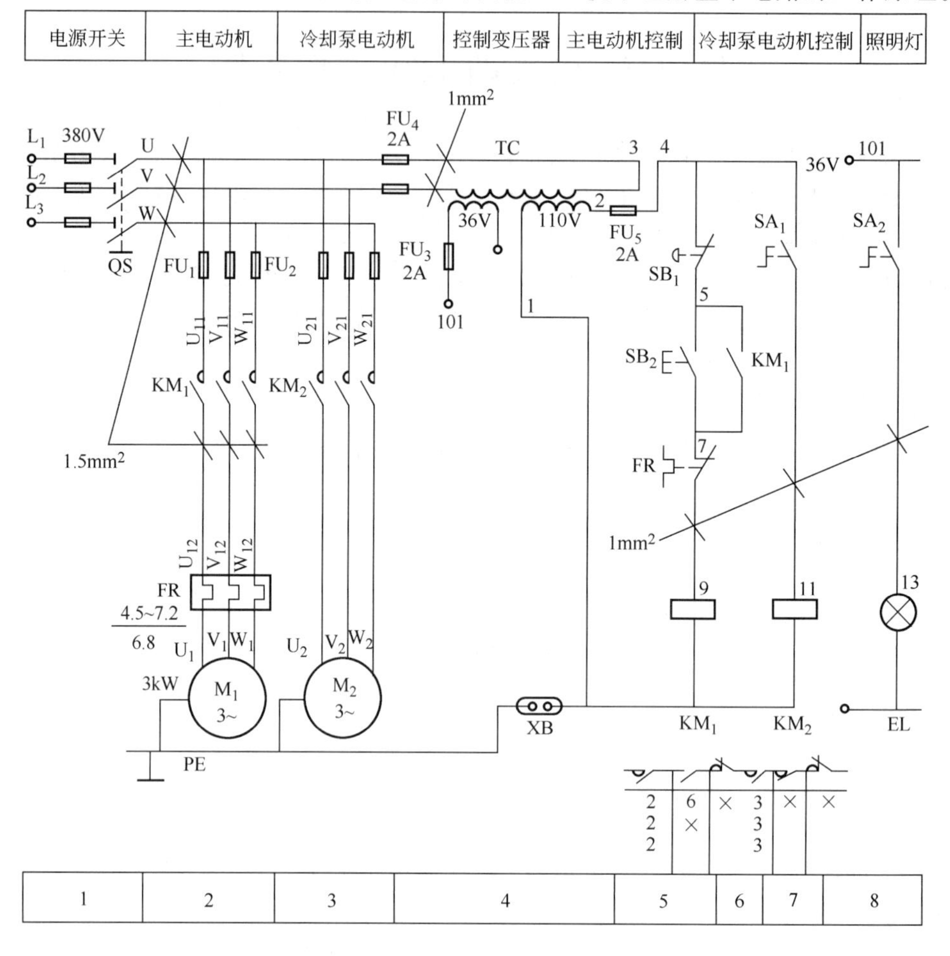

图 2-1　某机床电气控制系统图

4. 触点位置的索引

元件的相关触点位置的索引用图号、页次和区号组合表示如下：

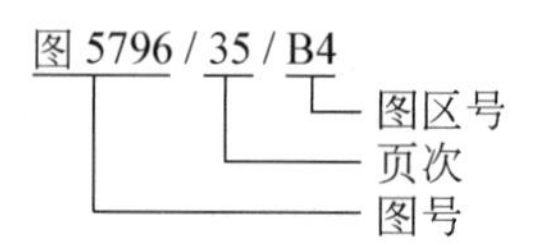

当某图号仅有一页图样时，可只写图号和图区号；当只有一个图号多页图样时，则图号可省略；当元件的相关触点只出现在一张图样上时，只标图区号。

三、电气元件布置图

电气元件布置图主要是表明电气设备上所有电器的实际位置，为电气控制设备的安装及维修提供必要的资料。布置图可根据电气设备的复杂程度集中绘制或分别绘制。绘制布置图时，机床的轮廓线用细实线或点划线表示，电气元件均用粗实线绘制出简单的外形轮廓。

四、电气安装接线图

电气安装接线图主要用于安装接线、线路检查、线路维修和故障处理。绘制接线图时应把各电气元件的组成部分（如触点与线圈）画在一起，文字符号、元件连接顺序、电路号码编制必须与电气原理图一致。图示 2-2 为某机床的电气控制系统接线图。

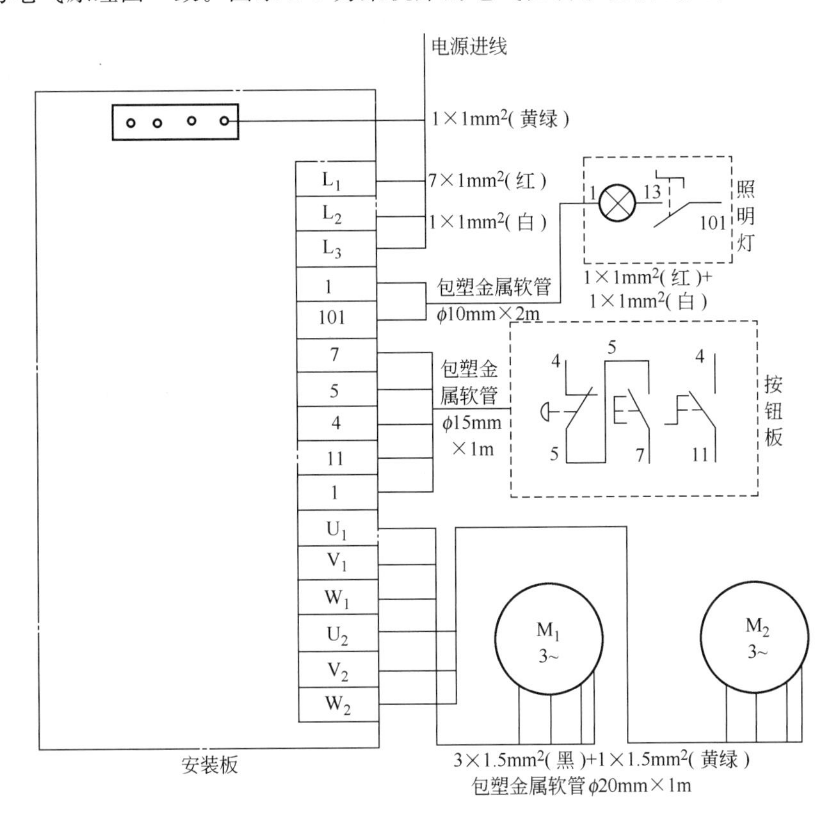

图 2-2 某机床电气控制系统接线图

第二节 电气控制基本术语

一、电器触点的动作和复位

电器触点的动作是指某种外力作用而使触点闭合或断开；而复位则是指回到以前的状态，即未受外力作用时触点的状态，这种状态又被称为“常态”。

图 2-3 为按钮触点动作示意图。图（a）为按钮常态时（未按压时）触点状态示意图，1-2 为常闭触点（接通），3-4 为常开触点（断开）。图（b）为按钮按下后触点状态示意图，

此时，常闭触点 1-2 动作断开，常开触点 3-4 动作闭合。当按钮受压消失后，此时按钮回复到图（a）的状态，触点复位。

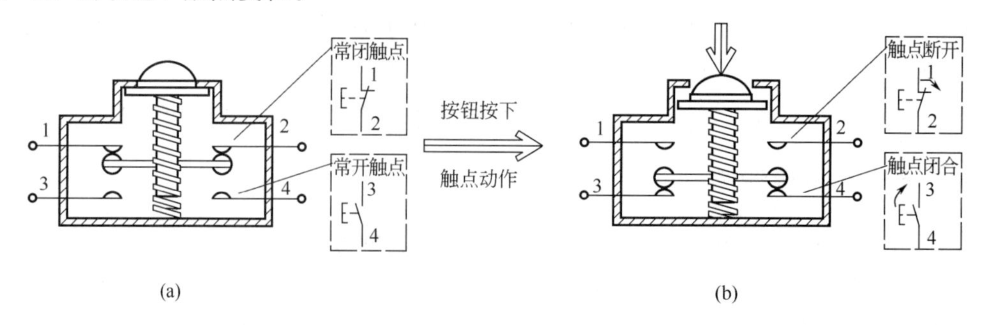

图 2-3　按钮触点动作示意图

图 2-4 为继电器触点动作示意图。图（a）为继电器常态时（继电器线圈未通电时）触点状态示意图，1-2 为常闭触点（接通），3-4 为常开触点（断开）。图（b）为继电器线圈通电后触点状态示意图，此时，常闭触点 1-2 动作断开，常开触点 3-4 动作闭合。当线圈断电后，此时继电器回复到图（a）的状态，触点复位。

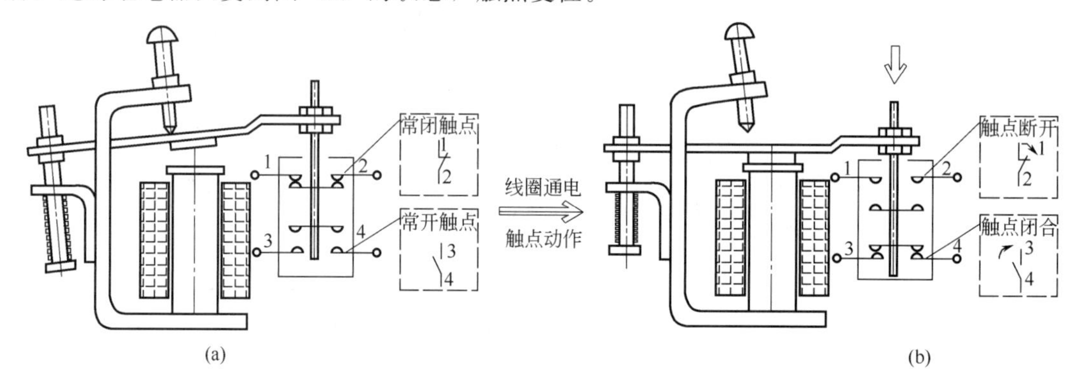

图 2-4　继电器触点动作示意图

二、设备的启动和复位

启动是指使设备从停止状态进入运行状态的过程。图 2-5(a) 中，当按下按钮 SB 后，其对应常开触点闭合，电源经 SB 常开触点（此时已闭合），指示灯 HL 形成回路，灯 HL 亮，这一过程被称为“启动”。在控制电路中，这种常开触点串联在控制回路中，按钮按下后触点闭合，使设备进入运行状态的按钮被称为启动按钮，图 2-5(a) 中 SB 为启动按钮。

复位是指使设备回到启动以前工作状态的过程。图 2-5(b) 中，当按下 SB_1 按钮后，其常开触点闭合，电源经 SB_1 常开触点（此时已闭合），SB_2 常闭触点和指示灯 HL 形成回路，灯 HL 亮，完成启动过程；此时，若按下 SB_2 按钮，则其常闭触点断开，灯 HL 灭，回到启动以前的状态，这一过程被称为“复位”。在控制电路中，常闭触点串联在控制回路中，按钮按下后触点断开，使设备回到以前状态的按钮被称为复位按钮，图 2-5（b）中 SB_2 为复位按钮。

三、电器线圈的通电和断电

通电是指电磁式电器线圈中流过电流的状态。图 2-6 中，按下按钮 SB 后，SB 常开触点

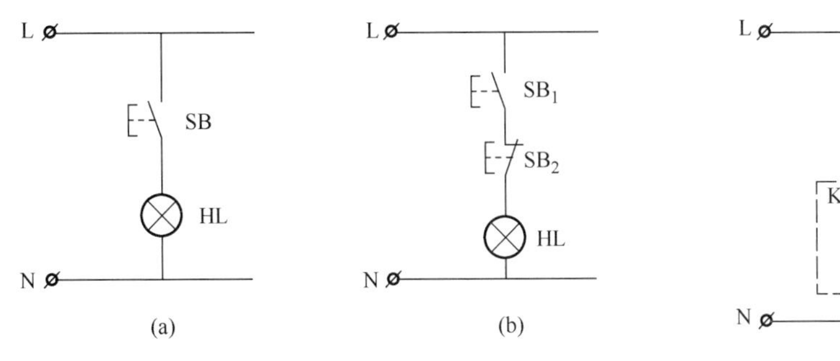

图 2-5　启动与复位电路图

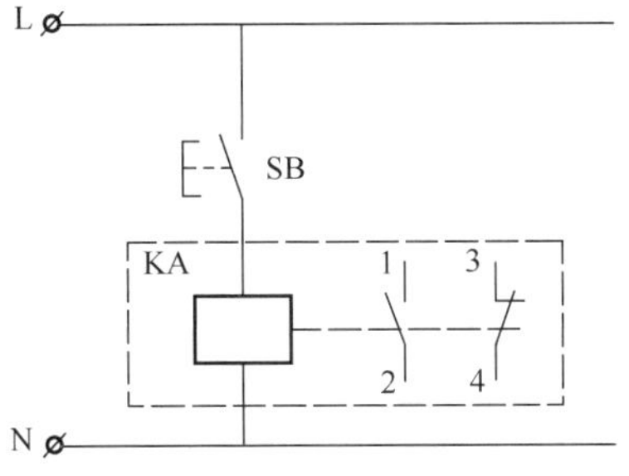

图 2-6　线圈通电与断电示意图

闭合，电源经 SB 常开触点（此时已闭合）、继电器 KA 线圈形成回路，KA 线圈中有电流通过，从而产生磁力驱动电磁机构，使继电器 KA 所对应的常开触点 1-2 闭合，常闭触点 3-4 断开。电气控制中常用“通电”来描述 KA 线圈的通电状态，也有人称之为“得电”，通常用“+”符号表示，即 KA“通电”或“得电”可用 KA^+ 表示。以上过程可简述为：SB 按下→KA^+→常开触点 1-2 闭合，常闭触点 3-4 断开。

失电是指电器线圈的电流回路断开状态。图 2-6 中，当按钮 SB 松开后，其常开触点复位，继电器 KA 线圈的电源回路断开，此时 KA 线圈无电流通过，从而失去磁力，电器所对应的触点复位。KA 线圈这一状态转变被称为“断电”，也有人称之为“失电”，通常用“−”符号表示，即 KA“断电”或“失电”可用 KA^- 表示。以上过程可简述为：SB 松开→KA^-→常开触点 1-2 复位断开，常闭触点 3-4 复位闭合。图中继电器线圈与其触点间的虚线在这里用以表示对应联动关系（下同），在实际电路原理图中一般无需画出。

四、线圈回路和触点回路

电磁式电器在控制系统中的应用最为普遍。各种类型的电磁式电器主要由电磁机构和执行机构（触点系统）组成。电磁机构的核心是线圈，其作用就是当线圈中有电流流过时，产生磁力驱动电磁机构使相应触点动作。

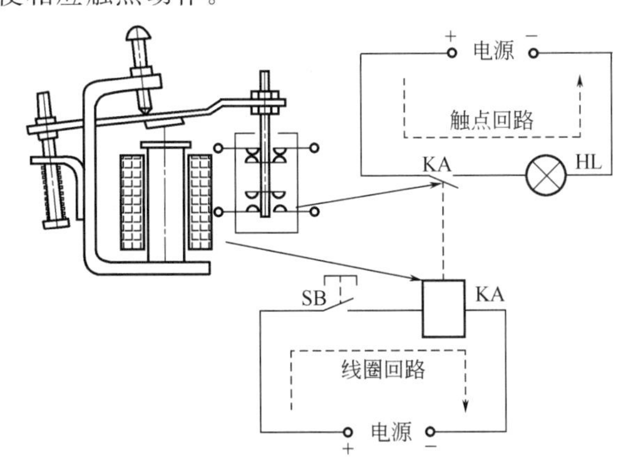

图 2-7　继电器工作示意图

图 2-7 为继电器工作示意图。继电器线圈 KA 同按钮 SB 串联形成线圈回路（图右下部分），继电器触点 KA 同控制电器 HL 串联形成触点回路。当线圈回路的电源和触点回路的电源相同时，则电路原理图可画成如图 2-8 所示。实际使用中的电源可为直流电源，也可为

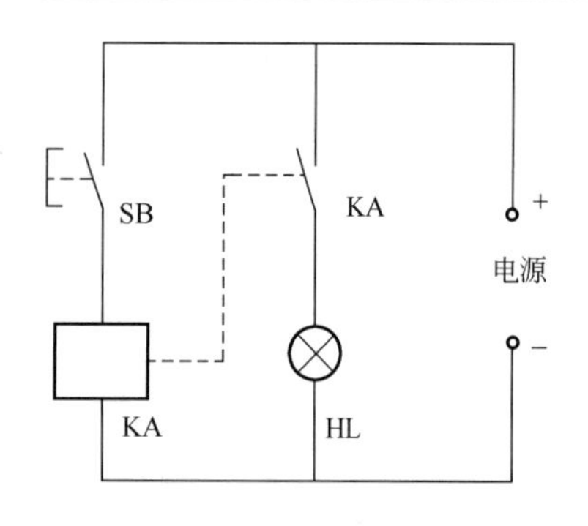

图 2-8　电路原理图

交流电源，根据继电器的线圈电压和控制电器的工作电压分别选取。

五、自锁和互锁

自锁是指电磁式电器通过自身常开触点维持电流通路的现象。图 2-9（a）中，按钮 SB_1 按下→KA_1^+→常开触点闭合→指示灯 HL 亮。如要维持指示灯亮的状态，则按钮需一直处于按压状态，否则按钮松开后，其常开触点复位断开，指示灯电源回路断开。解决这一问题的方法就是在按钮的常开触点两端并联一只继电器 KA_1 常开触点，如图 2-9（b）所示。此时电路的工作过程是：SB_1 按下→KA_1^+→常开触点 KA_{1-2} 闭合→指示灯亮。KA_1 线圈的电流回路为电源 L→按钮常开触点和 KA_{1-1} 常开触点（此时已闭合）→SB_2 常闭触点→KA_1 线圈→电源 N。当按钮松开后，SB_1 常开触点复位断开，但 KA_1 线圈仍可通过 KA_{1-1} 常开触点（此时处于闭合状态）形成电流回路，指示灯继续处于亮的状态。这种依靠电磁式电器自身触点保持线圈通电的电路，称为自锁或自保电路，起自锁或自保作用的常开触点被称为自锁触点或自保触点。

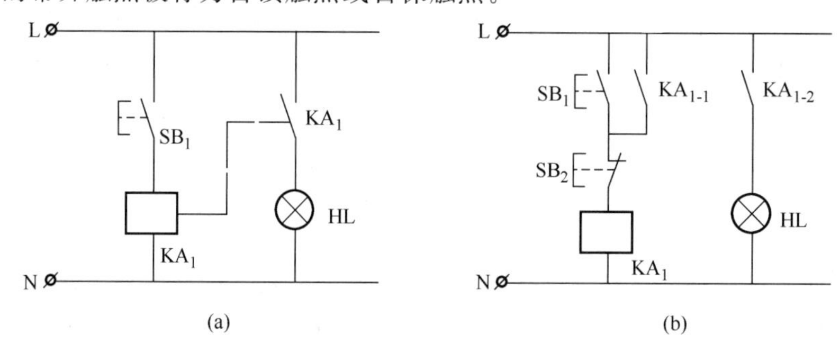

图 2-9　触点自锁电路图

互锁则是指多个电路的相互关联，在电路中往往起着一种避免某种事件发生，起保护作用。图 2-10 中，KA_1 的常闭触点 KA_{1-3} 串联在 KA_2 的线圈回路中，而 KA_2 的常闭触点 KA_{2-3} 串联在 KA_1 线圈回路中。SB_1 按下后，KA_1 线圈通电，KA_1 常闭触点 KA_{1-3} 断开，此时若按下 SB_2，则因 KA_{1-3} 已断开，KA_2 线圈不能通电；同样，可分析在 SB_1 复位的情况下，按下 SB_2 后电路的工作情况。这种当一方的电器动作，另一方的电器线圈电

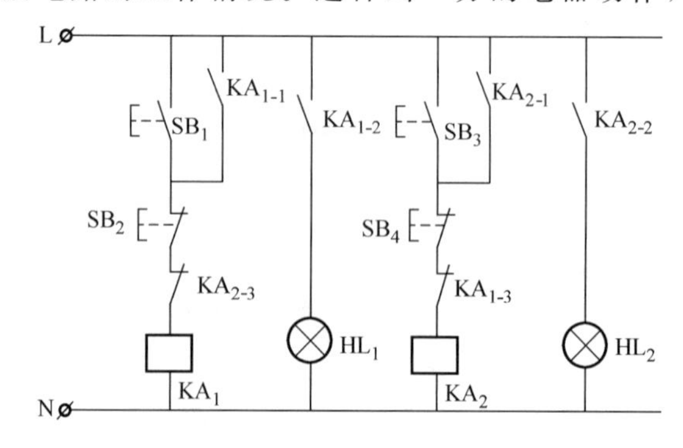

图 2-10　触点互锁电路图

路因对方常闭触点断开而不能通电的电路被称为互锁电路，起互锁作用的常闭触点被称为互锁触点。

第三节 电气控制线路的逻辑代数分析方法

逻辑代数又叫布尔代数或开关代数。它是一种解决逻辑问题的数学方法，其变量只有“1”和“0”两种取值。这里的“1”和“0”不再表示数量的大小，而只表示两种不同的逻辑状态。如果“1”代表“真”，则“0”为“假”；“1”代表“高”，则“0”为“低”。在电气控制线路中，线圈只有“得电”和“失电”两种状态，触点也只有“闭合”和“断开”两种状态，因此逻辑代数是分析和设计电气控制线路不可缺少的数学工具。

一、电气元件的逻辑表示

在电气控制线路中，通常接触器、继电器、按钮、行程开关的触点都是串联、并联或混联结构，均可用逻辑代数来表示。一般规定如下。

① 用原变量 KM、KA、SQ……分别表示接触器、继电器、行程开关等电气元件的常开（动合）触点，用反变量 $\overline{KM}$、$\overline{KA}$、$\overline{SQ}$……表示常闭（动断）触点。

② 触点闭合时，逻辑状态为“1”；断开时，逻辑状态为“0”。线圈通电状态为“1”，线圈断电状态为“0”。

二、电路状态的逻辑表示

电路中，触点的串联关系可用逻辑“**与**”的关系表示，即逻辑乘（•）；触点的并联用逻辑“**或**”的关系表示，即逻辑加（+）。

图 2-11 所示为一个简单的启停控制电路。其接触器 KM 线圈的逻辑式为

$$f(KM)=\overline{SB_1}\cdot(SB_2+KM)$$

线圈 KM 的通电和断电，由常闭按钮 SB_1、常开按钮 SB_2 和接触器常开触点 KM 确定。当按下 SB_2 时，则 $SB_2=1$，$\overline{SB_1}=1$，$f(KM)=1\cdot(1+KM)=1$，线圈 KM 通电。

三、电路化简

用逻辑式表达的电路可用逻辑代数的基本定律和运算法则进行化简，得出功能相同的较简化的控制电路。图 2-12 所示电路中（a）图的逻辑式为

$$f(KM)=KA_1\cdot KA_2+\overline{KA_1}\cdot KA_3+KA_2\cdot KA_3$$

将上式化简

$$\begin{aligned}f(KM)&=KA_1\cdot KA_2+\overline{KA_1}\cdot KA_3+KA_2\cdot KA_3\\&=KA_1\cdot KA_2+\overline{KA_1}\cdot KA_3+KA_2\cdot KA_3\cdot(KA_1+\overline{KA_1})\\&=KA_1\cdot KA_2+\overline{KA_1}\cdot KA_3+KA_2\cdot KA_3\cdot KA_1+KA_2\cdot KA_3\cdot\overline{KA_1}\\&=KA_1\cdot KA_2\cdot(1+KA_3)+\overline{KA_1}\cdot KA_3\cdot(1+KA_2)\\&=KA_1\cdot KA_2+\overline{KA_1}\cdot KA_3\end{aligned}$$

根据逻辑式得到图 2-12(b)，两图功能上等效。

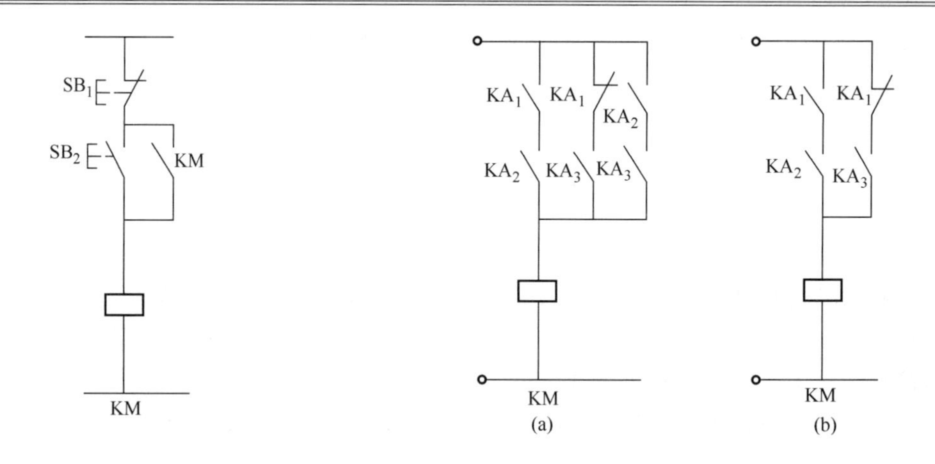

图 2-11　简单启停控制电路

图 2-12　控制电路的逻辑式

第四节　三相笼型异步电动机启动控制电路

电动机接通电源后由静止状态逐渐加速到稳定运行状态的过程，称为电动机的启动。三相笼型异步电动机有全压启动和降压启动两种方式。若将额定电压直接加到电动机定子绕组上，使电动机启动，称为直接启动或全压启动。全压启动所用电气设备少，电路简单，但启动电流大，会使电网电压降低而影响其他电气设备的稳定运行。因此，容量较大的电动机，采用降压启动，以减小启动电流。

判断一台交流电动机能否采用直接启动，可按下式确定

$$\frac{I_{st}}{I_N} \leqslant \frac{3}{4} + \frac{S}{4P_N} \tag{2-1}$$

式中　I_{st}——电动机启动电流，A；

I_N——电动机额定电流，A；

S——电源容量，kV·A；

P_N——电动机额定功率，kW。

满足此条件可全压启动，否则降压启动。通常电动机容量不超过电源变压器容量的15％～20％时或电动机容量较小时（10kW 以下），允许全压启动。

一、笼型异步电动机全压启动控制电路

1. 单向旋转启动控制

三相笼型异步电动机单方向旋转启动可用开关或接触器控制。对于容量较小，并且工作要求简单的电动机，如小型台钻、砂轮机、冷却泵的电动机，可用手动开关在动力电路中接通电源直接启动，其控制电路如图 2-13 所示。

图 2-14 所示电路为采用接触器控制的单向启动控制电路。电路分为两部分，主电路由接触器的主触点接通与断开；控制电路由按钮和接触器触点组成，控制接触器线圈的通断电，实现对主电路的通断控制。

电路工作原理如下。合上电源开关 QS，按下启动按钮 SB_2，接触器 KM 线圈通电（以下简称为 KM 得电或 KM 通电，其他器件相同），其常开主触点闭合，电动机接通电源全压

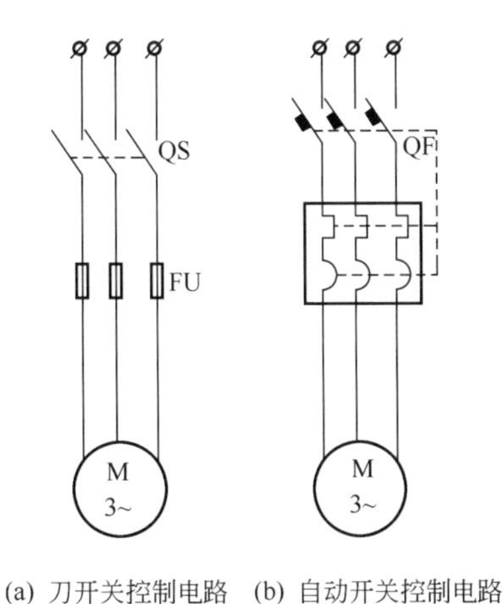

(a) 刀开关控制电路　(b) 自动开关控制电路

图 2-13　电动机单向启动控制电路

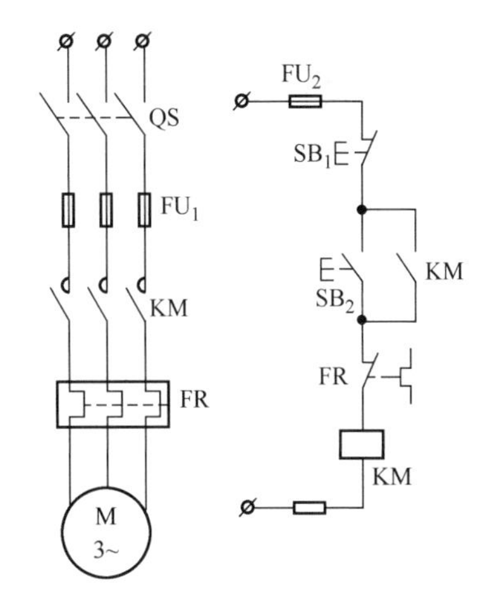

图 2-14　接触器控制单向启动控制电路

启动，同时，与启动按钮并联的接触器常开触点也闭合。当松开 SB_2 时，KM 线圈通过其自身常开辅助触点继续保持通电，从而保证电动机连续运转。

要使电动机停转，可按下 SB_1，切断 KM 线圈电路，使 KM 线圈失电（以下简称为 KM 断电或 KM 失电，其他器件相同），KM 常开触点均断开，切断主电路和控制电路，电动机停转。

电路的保护环节如下。

① 短路保护　由熔断器 FU_1，FU_2 分别实现主电路和控制电路的短路保护。

② 过载保护　由热继电器 FR 实现电动机过载保护。当电动机出现过载时，串联在主电路中的 FR 的双金属片因过热变形，致使 FR 的常闭触点打开，切断 KM 线圈回路，电动机停转，实现过载保护。

③ 欠压和失压保护　当电源电压由于某种原因欠压或失压时，接触器电磁吸力急剧下降或消失，衔铁释放，KM 的常开触点断开，电动机停转。而当电源电压恢复正常时，电动机不会自行启动，避免事故发生。因此是具有自锁的控制电路的欠压与失压保护。

2. 正反转启动控制电路

生产实践中，很多设备需要两个相反的运行方向，例如机床工作台的前进和后退，起重机吊钩的上升和下降等，这些两个相反方向的运动均可通过电动机的正转和反转来实现。从电机学课程可知，只要改变电动机定子绕组的三相电源相序，即可改变电动机的转向。

图 2-15 为实现电动机的正反转控制电路。图 2-15(a) 最为简单，按下正转启动按钮 SB_2 时，正向控制接触器 KM_1 得电并自锁，电动机正转；按下反转启动按钮 SB_3，则反向控制接触器 KM_2 得电，电动机反转。若同时按下 SB_1 和 SB_2，则 KM_1、KM_2 均得电，其常开触点闭合造成电源两相短路，因此，任何时候只能允许一个接触器通电工作。为实现这一要求，通常在控制电路中，将正反转控制接触器的常闭触点分别串接在对方的工作线圈里，如图 2-15(b) 所示，构成相互制约的关系——互锁。利用接触器（或继电器）常闭触点的互锁又被称为电气互锁。该电路欲使电动机由正转到反转，或由反转到正转必须先按下停止按钮，然后再反向启动。

复合按钮也具有互锁功能，图 2-15(c) 电路是在图 2-15(b) 的基础上将正转启动按钮 SB_2 和反转启动按钮 SB_3 的常闭触点串接在对方电路中，构成互相制约的关系，称为机械互锁。这种电路具有电气、机械双重互锁，它既可实现正转—停止—反转—停止的控制，又可实现正转—反转—停止的控制。

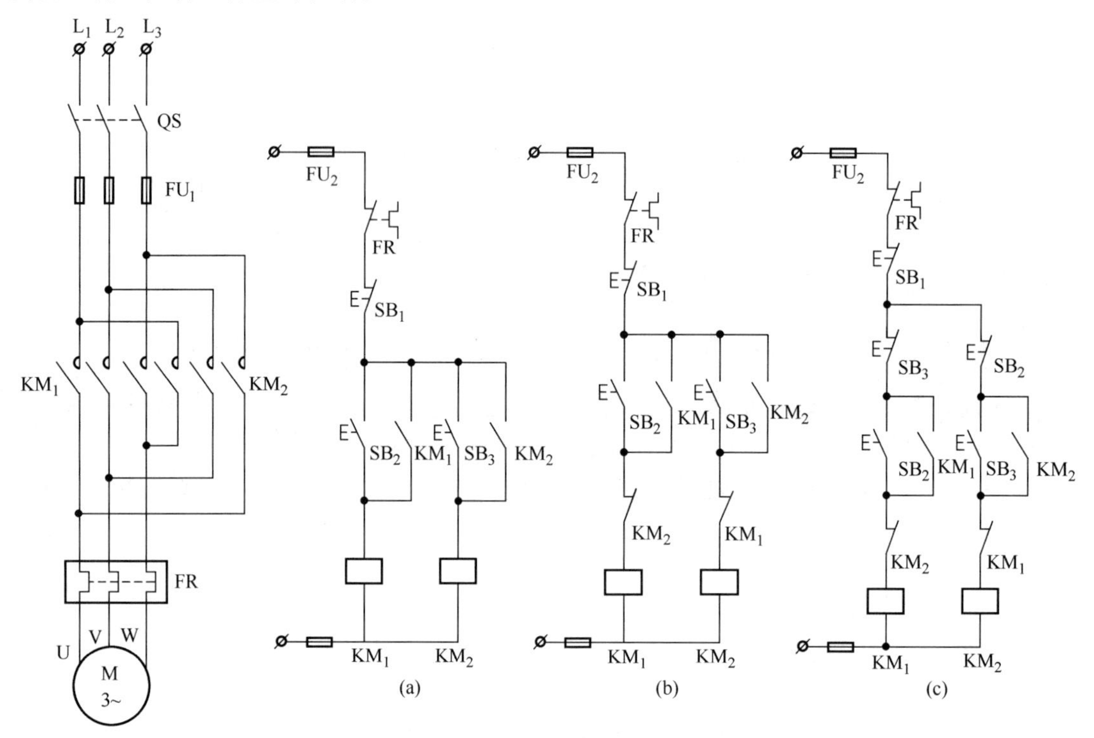

图 2-15　按钮控制的正反转控制电路

二、笼型异步电动机的降压启动控制电路

较大容量的笼型异步电动机因启动电流较大，一般都采用降压启动。启动时，降低加在电动机定子绕组上的电压，待电动机启动后，再将电压恢复到额定值，使之在额定电压下运行。常用的降压启动方式有 Y—△降压启动、定子串电阻降压启动和自耦变压器降压启动。

1. Y—△降压启动控制电路

正常运行时定子绕组接成三角形的笼型异步电动机，可采用 Y—△降压启动方式达到限制启动电流的目的。在电动机启动时，定子绕组接成星形至启动即将完成时再接成三角形运行。图 2-16 是 Y—△降压启动控制电路，其主电路由三组接触器主触点分别将电动机定子绕组接成星形和三角形。

电路工作原理如下。合上电源开关 QS，按下启动按钮 SB_2，使 KM_1 得电并自锁，随即 KM_3 得电，电动机接成星形，接入三相电源进行降压启动；在 KM_3 得电的同时，时间继电器 KT 得电，经一段时间延时后，KT 的常闭触点断开，KM_3 失电，同时 KT 的常开触点闭合，KM_2 得电并自锁，电动机转为三角形联接全压运行。当 KM_2 得电后，KM_2 常闭触点断开，使 KT 断电，避免时间继电器长期工作。KM_2，KM_3 常闭触点也为互锁触点，以防止同时联接成星形和三角形造成电源短路。

2. 定子串电阻降压启动控制电路

图 2-17 是定子串电阻降压启动控制电路。电动机启动时在三相定子绕组中串接电阻，使定子绕组上电压降低，启动结束后再将电阻短接，使电动机在额定电压下运行。这种启动方式不受电动机接线方式的限制，设备简单，因此在中小型生产机械中应用。但由于需要启动电阻，使控制柜体积增大，电能损耗大，对于大容量电动机往往采用串电抗器实现降压启动。

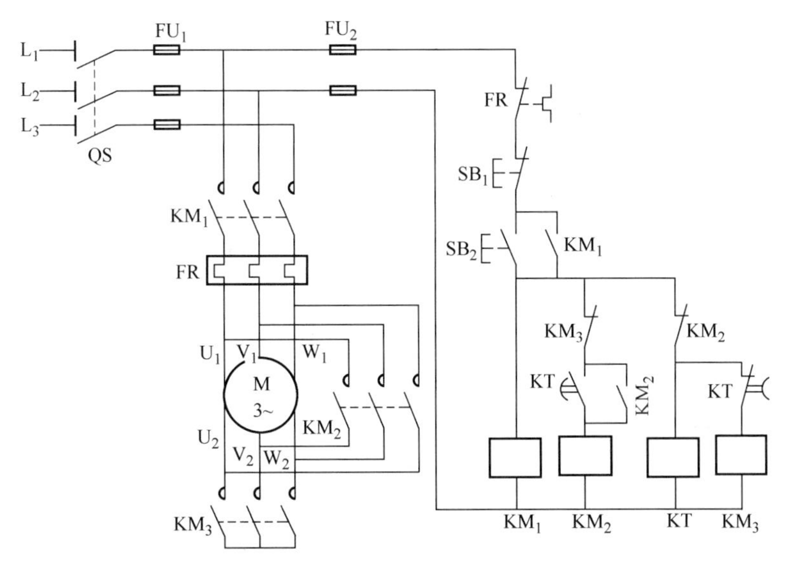

图 2-16　Y—△降压启动控制电路

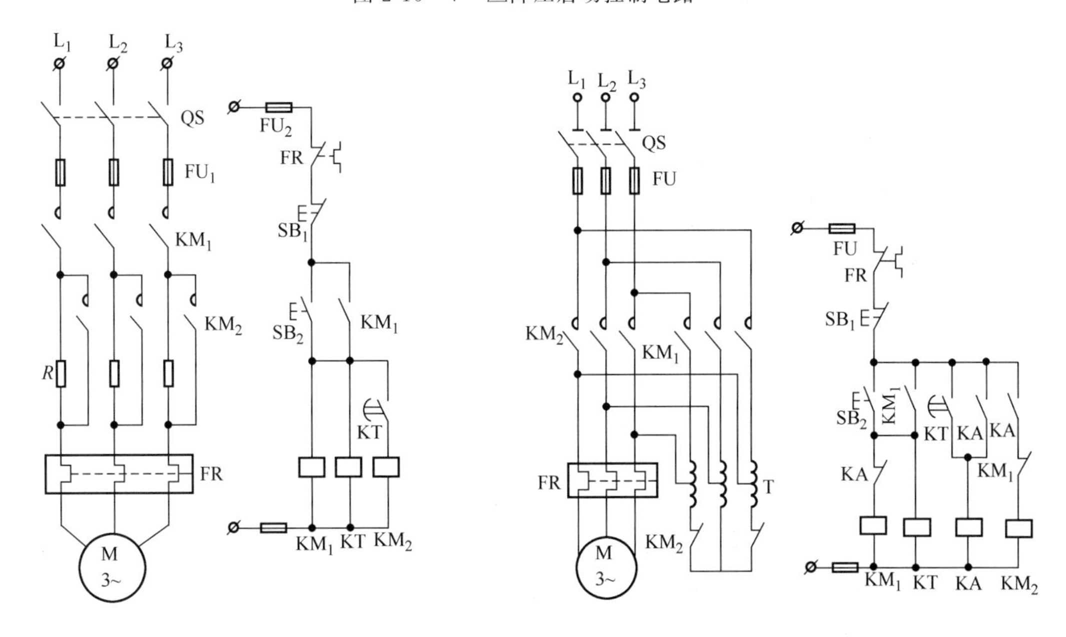

图 2-17　定子串电阻降压启动控制电路　　　　图 2-18　XJ01 系列自动补偿器降压启动电路

电路工作原理如下。合上电源开关 QS，按下启动按钮 SB_2，KM_1 得电并自锁，电动机串电阻 R 启动；接触器 KM_1 得电的同时，时间继电器 KT 线圈得电，经一段时间延时后，KT 常开触点闭合，KM_2 得电动作，将主电路电阻 R 短接，电动机全压运行。

该电路正常工作时 KM_1、KM_2、KT 均工作。若要使启动后只需 KM_2 工作，即 KM_1

和 KT 只在启动时短时工作，从而控制回路损耗减小。请读者自行设计达到此要求的控制电路。

3. 自耦变压器降压启动控制电路

自耦变压器降压启动的控制电路中，电动机启动电流的限制是靠自耦变压器的降压作用来实现的。启动时，电动机定子绕组接在自耦变压器的低压侧（即次级）。启动完毕后，将自耦变压器切除，电动机定子绕组直接接于电源，全压运行。降压启动用的自耦变压器称为启动补偿器。自耦变压器降压启动分为手动控制和自动控制两种。工厂常采用 XJ01 系列自动补偿器实现降压启动的自动控制，其控制电路如图 2-18 所示。

电路工作原理如下。合上电源开关 QS，按下启动按钮 SB_2，KM_1 通电并自锁，将自耦变压器 T 接入，电动机定子绕组接在自耦变压器的低压侧，进行降压启动；同时 KT 通电，经延时，KA 通电，使 KM_1 断电，KM_2 通电，自耦变压器切除，电动机在全压下正常运行。该电路在电动机启动过程中会出现二次涌流冲击，仅适用于不频繁启动，电动机容量在 30kW 以下的设备。为防止二次涌流的冲击，实际还有使用三个接触器的控制电路。本书不作分析，请查阅有关资料。

三、绕线式异步电动机启动控制电路

绕线式异步电动机转子绕有三相绕组，其转子回路可经过滑环外接电阻，从而达到减小启动电流和提高启动转矩的目的。绕线式异步电动机在启动转矩要求较高的场合使用较广。按转子中串接装置的不同，有串电阻启动和串频敏变阻器启动两种方式。

（一）转子绕组串电阻启动控制电路

串接在转子回路中的启动电阻，一般均接成星形。启动时，启动电阻全部接入，启动过程中，启动电阻逐段被短接。短接的方式有三相电阻平衡短接法和三相电阻不平衡短接法。凡是用接触器控制被短接电阻时，都采用平衡短接法。所谓平衡短接，就是指每相启动电阻同时被短接。

根据绕线式异步电动机启动过程中转子电流变化及所需启动时间有电流原则与时间原则控制两种电路。

1. 电流原则控制电路

控制电路如图 2-19 所示。KM_1～KM_3 为短接转子电阻接触器；R_1，R_2，R_3 为转子外接电阻；KA_1～KA_3 为电流继电器，其线圈串联在电动机转子回路中，三个电流继电器的吸合电流一样，但释放电流不同，KA_1 释放电流最大，KA_2 次之，KA_3 最小；KA_4 为中间继电器。

电路工作原理如下。合上电源开关 QS，按下 SB_2，KM_4 通电并自锁，电动机按全压启动。刚启动时，启动电流很大，电流继电器全部吸合，控制电路中的常闭触点全部断开，保证 KM_1，KM_2，KM_3 线圈不通电，转子串全电阻启动。同时 KA_4 通电，为 KM_1～KM_3 通电做准备。随着电动机转速的升高，转子电流减小，KA_1～KA_3 依次释放，KM_1～KM_3 依次通电动作，转子电阻逐段切除，电动机启动完毕，进入正常运行。

为保证绕线式异步电动机转子串入全电阻启动，设置了中间继电器 KA_4。

2. 时间原则控制电路

控制电路如图 2-20 所示。图中转子回路三段启动电阻的短接是靠 KT_1、KT_2、KT_3 三只时间继电器和 KM_1、KM_2、KM_3 三只接触器的相互配合来完成的。线路中只有 KM_3、

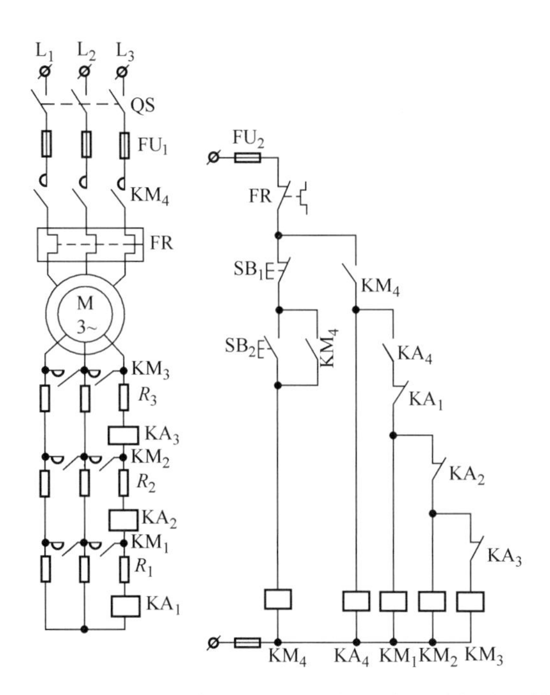

图 2-19　电流原则控制绕线式电动机转子串电阻启动控制电路

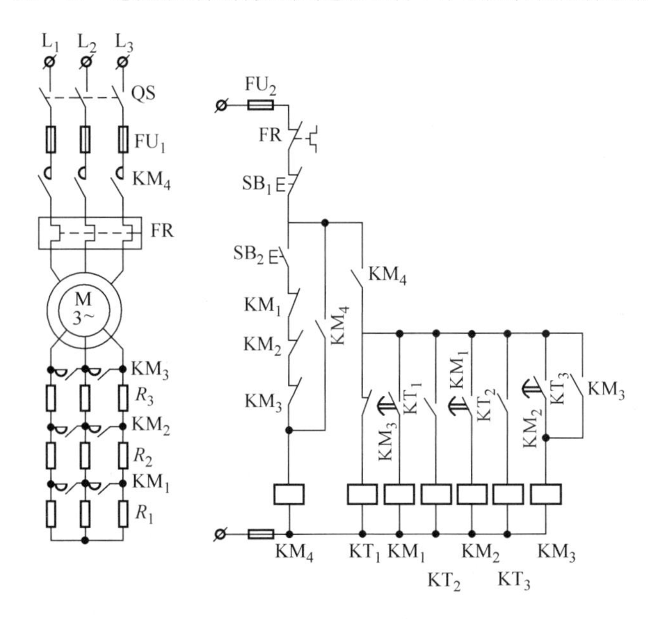

图 2-20　时间原则控制电路

KM_4 长期通电，这样做可节省电能，延长设备的使用寿命。该电路的工作情况读者可自己分析。

以上两种控制电路，转子电阻均在启动过程中逐段切除，其结果造成电流和转矩存在突然变化，因而会产生机械冲击。

（二）转子电路串频敏变阻器启动控制电路

绕线式异步电动机启动的另一种方法是转子电路串频敏变阻器启动。这种启动具有恒转矩的启动、制动特性，频敏变阻器的阻抗能够随着转子电流频率的下降而自动减小，所以它

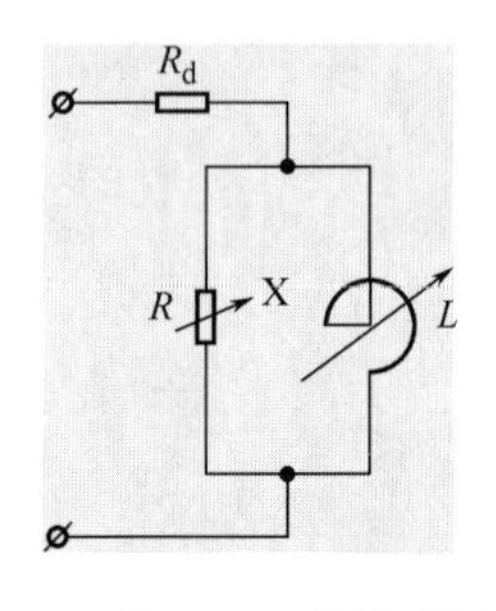

图 2-21 频敏变阻器等效电路

是一种较为理想的启动设备。频敏变阻器是静止元件，很少需要维修，因而常用于绕线式异步电动机启动，特别是大容量的绕线式异步电动机的启动控制。

频敏变阻器实质上是一个铁芯损耗很大的三相电抗器，将其串联在转子回路中。等效电路如图 2-21 所示。

图中 R_d 为绕组直流电阻，R 为铁损等效电阻，L 为等效电感，R、L 与转子电流频率有关。

启动过程中，电动机转子感应电流的频率是变化的，刚启动时，转子电流频率最高，$f_2=f_1$。此时，频敏变阻器的 R、L 为最大，即等效阻抗最大，转子电流受到抑制，定子电流也就不致很大；随着转速的上升，转子频率 $f_2=sf_1$ 逐渐减小，其等效阻抗逐渐减小，电流也逐渐减小；当电动机正常运行时，f_2 很小，所以阻抗也变得很小。因此，绕线式异步电动机串接频敏变阻器启动时，随着启动过程中转子电流频率的降低，其阻抗值自动减小，实现了平滑无级启动。

图 2-22 为绕线式异步电动机单向旋转转子串频敏变阻器启动控制电路。

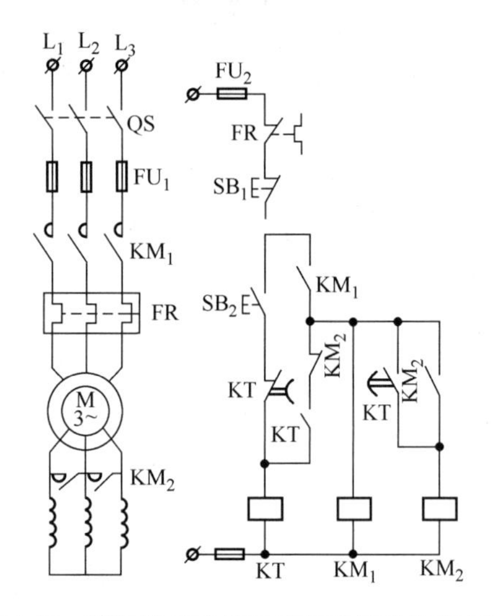

图 2-22 旋转转子串频敏变阻器启动控制电路

电路工作原理如下。合上电源开关 QS，按下启动按钮 SB_2，KT、KM_1 相继通电并自锁，电动机定子绕组接电源，转子串频敏变阻器启动。随着转速上升，频敏变阻器的阻抗逐渐减小。当转速上升到接近额定转速时，时间继电器延时整定时间到，其延时触点动作，KM_2 通电并自锁，将频敏变阻器短接，电动机进入正常运行。

该电路 KM_1 线圈通电需在 KT、KM_2 触点工作正常条件下进行，若发生 KM_2 触点粘连，KT 触点粘连，KT 线圈断线等故障时，KM_1 线圈将无法得电，从而避免了电动机直接启动和转子长期串接频敏变阻器的不正常现象发生。

四、交流异步电动机软启动控制方法

（一）简述

交流异步电动机在启动时，起动电流可达电机额定电流的 8 倍左右，大的起动电流一方面会对电动机本身造成损坏，另一方面会对供电电网造成冲击，因此抑制电动机的启动电流是必须的。传统的降低电动机启动电流的方法是在电动机主回路上加自耦变压器、电抗器或采用星-三角接法，通过降低电动机启动电压，达到降低启动电流的目的。但这些方法的电压调节是不连续的，电动机启动过程中仍存在较大的冲击电流和冲击转矩，没有根本解决启动冲击的问题。

近年来，随着电力电子技术及其相关器件的发展，对普通三相异步电动机的控制逐步成为热点，其中电动机软启动控制器是一种使用率较高的电动机控制设备。软启动控制器的主要作用是减小电动机的启动电流，可以在用户设定的启动电压、电流范围内，实现电动机的平滑软启动、软停止，消除冲击电流、冲击力矩对电网、设备的负面影响。软启动控制器还监视电动机整个运行过程，将电动机的控制、监测、保护功能集于一体，是传统电动机控制的理想产品。

图 2-23 是传统电动机控制电路和软启动器控制电路的结构示意图

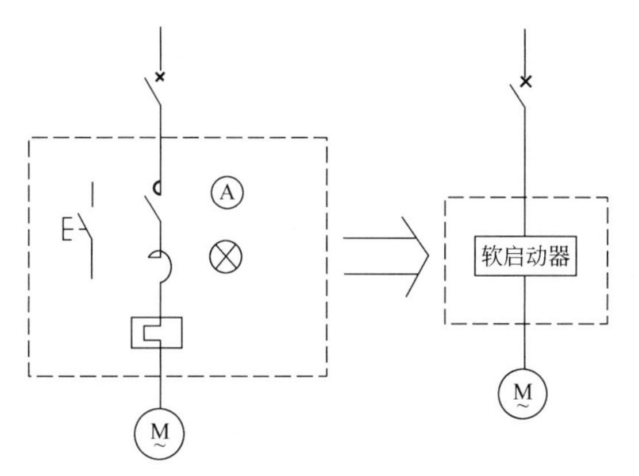

图 2-23　传统电动机控制电路与软启动器控制电路

（二）软启动控制器工作原理

图 2-24 为 ICM 系列软启动器工作原理框图。电动机软启动器主要有电压检测回路、电流检测回路、微处理器（CPU）、存储器、可控硅（SCR）、触发回路、内置接触器（KM）、显示器、操作键盘等部分组成。

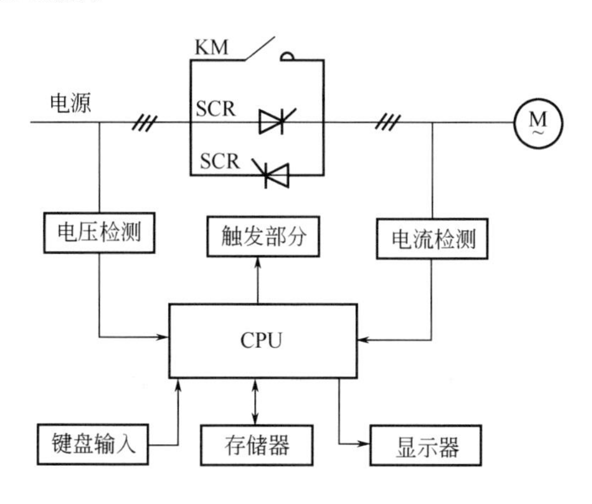

图 2-24　软启动电机工作原理框图

电动机启动时，CPU 接受键盘输入命令，检测电动机回路的可靠性，调用存储器预置的数据，控制 SCR 导通角，以改变电动机输入电压，从而达到限制回路启动电流，保证电动机平稳启动的目的。CPU 还通过内部检测回路，判断电动机启动是否结束，当启动结束时，将内置 KM 触点无流合上，电动机进入正常工作状态。

电动机软停止时，SCR 投入工作，将电流切换到 SCR 回路。KM 触点无流断开，CPU 通过控制 SCR 导通角，使电动机电压慢慢降到零，电动机平稳停机。

电动机工作时，软启动器内的检测器一直监视电动机的运行状态，并将监测到的参数送给 CPU 进行处理，CPU 将监测参数进行分析、存储、显示。因此，电动机软启动器还具有测量回路参数及对电机提供可靠保护的功能。

（三）主要启动、停车方式

图 2-25(a) 为电压斜波启动方式。电动机启动时，电压迅速上升到初始电压 U_1，然后依设定启动时间 t 逐渐上升，直至电网额定电压 U_e。

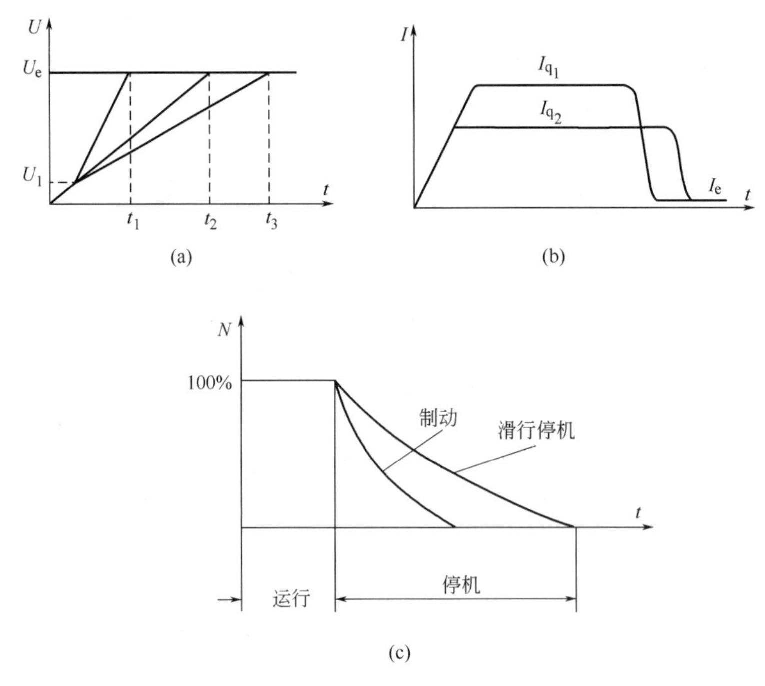

图 2-25　启动与停车方式

图 2-25(b) 为限流启动方式。电动机启动时，输入电压从零迅速增加，直到输出电流上升到设定的限流值 I_q，然后保证输出电流在不大于 I_q 下，电压逐渐上升，电动机加速，完成启动过程。

图 2-25(c) 为软停车方式。通过控制电压的下降时间，延长停车时间以减轻停车过程中负载的移位或物体溢出。

（四）基本控制电路接线

ICM 系列软启动器的端子包括启动、停机、点动控制、故障输出、旁路接触器控制输出等信号端子。

图 2-26 为带旁路接触器软启动器控制电路图。图（a）为主电路，图（b）为控制回路。当 SB_1 按下后，软启动器按设定方式工作，电动机在设定电流和电压方式下启动；启动结

束后，KA 继电器线圈通电，KM_1 线圈通电，KM_1 常开触点闭合，旁路接触器 KM_1 无流闭合，SCR 退出。当要停止电动机工作时，按下 SB_2，此时软启动器投入工作，KA 线圈断电，KM_1 无流断开，软启动器按设定方式对电动机进行制动减速。

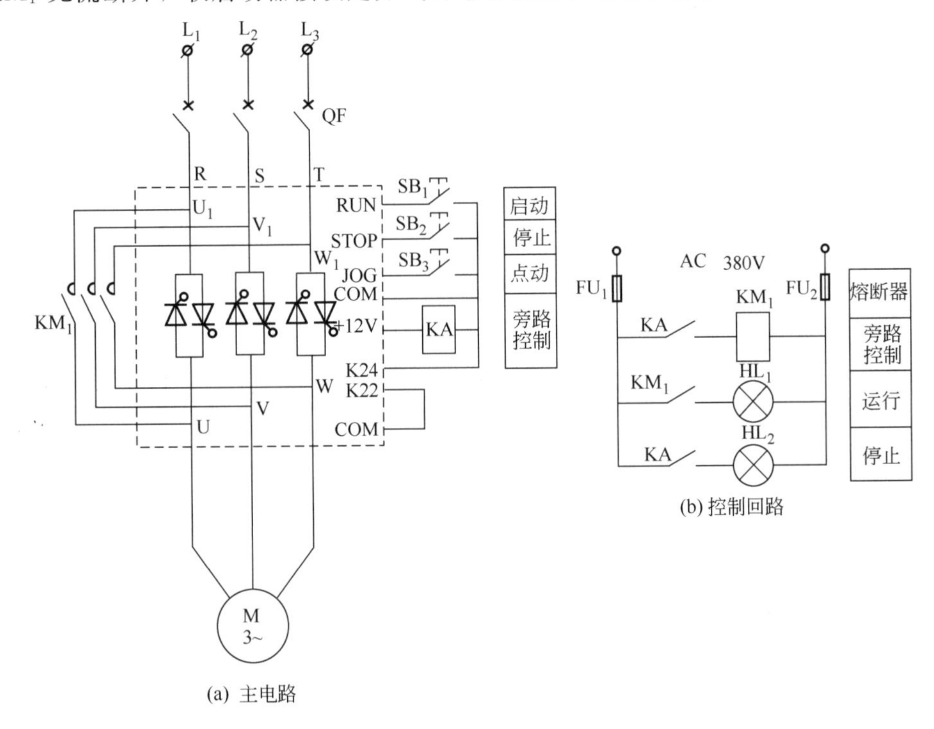

(a) 主电路

(b) 控制回路

图 2-26　软启动器控制电路

第五节　三相异步电动机制动控制电路

在生产过程中，有些由电动机驱动的机械设备需要能迅速停车或者准确定位，即要求对电动机进行制动，使其转速迅速降低。制动可分为机械制动和电气制动两大类。机械制动是用电磁铁操纵机械进行制动，如电磁抱闸制动器；电气制动是在电动机上产生一个与原转子转动方向相反的制动转矩，使电动机转速迅速下降。常用的电气制动方法有反接制动与能耗制动。

一、反接制动控制电路

异步电动机反接制动有两种情况：第一种是在负载转矩作用下使电动机反转的倒拉反接制动，它往往出现在重力负载的情况下，这种方法达不到停车的目的；第二种是改变三相异步电动机定子绕组中三相电源的相序，实现反接制动。本节所述的反接制动为第二种。

反接制动的实质就是改变三相电源的相序，产生与转子惯性旋转方向相反的电磁转矩。在电动机转速接近零时，将电源切除，以免引起电动机反转。控制电路中常采用速度继电器来检测电动机的零速点并切除三相电源。

反接制动时，转子与旋转磁场的相对速度接近于两倍的同步转速，定子绕组电流很大，

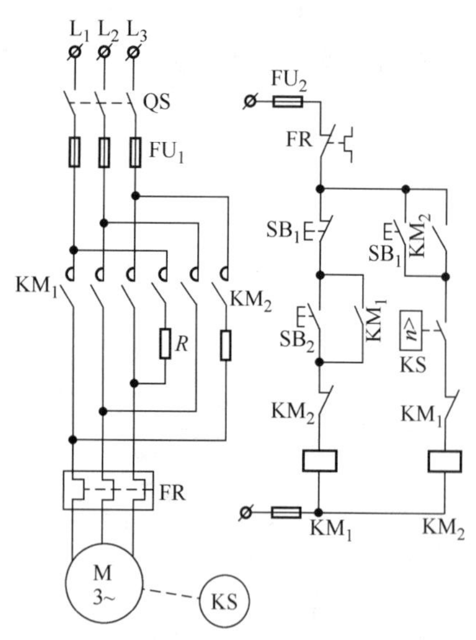

图 2-27 单向反接制动控制电路

为了防止绕组过热和减小制动冲击，一般功率在10kW以上的电动机，定子回路中串入反接制动电阻以减小反接制动电流。制动电阻有对称和不对称两种接线方式。采用对称接法时既可限制制动转矩，又可限制制动电流；采用不对称接法时，只是限制了制动转矩，未加制动电阻的那一相仍有较大的电流。

1. 单向反接制动控制电路

图 2-27 为单向反接制动控制电路。图中 KM_1 为单向旋转接触器，KM_2 为反接制动接触器，KS 为速度继电器，用于检测电动机速度变化。当速度 $v>120$r/min 时，KS 触点动作；当速度 $v<100$r/min 时，KS 触点恢复原位。R 为反接制动电阻（不对称接法）。

电路工作原理如下。启动时，合上电源开关 QS，按下启动按钮 SB_2，接触器 KM_1 通电并自锁，电动机转动。在电动机正常转动时，速度继电器 KS 动作，其常开触点闭合，为反接制动做准备。制动时，按下复合按钮 SB_1，KM_1 断电，电动机定子绕组脱离三相电源；KS 常开触点由于电动机在惯性作用下仍以很高的速度旋转而保持闭合，KM_2 通电并自锁，电动机定子绕组串电阻接上反序电源，电动机进入反接制动状态，使电动机转速迅速下降。当电动机转速接近 100r/min 时，KS 常开触点复位，KM_2 线圈断电，反接制动结束。

2. 可逆运行反接制动控制电路

图 2-28 为正反向反接制动控制电路。图中 KM_1、KM_2 为正反转接触器，KM_3 为短接电阻接触器，KA_1～KA_4 为中间继电器，KS 为速度继电器，R 为启动与制动电阻。

电路工作原理如下。合上电源开关 QS，按下正转启动按钮 SB_2，中间继电器 KA_3 通电并自锁，KA_3（9-10）断开起互锁作用，KA_3（4-7）闭合，使接触器 KM_1 通电，电动机定子绕组串电阻 R 降压启动；当转子速度大于一定值时，速度继电器 KS-1 触点闭合，使中间继电器 KA_1 通电并自锁，此时 KA_1（3-19）闭合，使接触器 KM_3 通电，电阻 R 被短接，电动机全压运转。制动时，按下停止按钮 SB_1，则 KA_3、KM_1、KM_3 三只线圈相继断电，电动机 M 断电。由于转子的惯性转速仍很高，速度继电器 KS-1 尚未复位，接触器 KM_2 通电，使定子绕组串电阻 R 获得反序的三相交流电，电动机开始反接制动。当转子转速下降到 100r/min 时，KS-1 正转常开触头复位，KA_1 线圈断电，接触器 KM_2 释放，反接制动结束。

电动机反向启动和制动过程与此相似，读者可自行分析。

二、能耗制动控制电路

能耗制动，就是在电动机脱离三相交流电源后，在定子绕组上加一直流电源，产生一静止磁场，惯性转动的转子在磁场中切割磁力线，产生与惯性转动方向相反的电磁转矩，对转子起制动作用。能耗制动比反接制动所消耗的能量小，其制动电流比反接制动时要小得多，通常适用于电动机容量较大，启动、制动频繁的场合。

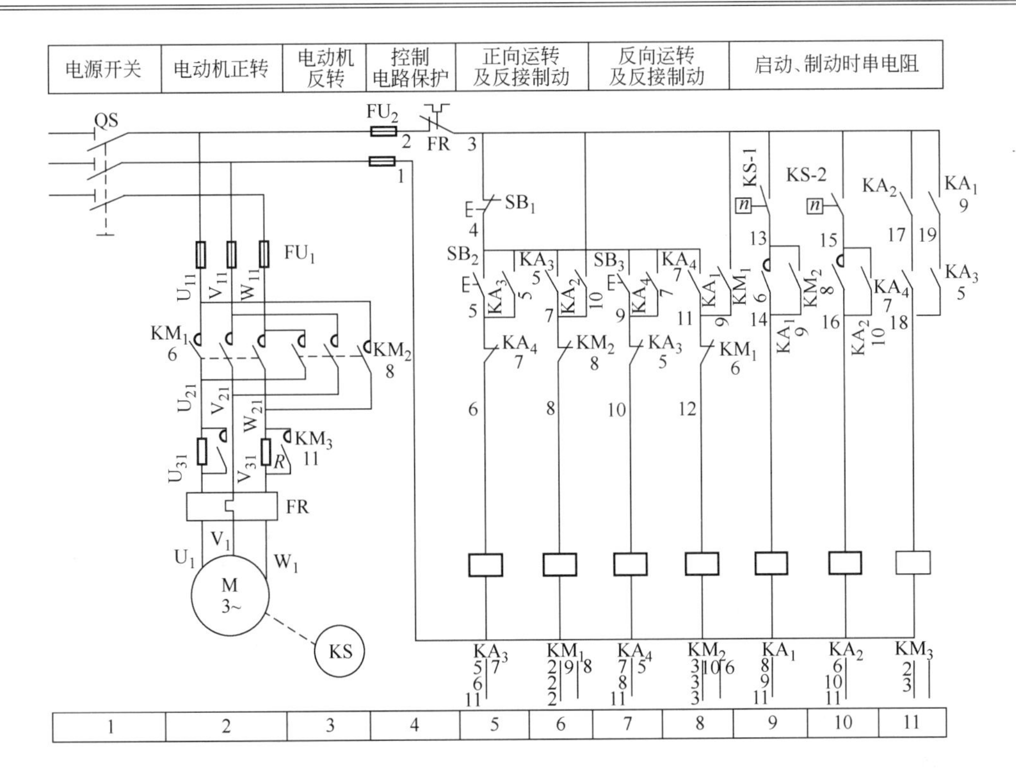

图 2-28　可逆运行反接制动控制电路

1. 单向能耗制动控制电路

图 2-29 为按时间原则控制的单向能耗制动控制线路，图中 KM_1 为单向旋转接触器，KM_2 为能耗制动接触器，VC 为桥式整流电路。

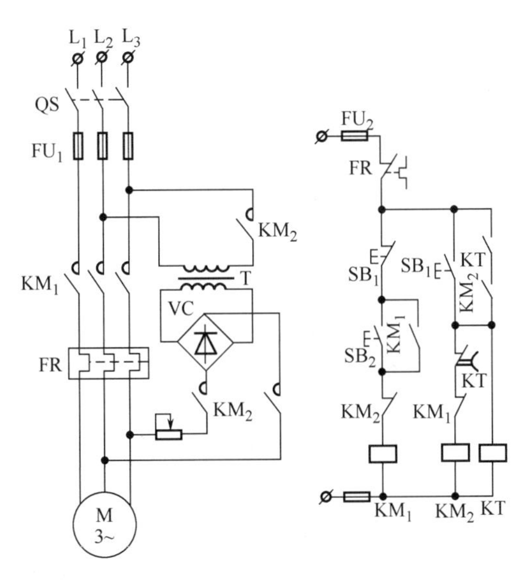

图 2-29　时间原则控制的单向能耗制动控制电路

电路工作原理如下。电动机单向运行时，KM_1 通电并自锁。制动时，按复合按钮 SB_1，则 KM_1 断电，电动机定子绕组脱离三相交流电源；同时，KT、KM_2 通电并自锁，将两相定子绕组接入直流电源进行能耗制动。电动机在能耗制动作用下转速迅速下降，当接近零时，KT 延时时间到，其延时打开的动断触点动作，使 KM_2、KT 相继断电，制动过程结束。

该电路中，将 KT 常开触点与 KM_2 自锁触点串联，可避免时间继电器发生故障时，触点不能动作，而使 KM_2 长期通电，造成电动机定子绕组长期通入直流电源。

2. 可逆运行的能耗制动控制线路

图 2-30 为速度原则控制的可逆运行能耗制动控制线路。图中 KM_1、KM_2 为正反转接触器，KM_3 为制动接触器。

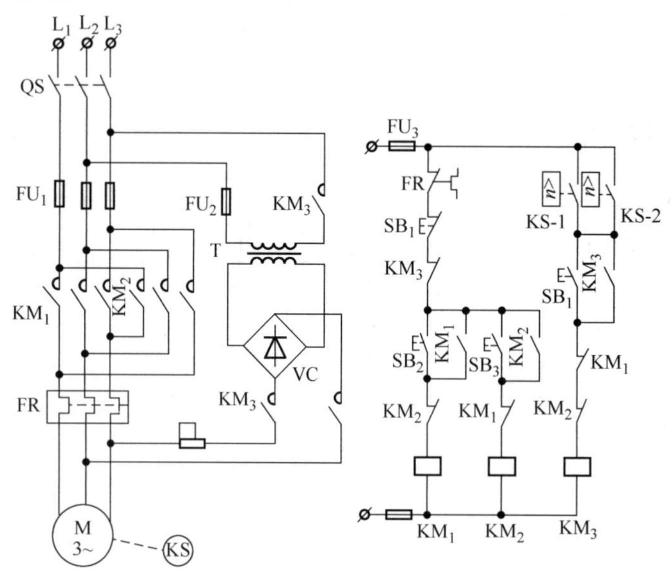

图 2-30　速度原则控制的可逆运行能耗制动控制电路

电路工作原理如下。合上电源开关 QS，根据需要，按下正转或反转启动按钮 SB_2 或 SB_3，相应的 KM_1 或 KM_2 通电并自锁，电动机正常运行。此时，速度继电器 KS 相应触点 KS-1 或 KS-2 闭合，为停机时接通 KM_3 实现能耗制动做好准备。

制动时，按下停止按钮 SB_1，电动机定子绕组脱离三相交流电源，同时 KM_3 通电，电动机定子绕组接入直流电源进行能耗制动。电动机转速迅速下降，当转速小于 100r/min 时，

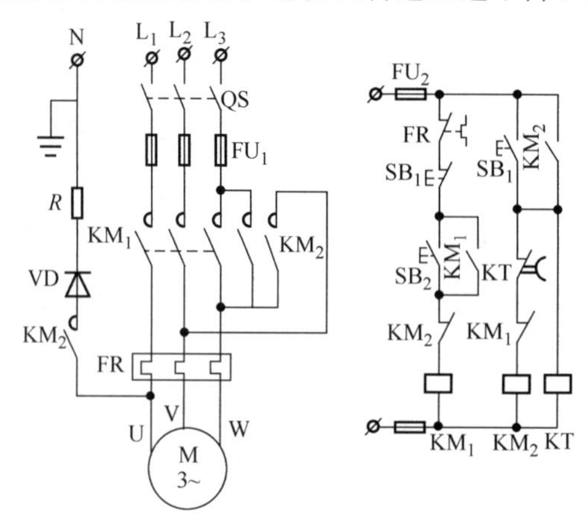

图 2-31　单管能耗制动控制电路

速度继电器 KS-1或 KS-2触点断开，此时 KM_3 断电，能耗制动结束。

3. 单管能耗制动控制电路

前面介绍的能耗制动均为带变压器的单相桥式整流电路，其制动效果较好，但所需设备多，成本高。当电动机功率在 10kW 以下，且制动要求不高时，可采用无变压器单管能耗制动控制电路。

单管能耗制动电路如图 2-31 所示。

该电路采用无变压器的单管半波整流作为直流电压，采用时间继电器对制动时间进行控制，其工作原理读者自行分析。

第六节　笼型多速异步电动机控制电路

多速电动机能代替笨重的齿轮变速箱，满足只需几种特定转速的调速装置。由于其成本低，控制简单，在实际生产中使用较为普遍。

由电机原理可知，笼型异步电动机转速为

$$n=n_0(1-s)=\frac{60f}{p}(1-s) \tag{2-2}$$

改变电动机的磁极对数 p，就可以改变电动机的转速 n，多速电动机就是通过改变定子绕组的连接方法来改变磁极对数。双速电动机是变极调速中最常用的一种形式。

一、双速异步电动机定子绕组的联接

双速电动机定子绕组接线方式常用的有两种：一种是绕组从单星形改接成双星形；另一种是从三角形改接成双星形，这两种接法都能使电机磁极对数减少一半。图 2-32 所示为△/YY 接法。其中图（a）为电动机三相定子绕组接成三角形的联接，三个电源线分别接到接线端 U、V、W，每相绕组的中点接出的接线端 U″、V″、W″空着不接，此时为低速；图（b）为电动机绕组 YY 联接，接线端 U、V、W 短接，U″、V″、W″分别接三相电源，此时电动机的转速接近于低速时的两倍。

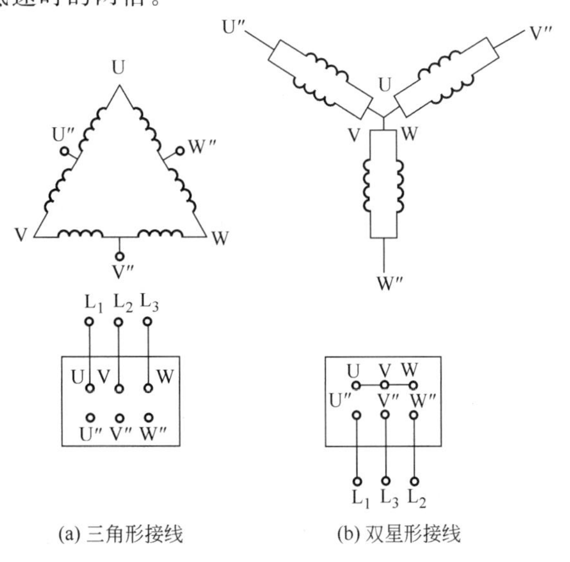

(a) 三角形接线　　(b) 双星形接线

图 2-32　双速异步电动机定子绕组接线

二、双速电动机控制电路

1. 按钮控制电路

控制电路如图 2-33 所示。电路工作原理如下。

合上电源开关 QS，按下低速起动按钮 SB_2，按触器 KM_1 通电并自锁，电动机三角形联接，以低速运转。如需转换为高速旋转，可按下按钮 SB_3，则接触器 KM_1 失电，同时接触器 KM_2 通电并自锁，电动机定子绕组接成双星形，电动机高速旋转。

2. 时间继电器自动控制电路

有些场合需电动机以三角形启动，然后自动地转为双星形联接高速运行，这个过程可以用时间继电器来控制，其主电路同图 2-33，控制电路如图 2-34 所示。电路工作原理如下。

按下 SB_2，时间继电器 KT 通电，KT 的延时断开常开触点（9-11）瞬时闭合，接触器 KM_1 通电，电动机定子绕组接成三角形启动。同时中间继电器 KA 通电并自锁，使时间继电器 KT 断电，经过延时，KT（9-11）触点断开，接触器 KM_1 断电，使接触器 KM_2 通电，电动机定子绕组从三角形变为双星形运转，电动机进入高速运转状态。

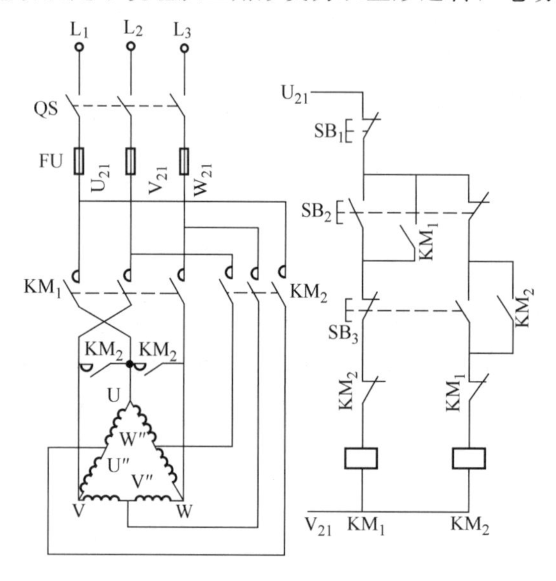

图 2-33 双速电动机按钮控制电路

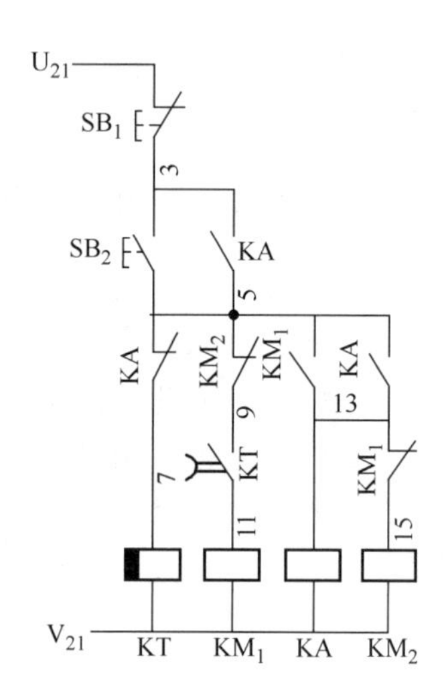

图 2-34 双速电动机自动控制电路

第七节 直流电动机控制电路

直流电动机具有良好的启动、制动与调速性能，容易实现各种运行状态的自动控制。直流电动机励磁方式有串励、并励、复励和他励四种，其控制电路基本相同。本节仅讨论他励或并励直流电动机的启动、反转和制动的自动控制电路。

一、单向运转启动控制电路

直流电动机启动控制的要求与交流电动机类似，即保证足够大的启动转矩条件下，尽可能减小启动电流。直流电动机启动特点之一是启动冲击电流大，可达额定电流的 10～20 倍，这样大的电流可能导致电动机换向器和电枢绕组的损坏。因此，一般在电枢回路中串电阻启动，以减小启动电流。另一特点是他励和并励直流电动机在弱磁或零磁时会产生“飞车”，因而在施加电枢电源前，应先接入或至少同时施加额定励磁电压，这样一方面可减少启动电流，另一方面也可防止“飞车”事故。为了防止弱磁或零磁时产生“飞车”，励磁回路中有欠磁保护环节。

图 2-35 为直流电动机电枢回路串电阻启动控制电路。电枢串二级电阻，按时间原则启动。图中 KA_1 为过电流继电器，KM_1 为启动接触器，KM_2、KM_3 为短接启动电阻接触器，KT_1、KT_2 为时间继电器，KA_2 为欠电流继电器，R_3 为放电电阻。

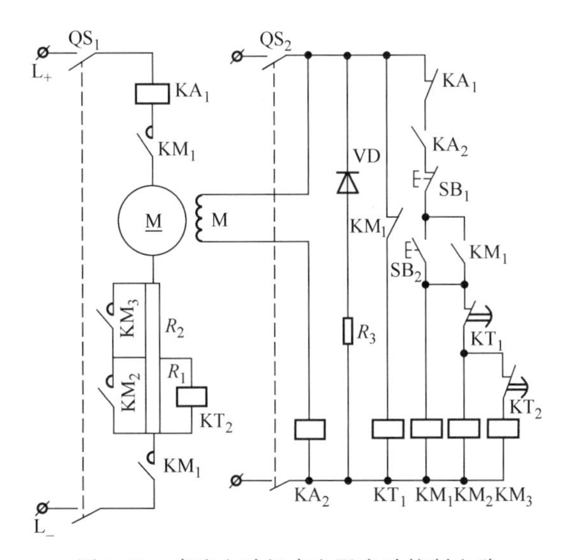

图 2-35　直流电动机串电阻启动控制电路

1. 启动前的准备

合上电源开关 QS_1 和控制开关 QS_2，励磁回路通电，KA_2 通电，其常开触点闭合，为启动做好准备；同时，KT_1 通电，其常闭触点断开，切断 KM_2、KM_3 电路，保证串入电阻 R_1、R_2 启动。

2. 启动

按下启动按钮 SB_2，KM_1 通电并自锁，主触点闭合，接通电动机电枢回路，电枢串入二级电阻启动，同时 KT_1 线圈断电，为 KM_2、KM_3 通电短接电枢回路电阻做准备。在电动机启动的同时，并接在 R_1 两端的时间继电器 KT_2 通电，其常闭触点打开，使 KM_3 不能通电，确保 R_2 电阻串入启动。经一段延时时间后，KT_1 延时闭合触点闭合，KM_2 线圈通电，短接电阻 R_1，KT_2 线圈断电。经一段延时时间，KT_2 常闭触点闭合，KM_3 线圈通电，短接电阻 R_2，电动机加速进入全压运行，启动过程结束。

3. 电动机保护环节

当电动机发生过载和短路时，主电路过电流继电器 KA_1 动作，KM_1、KM_2、KM_3 线圈均断电，使电动机脱离电源。当励磁线圈断路时，欠电流继电器 KA_2 动作，起失磁保护作用。电阻 R_3 与二极管 VD 构成励磁绕组的放电回路，其作用是在停机时防止由于过大的自感电动势引起励磁绕组的绝缘击穿和其他电器。

二、可逆运转启动控制电路

直流电动机在许多场合要求频繁正反方向启动和运转，常采用改变电枢电流方向来实现，其控制电路如图 2-36 所示。图中 KM_1、KM_2 为正反转接触器，KM_3、KM_4 为短接电枢电阻接触器，KT_1、KT_2 为时间继电器，其工作原理与图 2-35 类似，此处不再重复。

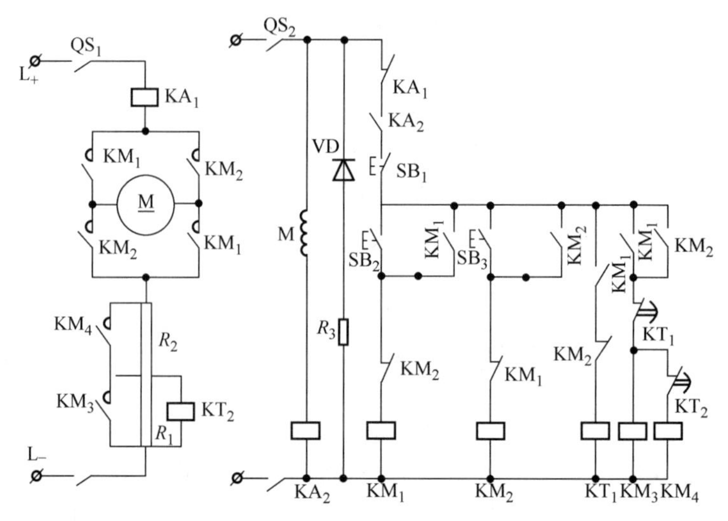

图 2-36　直流电动机可逆运转启动控制电路

三、电气制动控制电路

1. 能耗制动控制电路

图 2-37 为直流电动机单向运转能耗制动控制电路。图中 KM_1 为电源接触器，KM_2、KM_3 为启动接触器，KM_4 为制动接触器，KA_1 为过电流继电器，KA_2 为欠电流继电器，KA_3 为电压继电器，KT_1、KT_2 为时间继电器。

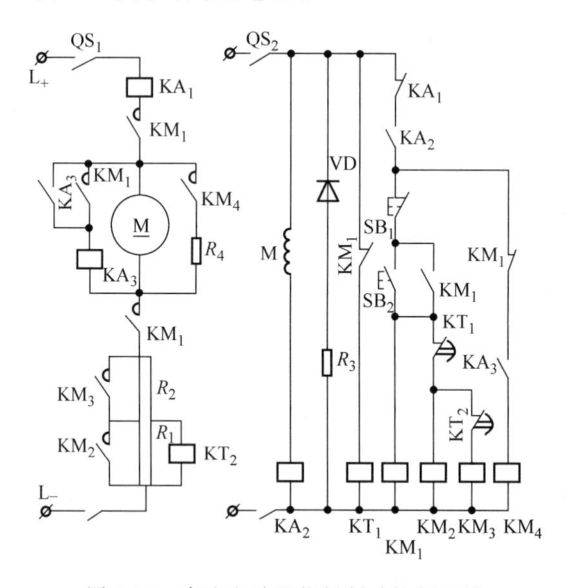

图 2-37　直流电动机能耗制动控制电路

电路工作原理如下。电动机启动时，电路工作情况同图 2-35。电机正常运行时，并联在电枢回路两端的电压继电器 KA_3 通电，其常闭触点闭合，为制动做准备。制动时，按下停止按钮 SB_1，KM_1 线圈断电，切断电枢直流电源。此时电动机因惯性仍以较高速度旋转，电枢两端仍有一定电压，KA_3 仍保持通电，使 KM_4 线圈通电，电阻 R_4 并联于电枢两端，电动机实现能耗制动，转速急剧下降。当电枢电势降低到一定值时，KA_3 释放，KM_4 断电，电动机能耗制动结束。

2. 反接制动控制电路

图 2-38 所示电路为一并励直流电动机可逆运行和反接制动控制电路。图中 R_1、R_2 为启动电阻，R_3 为制动电阻，R_0 为电动机停车时励磁绕组的放电电阻，时间继电器 KT_2 的延时时间大于 KT_1 时间继电器的延时时间，KA 为电压继电器。

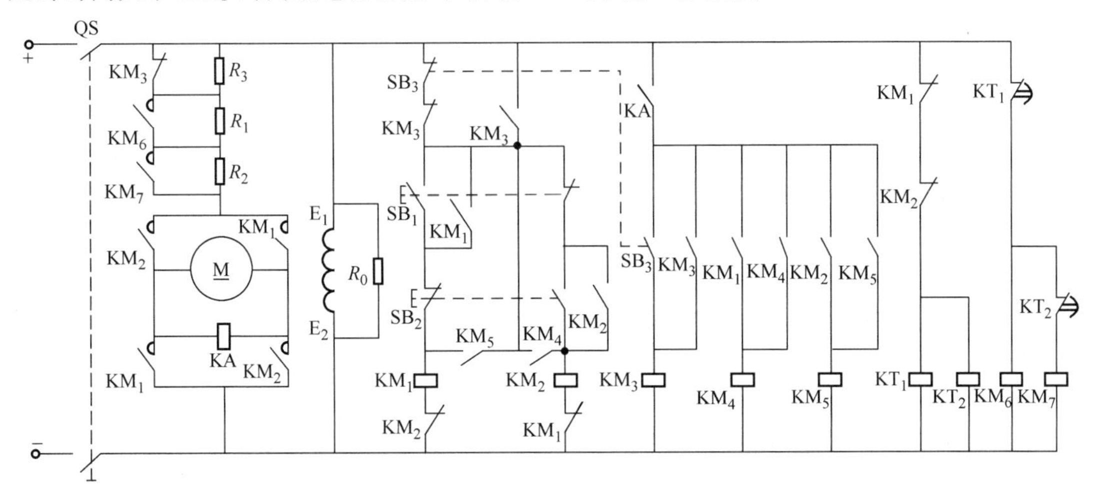

图 2-38　并励直流电动机可逆运行和反接制动控制电路

（1）启动准备　合上电源开关 QS，励磁绕组通电开始励磁，时间继电器 KT_1、KT_2 线圈得电动作，它们的延时闭合动断触点瞬时打开，接触器 KM_6、KM_7 处于断电状态，此时电路处于准备工作状态。

（2）正转启动　按下正转启动按钮 SB_1，接触器 KM_1 线圈通电并自锁，其主触点闭合，直流电动机电枢回路串电阻 R_1、R_2 进行两级启动；同时，KM_1 辅助常闭触点使 KT_1、KT_2 失电。经一段时间延时，KT_1 延时闭合的动断触点首先闭合，KM_6 得电，切除 R_1；然后 KT_2 延时闭合的动断触点闭合，KM_7 线圈得电，切除 R_2，直流电动机进入正常运行。

正常运行时，电压继电器 KA 通电，其常开触点闭合，接触器 KM_4 通电吸合并自锁，使 KM_4 常开触点闭合，为反接制动做好准备。

（3）正转制动　按下停止按钮 SB_3，则正转接触器 KM_1 断电释放。此时电动机由于惯性仍高速转动，反电势仍较高，电压继电器 KA 仍保持通电，使 KM_3 通电并自锁。KM_3 的另一常开触点闭合，使反转接触器 KM_2 通电，其触点闭合，电枢通以反向电流，并串电阻 R_3 进行反接制动。待速度降低到 KA 释放电压时，KA 释放，使 KM_3、KM_4 和 KM_2 均断电，反接制动结束，并为下次启动做好了准备。

反向启动运行和制动情况与正转类似，不再重复。

第八节　同步电动机控制电路

同步电动机因其转速恒定和功率因素可调的特点，被广泛应用于拖动恒速运转的大型机械设备，如空压机、球磨机、离心式水泵等。

同步电动机无启动转矩，因此三相同步电动机基本上都采用异步启动法。该法是在电机设计、制造时在电动机转子磁极圆周的表面上，加装一套笼状绕组作为启动绕组，用于异步启动。待电动机转速接近同步转速时，给转子绕组供给直流电，将电动机牵入同步。

三相同步电动机的异步启动法有全压启动和降压启动。转子绕组的直流加入有两种类型：一种是定子绕组加入全电压后，再加入直流励磁；另一种是定子减压启动后，转子加入直流励磁，而后定子绕组再加上全电压。前一种方法适用于重载启动，后一种方法适用于轻载启动。本节主要介绍转子加入直流励磁的控制方法和启动控制电路。

一、转子加入直流励磁的控制方法

1. 电流原则控制

同步电动机进行异步启动时，定子电流很大，而当转速达到准同步时，则电流将下降，因此，可用定子电流值的变化来反映电动机的转速情况，并以此为依据来加入励磁。

图 2-39 为按电流原则加入直流励磁的电路。图中 KM 为直流励磁接触器，KA 为电流继电器，TA 为电流互感器。

当同步电动机采用异步启动时，在接通电源瞬间，定子电流很大，并联于电流互感器二次侧的电流继电器 KA 吸合，KT 线圈通电，切断 KM 线圈回路，从而保证了同步电动机启动时直流励磁绕组中无直流电流通过，电动机先作异步启动。随着电动机转速的升高，启动电流逐渐减小。当转速接近准同步速度时，电流便降低到电流继电器 KA 的释放值，KA 释放，KT 断电。一段延时时间后，KM 通电，切断转子放电回路，加入直流励磁，将电动机牵入同步运行。

2. 频率原则控制

同步电动机采用异步启动时，转子上感应电动势的频率和幅值随转速的升高而减小，因此，可用转子电流频率参数来控制加入直流励磁电源的时间。

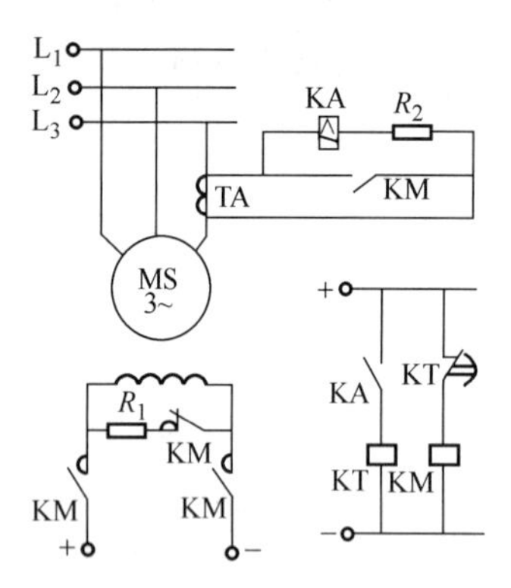

图 2-39 同步电动机按电流原则加励磁的原理图

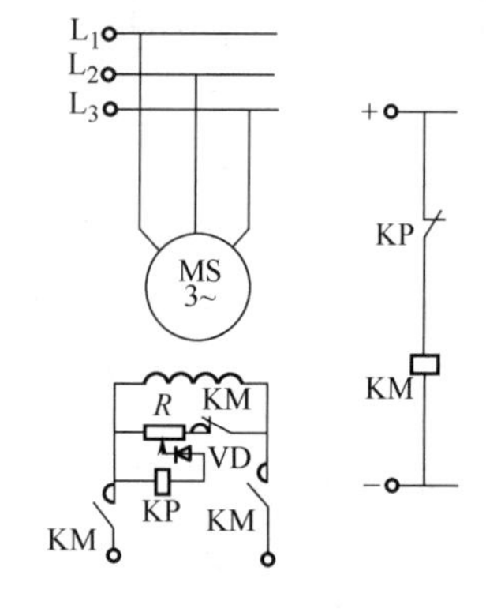

图 2-40 按频率原则加入直流励磁的电路

图 2-40 为按频率原则加入直流励磁的电路。图中 VD 为整流二极管，KP 为极性继电器，它实质上是一个有阻尼铜套的电磁继电器。当电动机启动时，转子转速为零，转子以几乎同步转速切割磁力线，转子上的感应电流频率最大，幅值也最高。感应电流在放电电阻 R 上形成的电压经二极管整流，在极性继电器 KP 线圈上形成半波电流。由于 KP 中有阻尼铜套，使磁通不会出现零值，因而 KP 保持吸合。随着转速的升高，转子上感应电流频率渐减小，幅值也相应减小。当转速接近同步转速时，转子上感应电流的频率和幅值都很低，电阻

R 上的电压经 VD 整流后下降到继电器 KP 的释放值，KP 释放，其常闭触点闭合，使 KM 通电，转子加入直流励磁，牵入同步。

二、三相同步电动机启动控制电路

同步电动机的启动，根据需要可以采用全压启动和降压启动，一般要求重载启动的场合多为全压启动，因它有较大的转矩，缺点是对电源冲击大，降压启动则适用于轻载启动的场合。

1. 按频率原则加入直流励磁的控制电路

图 2-41 为按频率原则加入直流励磁的启动控制电路。图中 KA_1、KA_2 为过电流继电器，实现过载保护。G 为并励发电机，T 为自耦变压器。

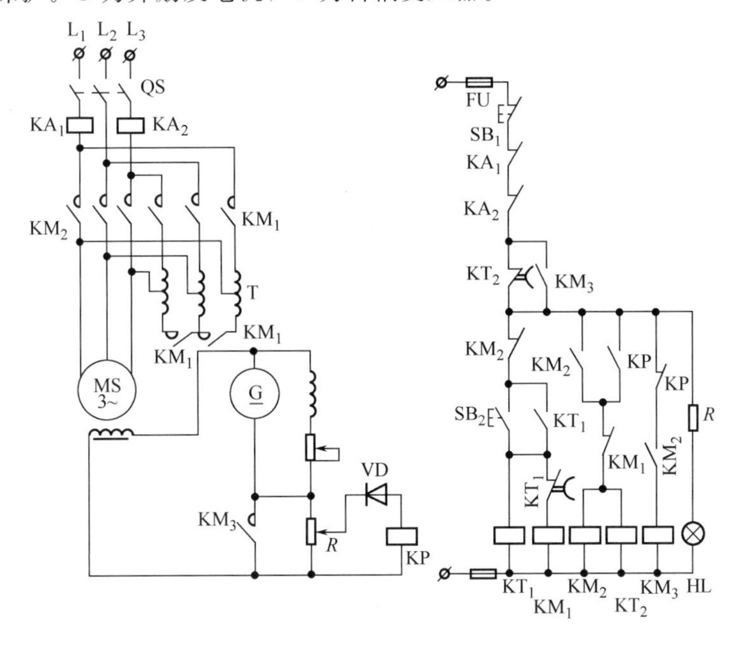

图 2-41　三相同步电动机按频率原则加入励磁的控制电路

该电路采取在电动机定子侧用自耦变压器降压启动的方式，转子部分按频率原则加入励磁电流，励磁电源由直流发电机供给。

电路工作原理如下。合上电源开关 QS，按下启动按钮 SB_2，KT_1、KM_1 通电并自锁，定子绕组经自耦变压器降压启动，极性继电器 KP 通电吸合。KT_1 常闭触点延时断开，KM_1 断电，KM_1 常闭触点闭合，KM_2 通电并自锁，电动机全压启动。当转子接近同步转速时，极性继电器 KP 释放，KM_3 通电并自锁，转子绕组通入直流，将电动机牵入同步运行，启动过程结束。

2. 按电流原则加入励磁的启动控制电路

图 2-42 为电流原则加入励磁的启动控制电路，图中 KA_1 为过电流继电器，KA_2 为欠电流继电器，KA_3 为欠电压继电器。

该电路采用在电动机定子侧串电阻降压启动的方式，转子部分按定子电流原则加入直流励磁，励磁电流由直流发电机供给。

电路工作原理如下。合上电源开关 QS_1 及控制回路开关 QS_2，按下启动按钮 SB_2，

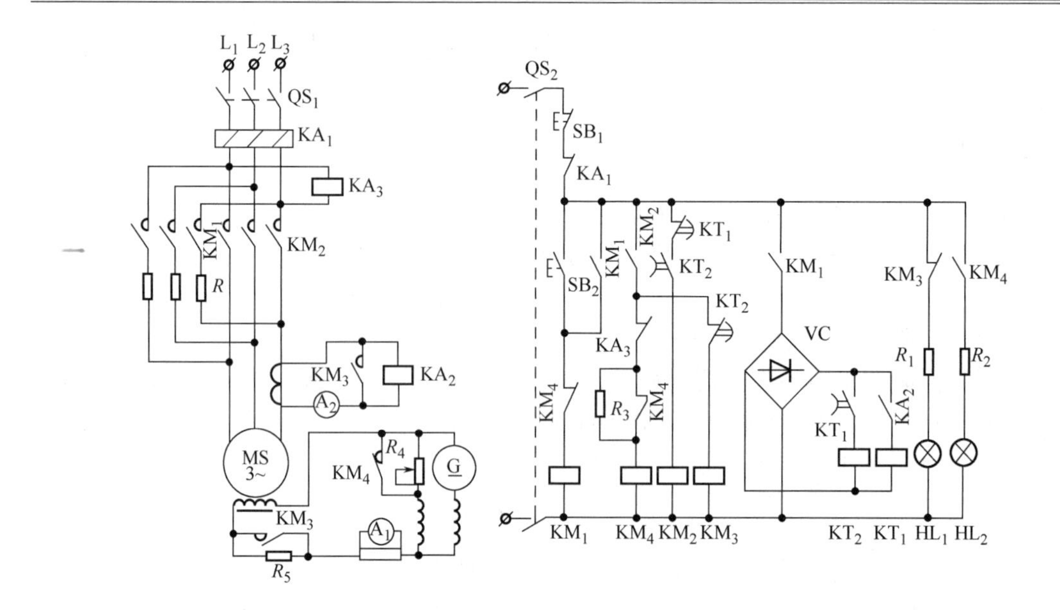

图 2-42　电流原则加入直流励磁的启动控制电路

KM_1 通电并自锁，定子绕组串电阻减压启动。电动机启动时，较大的启动电流使电流互感器 TA 的次级回路中的电流继电器 KA_2 吸合。整流桥交流侧经 KM_1 触点同交流电源相连，输出直流电压，使 KT_1、KT_2 相继通电，其常闭触点断开 KM_2、KM_3 回路，确保电动机减压启动。随着转速的升高，定子电流下降到 KA_2 释放值，使 KA_2 释放，KT_1 断电。延时一段时间，KT_1 延时闭合的动断触点闭合，KM_2 通电并自锁，电动机全压启动。同时，KT_1 延时断开的动合触点断开，KT_2 线圈失电。当电动机转速升高到准同步转速时，KT_2 延时时间到，KM_3 通电，短接电阻 R_5，转子加入直流励磁，将电动机牵入同步，启动过程结束。

当电网电压下降到一定值时，KA_3 释放，使 KM_4 通电，将励磁发电机中的电阻 R_4 短接，从而加强励磁以保持足够的转矩，同时指示灯 HL_2 亮。KM_4 线圈的额定电压低于电网正常电压，电阻 R_3 起保护 KM_4 线圈的作用，以避免过电压而烧坏接触器 KM_4 的线圈。

电动机投入同步运行后，为避免负载冲击电流引起 KA_2 误动作，KM_3 常开触点并接于 KA_2 线圈两端，将 KA_2 线圈短接。

第九节　电气控制线路的其他典型环节

生产机械的种类很多，所要求的控制电路也各种各样。除了前几节介绍的基本控制电路外，还有许多不同结构、不同用途的控制电路，下面介绍一些常用的典型控制环节。

一、点动与长动控制环节

机械设备长时间运转，即电动机持续工作，称为长动；机械设备手动控制间断工作，即按下启动按钮，电动机转动，松开按钮，电动机停转，这样的控制称为点动。图 2-43 所示电路是一些能实现点动、长动控制的几种常用控制电路。

图（a）为最基本的点动控制电路。按下按钮 SB，KM 线圈通电，电动机转动；松开按钮 SB，KM 线圈断电，电动机停转。这种电路只能实现点动，不能实现连续运行。

图（b）采用开关 SA 断开或接通自锁回路，实现点动、长动控制。当开关 SA 合上时，可实现长动控制；SA 断开时，可实现点动控制。

图（c）用复合按钮 SB_3 实现点动控制，SB_2 为长动启动按钮。当按下 SB_3 时，其常闭触点先将 KM 自锁回路切断，然后其常开触点接通，使 KM 通电，电动机转动；松开 SB_3，常开触点先断开，KM 线圈断电，电动机停转，实现点动控制。

二、多地控制环节

在大型生产设备上，为使操作人员在不同的方位均能进行操作，常常要求多地控制。多地控制电路，只需多用几个启动按钮和停止按钮，无需增加其他电气元件。组成多地控制电路时，启动按钮应并联接线，停止按钮应串联接线，分别安装在不同的地方，就可以进行多地操作。

图 2-44 所示电路为多地控制电路，图中常闭按钮 SB_1、SB_5、SB_6 和常开按钮 SB_2、SB_3、SB_4 可分别组合，安装在设备的不同位置，实现对设备的多点控制。SB_2、SB_3、SB_4 常开触点并联，构成逻辑“或”的关系，其中之一按钮动作，KM 得电；SB_1、SB_5、SB_6 常闭触点串联，构成逻辑“与”的关系，其中之一按钮动作，KM 失电。

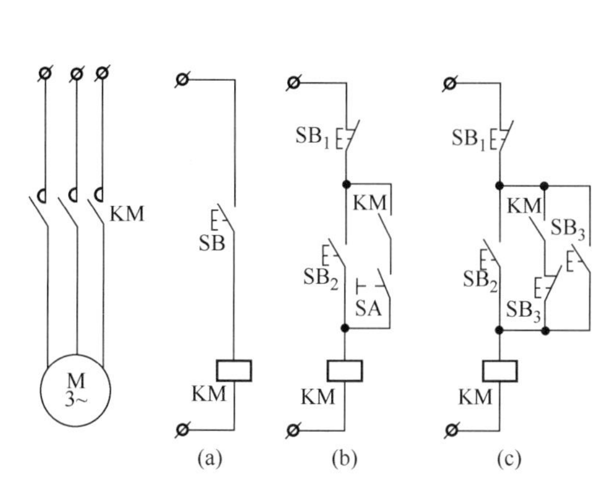

图 2-43　点动和长动控制电路

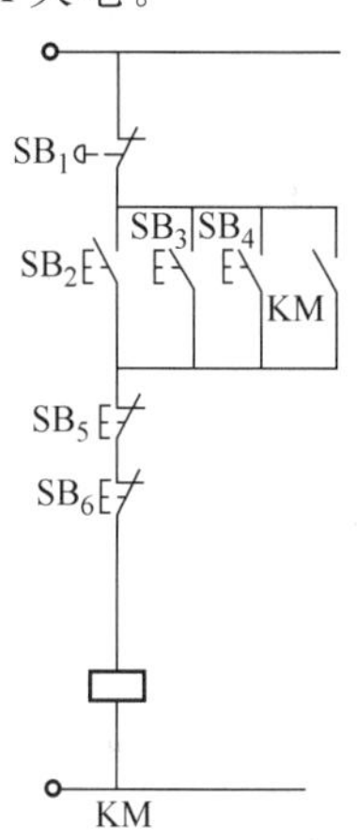

图 2-44　多地控制电路

三、顺序启停控制环节

实际生产中，有些设备常常要求按一定的顺序实现多台电动机的启动和停止。如磨床上要求先启动油泵电动机，再启动主轴电动机。顺序启停控制电路，有顺序启动，同时停止控制电路；有顺序启动，顺序停止的控制电路。

图 2-45(a) 是两台电动机顺序启动控制主电路，图 2-45(b)、图 2-45(c) 为控制电路。图中，KM_1 是油泵电动机 M_1 的启动控制接触器，KM_2 是控制主轴电动机 M_2 的接触器。

电路工作原理如下。按下启动按钮 SB_2，KM_1 通电并自锁，油泵电动机 M_1 运转，同时串在 KM_2 控制回路中的 KM_1 常开触点也闭合。按下 SB_4，KM_2 通电并自锁，主轴电动机 M_2 启动。如果先按下 SB_4，因 KM_1 常开触点断开，主轴电动机 M_2 不可能先启动，达到了按顺序启动的要求。

有些生产机械除了必须按顺序启动外，还要求按一定的顺序停止。如皮带运输机，启动时应先启动 M_1，再启动 M_2；停止时应先停 M_2，再停 M_1，这样才不会造成物料在皮带上

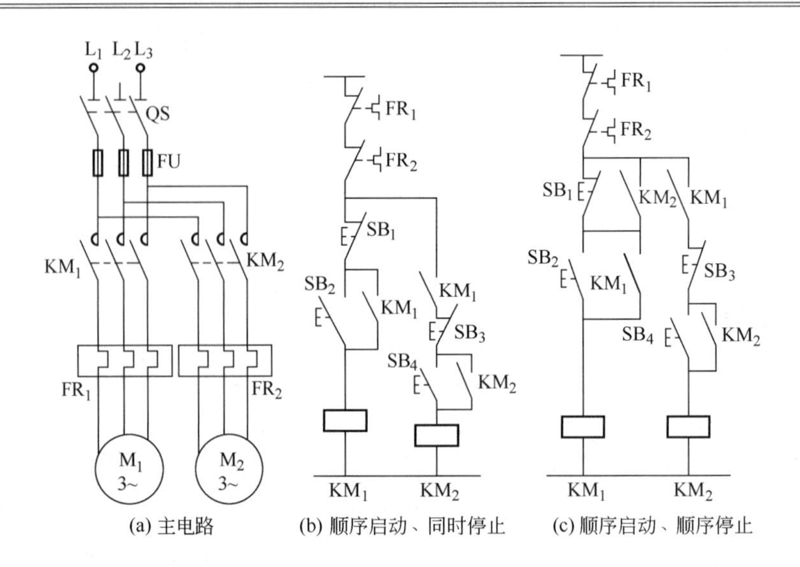

图 2-45　两台电动机顺序启停控制电路

的堆积。图 2-45(c) 为按顺序启停的控制电路。要达到这个目的，只需在顺序启动控制电路图的基础上，将接触器 KM_2 的一个辅助常开触点并接在停止按钮 SB_1 的两端。这样，即使先按 SB_1，由于 KM_2 通电，电动机 M_1 就不会停转。只有当按下 SB_3，电动机 M_2 先停后，此时按下 SB_1 才有效，以达到先停 M_2，后停 M_1 的要求。

四、自动往复运动控制环节

生产中，某些机床的工作台需自动往复运行。自动往复运动通常是利用行程开关来检测往复运动的相对位置，控制电动机的正反转或电磁阀的通断电来实现生产机械的往复运动。

图 2-46 为机床工作台往复运动示意图。行程开关 SQ_1、SQ_2 分别固定安装在床身上，反映加工终点与起点。撞块 A 和 B 固定在工作台上，随着运动部件的移动，分别按压行程开关 SQ_1、SQ_2，改变控制电路的通断状态，使电动机正反方向运转，实现自动往复运动。

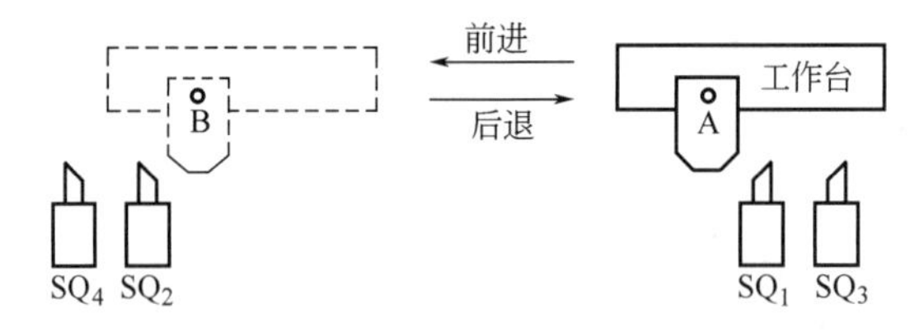

图 2-46　工作台自动往复运动示意图

图 2-47 为自动往复循环的控制电路。图中 SQ_1 为反向运转正向行程开关，SQ_2 为正向运转反向行程开关，SQ_3、SQ_4 为正反向极限保护用行程开关。

电路工作原理如下。合上电源开关 QS，按下正转启动按钮 SB_2，KM_1 线圈通电并自锁，电动机正转，拖动运动部件向左运动。当加工到位时，撞块 B 按压 SQ_2，其常闭触点断开、常开触点闭合，使 KM_1 断电、KM_2 通电，电动机由正转变为反转，拖动部件由前进变为后退。当后退到位时，撞块 A 按压 SQ_1，使 KM_2 断电，KM_1 通电，电动机由反转变为正转，拖动部件变后退为前进，如此周而复始自动往复工作。按下停止按钮 SB_1 时，电动机停止，运动部件停下。当行程开关 SQ_1 或 SQ_2 失灵时，则由极限保护行程开关 SQ_3、

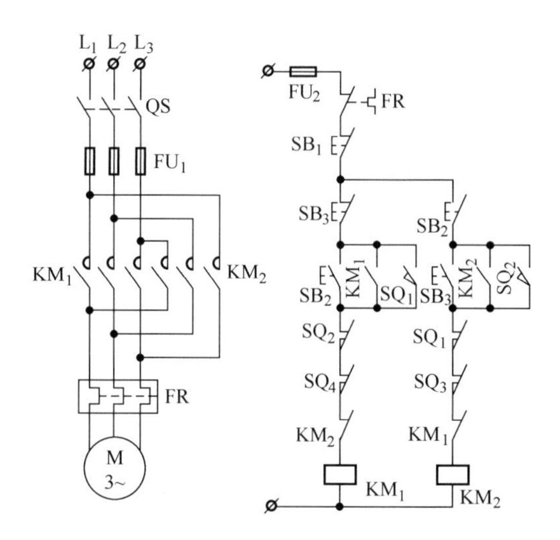

图 2-47　自动往复运动控制电路

SQ_4 实现保护，避免运动部件因超出极限位置而发生事故。

思考题与习题

1. 电气原理图中 QS、FU、KM、KA、KT、SB、SQ 分别表示什么电气元件的文字符号？

2. 什么是失压、欠压保护？用接触器控制电动机时，控制电路为什么能实现失压、欠压保护？

3. 在电动机主电路中既然装了熔断器，为什么还安装热继电器？它们各有什么作用？

4. 画出带有热继电器过载保护的笼型异步电动机单向运转的控制电路。

5. 分析图 2-48 中各控制电路，并按正常操作时出现的问题加以改进。

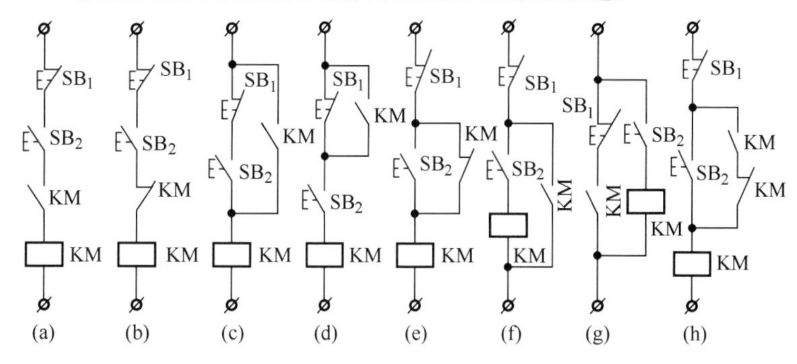

图 2-48　题 5 用图

6. 什么是自锁？什么是互锁？

7. 画出具有双重互锁的异步电动机正反转控制电路。

8. 画出异步电动机 Y—△启动控制电路，要求采用断电延时时间继电器。

9. 电动机在什么情况下应采用降压启动方法？定子绕组为星形接法的笼型异步电动机，能否用 Y—△降压启动方法？为什么？

10. 画出绕线式异步电动机转子串电阻启动控制电路。

11. 什么叫能耗制动？什么叫反接制动？各有什么特点？

12. 画出两台三相异步电动机的顺序控制电路，要求其中一台电动机 M_1 启动后第二台电动机 M_2 才能启动；M_2 停止后，M_1 才能停止。

13. 设计一个控制电路，要求第一台电动机 M_1 启动运转 5s 以后，第二台电动机 M_2 自动启动；M_2 运行 5s 后，M_1 停止运转，同时第三台电动机 M_3 启动运转；M_3 运行 5s 后，电动机全部停止。

14. 为两台电动机设计一个控制电路，其中一台为双速电动机，控制要求如下。

① 两台电动机互不影响的独立操作。

② 能同时控制两台电动机的启动与停止。

③ 双速电动机为低速启动，高速运转。

④ 当一台电动机发生过载时，两台电动机均停止。

⑤ 具有短路和过载保护。

15. 试设计一个控制一台同步电动机的控制电路，要求如下。

① 定子串电抗器降压启动。

② 按频率原则加入直流励磁。

③ 具有必要的保护环节。

16. 有一台他励直流电动机，试设计一控制电路，要求如下。

① 采用电枢回路串电阻启动，采用时间原则控制限流电阻分两段切除。

② 励磁绕组两端并联放电回路。

③ 具有过电流和欠励磁保护。

第三章

典型机械设备的电气控制线路分析

生产中使用的机械设备种类繁多，其控制线路和拖动控制方式各不相同。本章通过分析典型机械设备的电气控制系统，一方面进一步学习掌握电气控制线路的组成以及基本控制电路在机床中的应用，掌握分析电气控制线路的方法与步骤，培养读图能力；另一方面通过几种有代表性的机床控制线路分析，使读者了解电气控制系统中机械、液压与电气控制配合的意义，为电气控制的设计、安装、调试、维护打下基础。分析机械设备的电气控制系统，应掌握以下两点。

一、阅读设备说明书

说明书是一台机械设备完整的档案资料，涉及该设备机械和电气的操作和技术说明及维护方面的相关内容图纸。从说明书可以了解以下内容。

（1）机械设备的概貌　该设备的构造，主要技术性能，机械传动类型，液压和气动部分的工作原理等。

（2）设备的操作　了解设备的操作方法，对于维护人员尤其要注意了解该设备使用中的注意事项，包括启动、停机、更换电气元件及线路板时要执行的规程。

（3）电气控制技术资料　对于电气维护人员，最重要的是了解电气方面的内容，主要指电气技术说明及相关技术图纸。电气图纸一般包括电气控制原理图、接线图和电气元件布置图等。通过阅读这些资料，一方面可以了解该设备的电气传动方式，电机及电气元件的规格和类型，执行元件的作用；另一方面可以了解电气控制系统的布置、安装要求及连线方式、主电路及辅助电路的组成、电气元件与机械、液压等关联的状态等。

二、电气控制线路的分析方法

分析电气控制系统应掌握的正确方法如下。

（1）结合典型线路分析电路　利用第二章讲过的基本控制环节将控制系统化整为零，即按功能的不同分成若干局部控制线路。如果控制线路较复杂，则可先将与控制系统关系不大的照明、显示和保护等电路暂时放在一边，采用“查线法”、“逻辑代数法”和“图示法”先分析线路的主要功能，然后再集零为整。

（2）结合基础理论分析电路　任何电气控制系统无不建立在所学的基础理论上，如电机的正反转、调速等是同电机学相联系的；交直流电源、电气元件以及电子线路部分又是和所学的电路理论及电子技术相联系的。总之，要学会应用所学的基础理论分析电路及控制线路中元件的工作原理。

（3）分析控制电路的步骤　第一，看电路图中的说明和备注，有助于了解该电路的具体作用。第二，分清电气控制线路中的主电路、控制电路、辅助电路、交流电路和直流电路。第三，从主电路入手，根据每台电机和执行器件的控制要求去分析控制功能。分析主电路时，可采用从下往上看，即从用电设备开始，经控制元件，顺次往电源看；再采用从上而下，从左往右的原则分析控制电路，依据前面所学的基本控制环节将线路化整为零分析局部功能；最后再分析辅助控制电路、连锁保护环节等。第四，将电气原理图、接线图和布置安装图结合起来，进一步研究电路的整体控制功能。

第一节　车床电气控制线路

车床在机械加工中广泛使用，根据其结构和用途不同，分成普通车床、立式车床、六角车床、仿形车床等。车床主要用于加工各种回转表面（内外圆柱面、圆锥面、成形回转面等）和回转体的端面。本节以 CA6140 普通车床为例进行车床电气控制电路的分析。

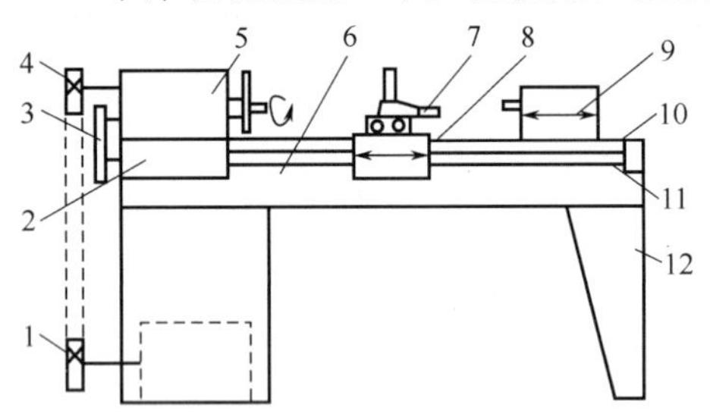

图 3-1　普通车床结构示意图

1,4—带轮；2—进给箱；3—挂轮架；5—主轴箱；6—床身；7—刀架；8—溜板箱；9—尾座；10—丝杠；11—光杠；12—床腿

一、主要结构与运动形式

普通车床主要由床身、主轴箱、进给箱、溜板箱、刀架、光杠、丝杠和尾座等部件组成（图 3-1）。主轴箱固定地安装在床身的左端，其内装有主轴和变速传动机构。床身的右侧装有尾座，其上可装后顶尖以支承长工件的一端，也可安装钻头等孔加工刀具以进行钻、扩、铰孔等工序。

工件通过卡盘等夹具装夹在主轴的前端，由电动机经变速机构传动旋转，实现主运动并获得所需转速。刀架的纵横向进给运动由主轴箱经挂轮架、进给箱、光杠或丝杠、溜板箱传动。

二、电力拖动特点与控制要求

（1）主电动机 M_1　完成主轴主运动和刀具的纵横向进给运动的驱动，电动机为不调速的笼型异步电动机，采用直接启动方式，主轴采用机械变速，正反转采用机械换向机构。

（2）冷却泵电动机 M_2　加工时提供冷却液，防止刀具和工件的温升过高。采用直接启动方式和连续工作状态。

（3）电动机 M_3　M_3 为刀架快速移动电机，可根据使用需要，随时手动控制启停。

三、电气控制线路分析

CA6140 型普通车床的电气控制线路原理图如图 3-2 所示，其工作原理分析如下。

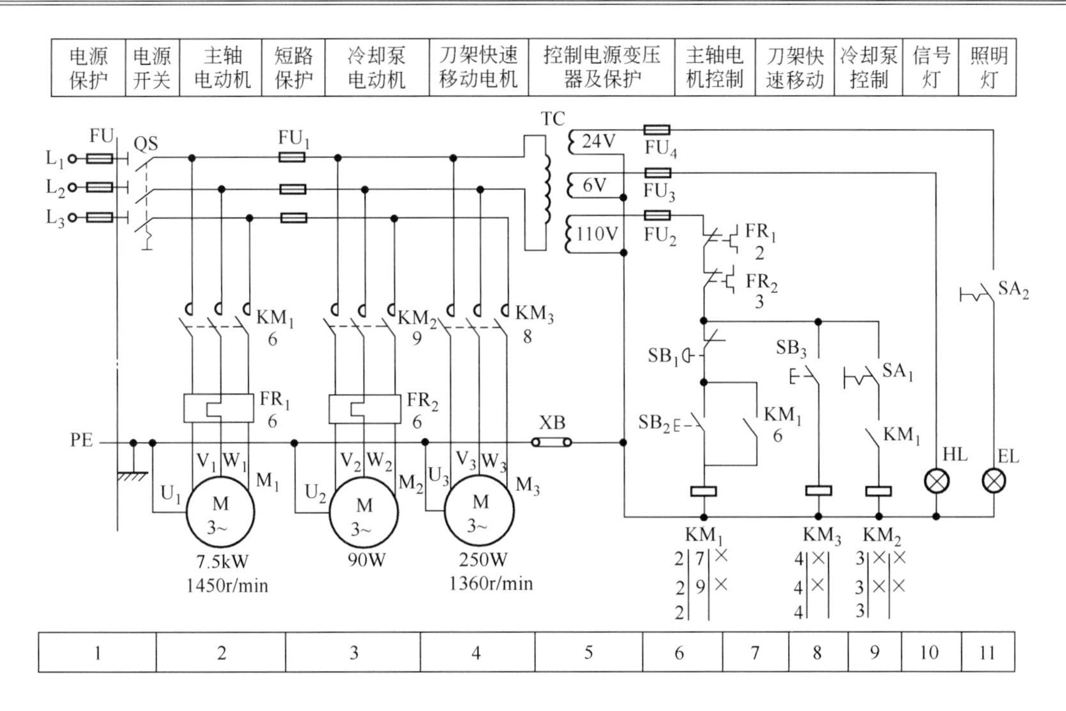

图 3-2　CA6140 型车床电气控制线路

1. 主电路分析

主电路共有三台电动机。M_1 为主轴电动机，带动主轴旋转和刀架作进给运动；M_2 为冷却泵电动机；M_3 为刀架快速移动电动机。三相交流电源通过转换开关 QS 引入，接触器 KM_1 的主触点控制 M_1 的启动和停止。接触器 KM_2 的主触点控制 M_2 启动和停止。接触器 KM_3 的主触点控制 M_3 启动和停止。

2. 控制电路分析

控制回路的电源由控制变压器 TC 次级输出 110V 电压。

（1）主轴电动机 M_1 的控制　按下启动按钮 SB_2，接触器 KM_1 的线圈得电，位于 7 区的 KM_1 自锁触点闭合，位于 2 区的 KM_1 主触点闭合，主轴电动机 M_1 启动。按下停止按钮 SB_1，接触器 KM_1 失电，电动机 M_1 停转。

（2）冷却泵电动机 M_2 的控制　主轴电动机 M_1 启动后，即在接触器 KM_1 得电吸合的情况下，合上开关 SA_1 使接触器 KM_2 线圈得电吸合，冷却泵电动机 M_2 才能启动。

（3）刀架快速移动电动机 M_3 的控制　按下按钮 SB_3，KM_3 通电，位于 4 区的 KM_3 主触点闭合，对 M_3 电动机实行点动控制。M_3 电机经传动系统，驱动溜板箱带动刀架快速移动。

3. 保护环节分析

热继电器 FR_1 和 FR_2 分别对电动机 M_1、M_2 进行过载保护，由于 M_3 为短时工作状态，故未设过载保护。熔断器 FU_1～FU_4 分别对主电路、控制电路和辅助电路实行短路保护。

4. 辅助电路分析

控制变压器 TC 的次级分别输出 24V 和 6V 电压，作为机床照明灯和信号灯的电源。EL 为机床的低压照明灯，由开关 SA_2 控制；HL 为电源的信号灯。

第二节 钻床电气控制线路

钻床是一种用途广泛的机床，从机床的结构形式可分为：立式钻床、台式钻床和摇臂钻床等。其中摇臂钻床的主轴可以在水平面上调整位置，使刀具对准被加工孔的中心，而工件则固定不动，因而应用较广。本节以 Z3040 摇臂钻床为例，分析其控制电路。

一、主要结构与运动形式

摇臂钻床一般由底座、立柱、摇臂和主轴箱等部件组成（图 3-3）。主轴箱 4 装在可绕垂直轴线回转的摇臂 3 的水平导轨上，通过主轴箱在摇臂上的水平移动及摇臂的回转，可以很方便地将主轴 5 调整至机床尺寸范围内的任意位置。为了适应加工不同高度工件的需要，摇臂可沿立柱 2 上下移动以调整位置。

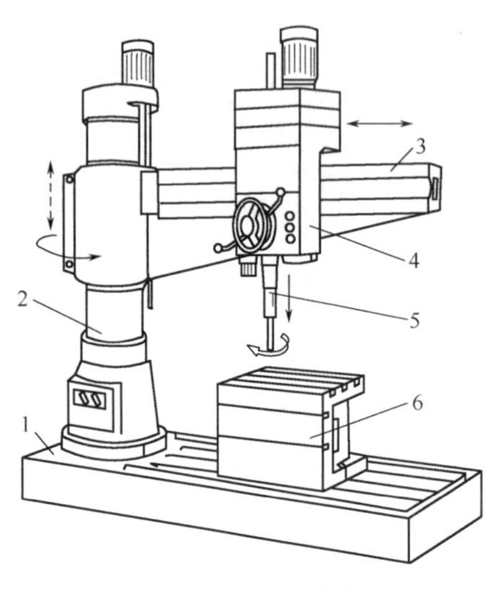

图 3-3 摇臂钻床

1—底座；2—立柱；3—摇臂；4—主轴箱；5—主轴；6—工件

摇臂钻床具有下列运动：主轴箱的旋转主运动及轴向进给运动；主轴箱沿摇臂的水平移动；摇臂的升降运动和回转运动。Z3040 钻床中，主轴箱沿摇臂的水平移动和摇臂的回转运动为手动调整。

二、电力拖动特点与控制要求

1. 电力拖动

整台机床由四台异步电动机驱动，分别是主轴电动机、摇臂升降电动机、液压泵电动机及冷却泵电动机。主轴箱的旋转运动及轴向进给运动由主轴电机驱动，旋转速度和旋转方向由机械传动部分实现，电机不需变速。

2. 控制要求

① 四台电动机的容量均较小，故采用直接启动方式。

② 摇臂升降电机和液压泵电机均能实现正反转。当摇臂上升或下降到预定的位置时，摇臂能在电气或机械夹紧装置的控制下，自动夹紧在外立柱上。

③ 电路中应具有必要的保护环节。

三、电气控制线路分析

Z3040 型摇臂钻床的电气控制原理图如图 3-4 所示。其工作原理分析如下。

1. 主电路分析

主电路中有四台电动机。M_1 是主轴电动机，带动主轴旋转和使主轴作轴向进给运动，作单方向旋转。M_2 是摇臂升降电动机，可作正反向运行。M_3 是液压泵电动机，其作用是供给夹紧装置压力油，实现摇臂和立柱的夹紧和松开，电动机 M_3 作正反向运行。M_4 是冷却泵电动机，供给钻削时所需的冷却液，作单方向旋转，由开关 QS_2 控制。钻床的总电源由组合开关 QS_1 控制。

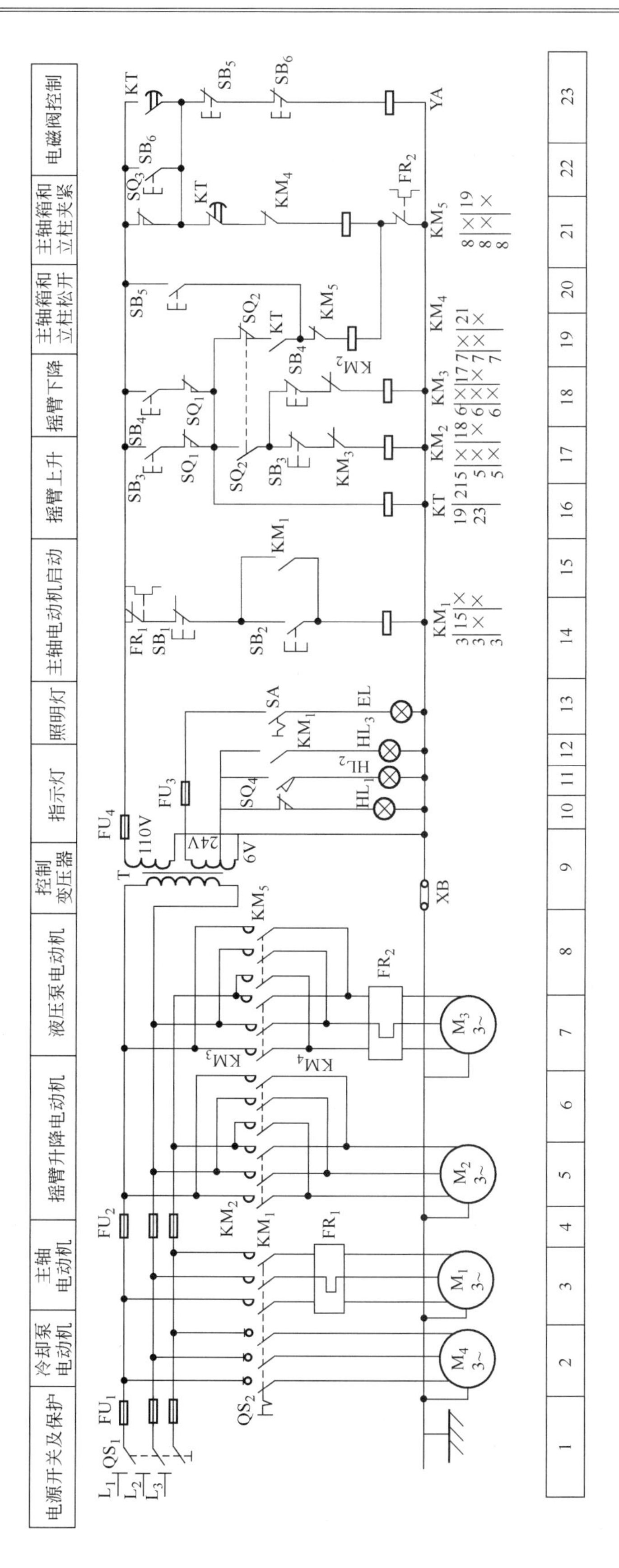

图 3-4 Z3040 型摇臂钻床电气原理图

2. 控制电路分析

(1) 主轴电动机 M_1 的控制　M_1 的启动：按下启动按钮 SB_2，接触器 KM_1 的线圈得电，位于 15 区的 KM_1 自锁触点闭合，位于 3 区的 KM_1 主触点接通，电动机 M_1 旋转。M_1 的停止：按下 SB_1，接触器 KM_1 的线圈失电，位于 3 区的 KM_1 常开触点断开，电动机 M_1 停转。在 M_1 的运转过程中，如发生过载，则串在 M_1 电源回路中的过载元件 FR_1 动作，使其位于 14 区的常闭触点 FR_1 断开，同样也使 KM_1 的线圈失电，电动机 M_1 停转。

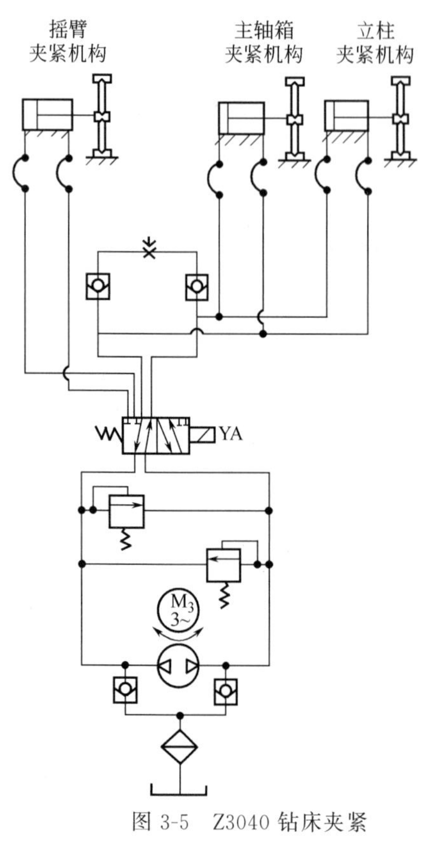

图 3-5　Z3040 钻床夹紧机构液压系统原理图

(2) 摇臂升降电动机 M_2 的控制　摇臂升降的启动原理如下。按上升（或下降）按钮 SB_3（或 SB_4），时间继电器 KT 得电吸合，位于 19 区的 KT 动合触点和位于 23 区的延时断开动合触头闭合，接触器 KM_4 和电磁铁 YA 同时得电，液压泵电动机 M_3 旋转，供给压力油。压力油经 2 位 6 通阀进入摇臂松开油腔，推动活塞和菱形块，使摇臂松开（图 3-5）。松开到位压限位开关 SQ_2，位于 19 区的 SQ_2 的动断触头断开，接触器 KM_4 断电释放，电动机 M_3 停转。同时位于 17 区的 SQ_2 动合触头闭合，接触器 KM_2（或 KM_3）得电吸合，摇臂升降电动机 M_2 启动运转，带动摇臂上升（或下降）。

摇臂升降的停止原理如下。当摇臂上升（或下降）到所需位置时，松开按钮 SB_3（或 SB_4），接触器 KM_2（或 KM_3）和时间继电器 KT 失电，M_2 停转，摇臂停止升降。位于 21 区的 KT 动断触头经 1～3s 延时后闭合，使接触器 KM_5 得电吸合，电动机 M_3 反转，供给压力油。压力油经 2 位 6 通阀，进入摇臂夹紧油腔，反方向推动活塞和菱形块，将摇臂夹紧。摇臂夹紧后，位于 21 区的压限位开关 SQ_3 常闭触点断开，使接触器 KM_5 和电磁铁 YA 失电，YA 复位，液压泵电机 M_3 停转。摇臂升降结束。

摇臂升降中各器件的作用如下。限位开关 SQ_2 及 SQ_3 用来检查摇臂是否松开或夹紧，如果摇臂没有松开，位于 17 区的 SQ_2 常开触点就不能闭合，因而控制摇臂上升或下降的 KM_2 或 KM_3 就不能吸合，摇臂就不会上升或下降。SQ_3 应调整到保证夹紧后能够动作，否则会使液压泵电动机 M_3 处于长时间过载运行状态。时间继电器 KT 的作用是保证升降电动机断开并完全停止旋转后（摇臂完全停止升降），才能夹紧。限位开关 SQ_1 是摇臂上升或下降至极限位置的保护开关。SQ_1 与一般限位开关不同，其两组常闭触点不同时动作。当摇臂升至上极限位置时，位于 17 区的 SQ_1 动作，接触器 KM_2 失电，升降电机 M_2 停转，上升运动停止。但位于 18 区的 SQ_1 另一组触点仍保持闭合，所以可按下降按钮 SB_4，接触器 KM_3 动作，控制摇臂升降电机 M_2 反向旋转，摇臂下降。反之当摇臂在下极限位置时，控制过程类似。

(3) 主轴箱与立柱的夹紧与放松　立柱与主轴箱均采用液压夹紧与松开，且两者同时动作。当进行夹紧或松开时，要求电磁铁YA处于释放状态。

按松开按钮SB_5（或夹紧按钮SB_6），接触器KM_4（或KM_5）得电吸合，液压泵电动机M_3正转或反转，供给压力油。压力油经2位6通阀（此时电磁铁YA处于释放状态）进入立柱夹紧液压缸的松开（或夹紧）油腔和主轴箱夹紧液压缸的松开（或夹紧）油腔，推动活塞和菱形块，使立柱和主轴箱分别松开（或夹紧）。松开后行程开关SQ_4复位（或夹紧后动作），松开指示灯HL_1（或夹紧指示灯HL_2）亮。

第三节　铣床电气控制线路

铣床主要用于加工各种形式的表面、平面、斜面、成形面和沟槽等。安装分度头后，能加工直齿齿轮或螺旋面，使用圆工作台则可以加工凸轮和弧形槽。铣床应用广泛，种类很多，X62W卧式万能铣床是应用最广泛的铣床之一。

一、主要结构与运动形式

X62W卧式万能铣床的结构如图3-6所示。有底座、床身、悬梁、刀杆支架、工作台、溜板和升降台等。铣刀的心轴，一端靠刀杆支架支撑，另一端固定在主轴上，并由主轴带动旋转。床身的前侧面装有垂直导轨，升降台可沿导轨上下移动。升降台上面的水平导轨上，装有可横向移动（即前后移动）的溜板，溜板的上部有可以转动的回转台，工作台装在回转台的导轨上，可以纵向移动（即左右移动）。这样，安装于工作台的工件就可以在六个方向（上、下、左、右、前、后）调整位置和进给。溜板可绕垂直轴线左右旋转45°，因此工作台还能在倾斜方向进给，可以加工螺旋槽。

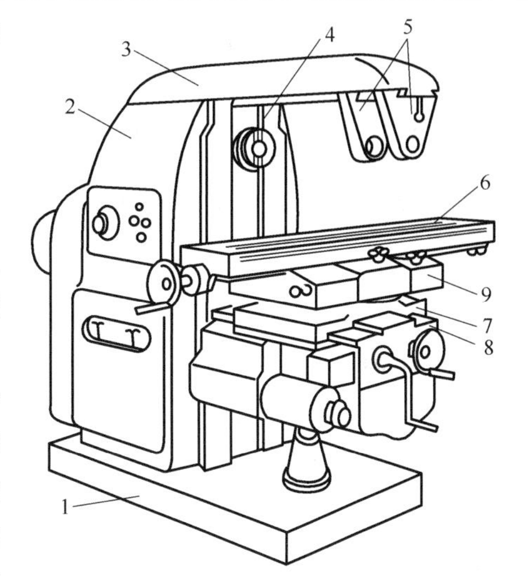

图3-6　X62W卧式万能铣床外形简图

1—底座；2—立柱；3—悬梁；4—主轴；5—刀杆支架；6—工作台；7—床鞍；8—升降台；9—回转台

由上述可知，X62W万能铣床的运动形式有以下几种。

（1）主运动　主轴带动铣刀的旋转运动。

（2）进给运动　加工中工作台带动工件的上、下、左、右、前、后运动和圆工作台的旋转运动。

（3）辅助运动　工作台带动工件的快速移动。

二、电力拖动特点与控制要求

主运动和进给运动之间没有一定的速度比例要求，分别由单独的电动机拖动。

主轴电动机空载时可直接启动。要求有正反转实现顺铣和逆铣。根据铣刀的种类提前预选方向，加工中不变换旋转方向。由于主轴变速机构惯性大，主轴电动机应有制动装置。

根据工艺要求，主轴旋转与工作台进给应有先后顺序控制。加工开始前，主轴开动后，才能进行工作台的进给运动。加工结束时，必须在铣刀停止转动前，停止进给运动。

进给电动机拖动工作台实现纵向、横向和垂直方向进给运动的互锁，方向选择通过操作手柄改变传动链来实现，每种方向要求电动机有正反转运动。任一时刻，工作台只能向一个方向移动，故各方向间要有必要的联锁控制。为提高生产率，缩短调整运动的时间，工作台有快速移动。

主轴与工作台的变速由机械变速系统完成。为使齿轮易于啮合，减小齿轮端面的冲击，要求变速时电动机有变速冲动（瞬时点动）控制。

铣削时的冷却液由冷却泵电动机拖动提供。

当主轴电动机或冷却泵电动机过载时，进给运动必须立即停止，以免损坏刀具和机床。

使用圆工作台时，要求圆工作台的旋转运动和工作台的纵向、横向及垂直运动之间有联锁控制，即圆工作台旋转时，工作台不能向任何方向移动。

三、电气控制线路分析

X62W 型铣床控制线路如图 3-7 所示。包括主电路、控制电路和信号照明电路三部分。

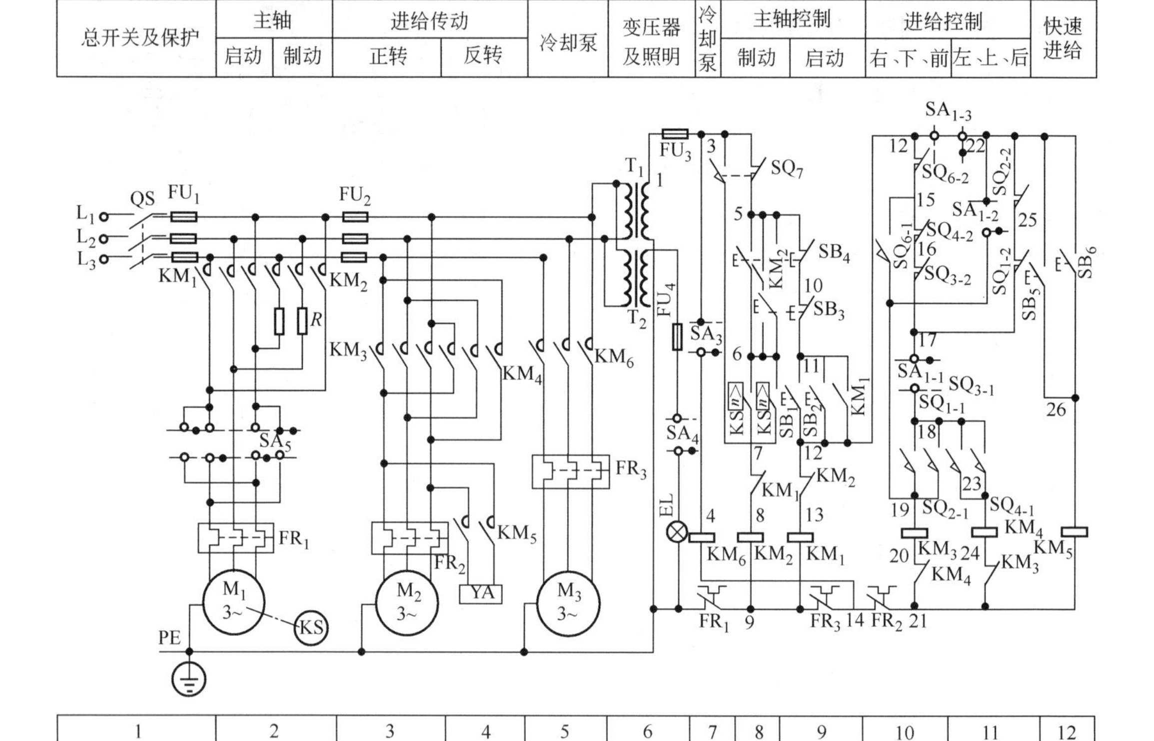

图 3-7　X62W 型万能铣床电气控制原理图

（一）主电路

铣床共有三台电动机拖动。M_1 为主轴电动机，用接触器 KM_1 直接启动，用倒顺开关 SA_5 实现正反转控制，用制动接触器 KM_2 串联不对称电阻 R 实现反接制动；M_2 为进给电动机，其正、反转由接触器 KM_3、KM_4 实现，快速移动由接触器 KM_5 控制电磁铁 YA 实现；冷却泵电动机 M_3 由接触器 KM_6 控制。

三台电动机都用热继电器实现过载保护，熔断器 FU_2 实现 M_2 和 M_3 的短路保护，FU_1

实现 M_1 的短路保护。

(二) 控制电路

控制变压器将 380V 降为 127V 作为控制电源，降为 36V 作为机床照明的电源。

1. 主轴电动机的控制

(1) 启动　先将转换开关 SA_5 扳到预选方向位置，闭合 QS，按下启动按钮 SB_1（或 SB_2），KM_1 得电并自锁，M_1 直接启动（M_1 升速后，速度继电器的触点动作，为反接制动做准备）。

(2) 制动　按下停止按钮 SB_3（或 SB_4），KM_1 失电，KM_2 得电，进行反接制动。当 M_1 的转速下降至一定值时，KS 的触点自动断开，M_1 失电，制动过程结束。

(3) 变速冲动　主轴变速采用孔盘结构，集中操纵，既可在停车时变速，也可在主轴旋转的情况下进行。图 3-8 为主轴变速操纵机构简图。

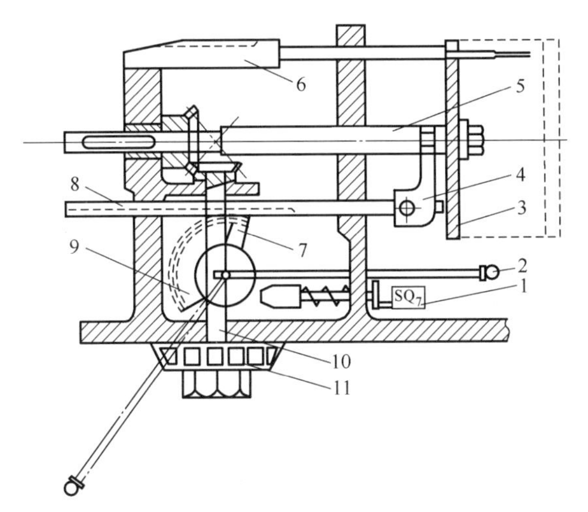

图 3-8　X62W 主轴变速操纵机构简图

1—冲动开关；2—变速手柄；3—变速孔盘；4—拨叉；5—轴；6,7—齿轮；
8—齿条；9—扇形齿轮；10—轴；11—转速盘

变速时，将变速手柄向下压并拉到前面，扇形齿轮带动齿条和拨叉，使变速孔盘移出，凸轮瞬时压动行程开关 SQ_7，其常闭触点断开，接触器 KM_1 断电，电动机 M_1 失电；SQ_7 常开触点闭合，使接触器 KM_2 得电，对 M_1 进行反接制动。由于 SQ_7 很快复位，所以 M_1 减速后进行惯性运行，这时可以转动变速数字盘至所需的速度，再将手柄以较快的速度推回原位。在推回过程中，手柄经凸轮又一次瞬时压动 SQ_7，其常开触点又接通 KM_2，使 M_1 反向转动一下，以利于变速后的齿轮啮合。继续以较快的速度推回原位时，SQ_7 复位，KM_2 失电，M_1 停转，变速冲动操作结束，主轴重新启动后，便运转于新的转速。

2. 进给电动机的控制

工作台进给方向有左右（纵向）、前后（横向）、上下（垂直）运动。这六个方向的运动是通过两个手柄（十字形手柄和纵向手柄）操纵四个限位开关（SQ_1～SQ_4）来完成机械挂挡，接通 KM_3 或 KM_4，实现 M_2 的正反转而拖动工作台按预选方向进给。十字形手柄和纵向手柄各有两套，分别设在铣床工作台的正面和侧面。

SA_1 是圆工作台选择开关，设有接通和断开两个位置，三对触点的通断情况如表 3-1 所示。当不需要圆工作台工作时，将 SA_1 置于断开位置；否则，置于接通位置。

（1）工作台左右进给运动的控制　左右进给运动由纵向操纵手柄控制，该手柄有左、中、右三个位置，各位置对应的限位开关 SQ_1、SQ_2 的工作状态如表 3-2 所示。

表 3-1　圆工作台选择开关 SA_1 触点状态

触点＼位置	接通	断开
SA_{1-1}	－	＋
SA_{1-2}	＋	－
SA_{1-3}	－	＋

表 3-2　左右进给限位开关触点状态

触点＼位置	向左	中间（停）	向右
SQ_{1-1}	－	－	＋
SQ_{1-2}	＋	＋	－
SQ_{2-1}	＋	－	－
SQ_{2-2}	－	＋	＋

向右运动：主轴启动后，将纵向操作手柄扳到“右”，挂上纵向离合器，同时压行程开关 SQ_1，SQ_{1-1} 闭合，接触器 KM_3 得电，进给电动机 M_2 正转，拖动工作台向右运动。停止时，将手柄扳回中间位置，纵向进给离合器脱开，SQ_1 复位，KM_3 断电，M_2 停转，工作台停止运动。

向左运动：将纵向操作手柄扳到“左”，挂上纵向离合器，压行程开关 SQ_2，SQ_{2-1} 闭合，接触器 KM_4 得电，M_2 反转，拖动工作台向左运动。停止时，将手柄扳回中间位置，纵向进给离合器脱开，同时 SQ_2 复位，KM_4 断电，M_2 停转，工作台停止运动。

工作台的左右两端安装有限位撞块，当工作台运行到达终点位置时，撞块撞击手柄，使其回到中间位置，实现工作台的终点停车。

（2）工作台前后和上下运动的控制　工作台前后和上下运动由十字形手柄控制，该手柄有上、下、中、前、后五个位置，各位置对应的行程开关 SQ_3、SQ_4 的工作状态如表 3-3 所示。

表 3-3　升降、横向限位开关触点状态

触点＼位置	向前向下	中间（停）	向后向上	触点＼位置	向前向下	中间（停）	向后向上
SQ_{3-1}	＋	－	－	SQ_{4-1}	－	－	＋
SQ_{3-2}	－	＋	＋	SQ_{4-2}	＋	＋	－

向前运动：将十字形手柄扳向“前”，挂上横向离合器，同时压行程开关 SQ_3，SQ_{3-1} 闭合，接触器 KM_3 得电，进给电动机 M_2 正转，拖动工作台向前运动。

向下运动：将十字形手柄扳向“下”，挂上垂直离合器，同时压行程开关 SQ_3，SQ_{3-1} 闭合，接触器 KM_3 得电，进给电动机 M_2 正转，拖动工作台向下运动。

向后运动：将十字形手柄扳向“后”，挂上横向离合器，同时压行程开关 SQ_4，SQ_{4-1} 闭合，接触器 KM_4 得电，进给电动机 M_2 反转，拖动工作台向后运动。

向上运动：将十字形手柄扳向“上”，挂上垂直离合器，同时压行程开关 SQ_4，SQ_{4-1} 闭合，接触器 KM_4 得电，进给电动机 M_2 反转，拖动工作台向上运动。

停止时，将十字形手柄扳向中间位置，离合器脱开，行程开关 SQ_3（或 SQ_4）复位，接触器 KM_3（或 KM_4）断电，进给电动机 M_2 停转，工作台停止运动。

工作台的上、下、前、后运动都有极限保护，当工作台运动到极限位置时，撞块撞击十字手柄，使其回到中间位置，实现工作台的终点停车。

（3）工作台的快速移动　工作台的纵向、横向和垂直方向的快速移动由进给电动机 M_2

拖动。工作台工作时，按下启动按钮 SB_5（或 SB_6），接触器 KM_5 得电，快速移动电磁铁 YA 通电，工作台快速移动。松开 SB_5（或 SB_6）时，快速移动停止，工作台仍按原方向继续运动。

若要求在主轴不转的情况下进行工作台快速移动，可将主轴换向开关 SA_5 扳到“停止”位置，按下 SB_1（或 SB_2），使 KM_1 通电并自锁。操作进给手柄，使进给电动机 M_2 转动，再按下 SB_5（或 SB_6），接触器 KM_5 得电，快速移动电磁铁 YA 通电，工作台快速移动。

（4）进给变速时的冲动控制　为使变速时齿轮易于啮合，进给速度的变换与主轴变速一样，有瞬时冲动环节。进给变速冲动由进给变速手柄，配合行程开关 SQ_6 实现。先将变速手柄向外拉，选择相应转速；再把手柄用力向外拉至极限位置，并立即推回原位。在手柄拉到极限位置的瞬间，短时压行程开关 SQ_6 使 SQ_{6-2} 断开，SQ_{6-1} 闭合，接触器 KM_3 短时得电，电动机 M_2 短时运转。瞬时接通的电路经 SQ_{2-2}、SQ_{1-2}、SQ_{3-2}、SQ_{4-2} 四个常闭触点，因此只有当纵向进给以及垂直和横向操纵手柄都置于中间位置时，才能实现变速时的瞬时点动，防止了变速时工作台沿进给方向运动的可能。当齿轮啮合后，手柄推回原位时，SQ_6 复位，切断瞬时点动电路，进给变速完成。

（5）圆工作台控制　为了扩大机床的加工能力，可在工作台上安装圆工作台。在使用圆工作台时，应将工作台纵向和十字形手柄都置于中间位置，并将转换开关 SA_1 扳到“接通”位置，SA_{1-2} 接通，SA_{1-1}、SA_{1-3} 断开。按下按钮 SB_1（或 SB_2），主轴电动机启动，同时 KM_3 得电，使 M_2 启动，带动圆工作台单方向回转，其旋转速度也可通过蘑菇形变速手柄进行调节。在图 3-7 中，KM_3 的通电路径为点 21→KM_4 常闭触点→KM_3 线圈→SA_{1-2}→SQ_{2-2}→SQ_{1-2}→SQ_{3-2}→SQ_{4-2}→SQ_{6-2}→点 12。

3. 冷却泵电动机的控制和照明电路

由转换开关 SA_3 控制接触器 KM_6 实现冷却泵电动机 M_3 的启动和停止。

机床的局部照明由变压器 T_2 输出 36V 安全电压，由开关 SA_4 控制照明灯 EL。

4. 控制电路的联锁

X62W 铣床的运动较多，控制电路较复杂，为安全可靠地工作，必须具有必要的联锁。

（1）主运动和进给运动的顺序联锁　进给运动的控制电路接在接触器 KM_1 自锁触点之后，保证了 M_1 启动后（若不需要 M_1 启动，将 SA_5 扳至中间位置）才可启动 M_2。而主轴停止时，进给立即停止。

（2）工作台左、右、上、下、前、后六个运动方向间的联锁　六个运动方向采用机械和电气双重联锁。工作台的左、右用一个手柄控制，手柄本身就能起到左、右运动的联锁。工作台的横向和垂直运动间的联锁，由十字形手柄实现。工作台的纵向与横向垂直运动间的联锁，则利用电气方法实现。行程开关 SQ_1、SQ_2 和 SQ_3、SQ_4 的常闭触点分别串联后，再并联形成两条通路供给 KM_3 和 KM_4 线圈。若一个手柄扳动后再去扳动另一个手柄，将使两条电路断开，接触器线圈就会断电，工作台停止运动，从而实现运动间的联锁。

（3）圆工作台和工作台间的联锁　圆工作台工作时，不允许机床工作台在纵、横、垂直方向上有任何移动。圆工作台转换开关 SA_1 扳到接通位置时，SA_{1-1}、SA_{1-3} 切断了机床工作台的进给控制回路，使机床工作台不能在纵、横、垂直方向上做进给运动。圆工作台的控制电路中串联了 SQ_{1-2}、SQ_{2-2}、SQ_{3-2}、SQ_{4-2} 常闭触点，所以扳动工作台任一方向的进给手柄，都将使圆工作台停止转动，实现了圆工作台和机床工作台纵向、横向及垂直方向运动的联锁控制。

第四节　磨床电气控制线路

磨床是用砂轮的周面或端面进行加工的高效精密机床。磨床的种类很多，有平面磨外圆磨床、内圆磨床、工具磨床等，其中尤以平面磨床应用最为广泛。下面以 M7130 型卧轴矩台平面磨床为例加以分析。

一、主要结构与运动形式

M7130 型平面磨床的外形如图 3-9 所示，主要由床身、工作台、电磁吸盘、立柱、滑座和砂轮架等组成。平面磨床的主运动是砂轮的旋转运动，进给运动有垂直进给（滑座沿立柱的上下运动）、横向进给（砂轮架在滑座上的前后运动）、纵向进给（工作台沿床身的往复左右运动）。工作台每完成一次往复运动，砂轮架作一次间断性的横向进给；当加工完整个平面后，砂轮架做一次间断性的垂直进给。

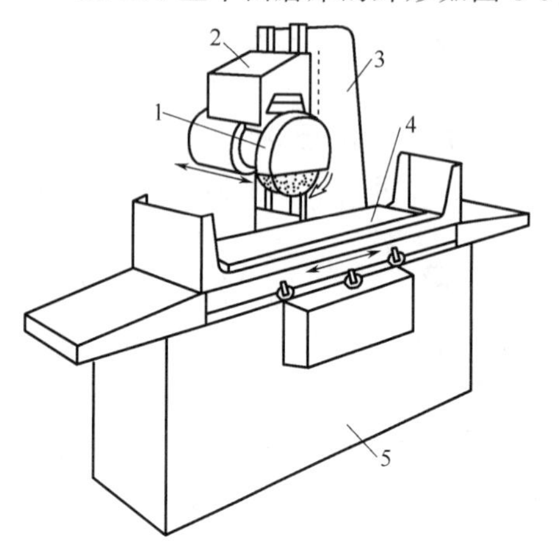

图 3-9　M7130 型平面磨床外形图

1—砂轮架；2—滑座；3—立柱；4—工作台；5—床身

二、电力拖动特点与控制要求

磨床的砂轮主轴一般无调速要求，所以采用笼型异步电动机直接拖动。

为保证加工精度，确保工作台往复运动换向时惯性小无冲击，采用了液压传动。由液压电动机驱动液压泵，供出压力油，经液压传动机构来完成工作台的纵向往复运动和砂轮的横向自动进给，并承担工作台导轨的润滑作用。

为了减小磨削加工时工件的热变形，需采用冷却液冷却。

综上所述，M7130 平面磨床有砂轮电动机、液压泵电动机和冷却泵电动机，且都要求单方向旋转。冷却泵电动机与砂轮电动机具有顺序联锁关系，即在砂轮电动机启动后才能开动冷却泵电动机。无论电磁吸盘是否处于工作状态，均可开动各台电动机，便于进行磨床的调整运动。磨床应具有完善的保护环节、工件退磁环节和必要的照明环节。

三、电气控制线路分析

图 3-10 为 M7130 型平面磨床的电气控制原理图，包括主电路、电动机控制电路、电磁吸盘控制电路和机床照明电路等部分。

（一）主电路

主电路中共有三台电动机：砂轮电动机 M_1、液压泵电动机 M_2 和冷却泵电动机 M_3。M_1、M_3 由接触器 KM_1 控制，M_2 由 KM_2 控制。

三台电动机共用熔断器 FU_1 实现短路保护，过载保护分别由热继电器 FR_1、FR_2 实现。

（二）电动机控制电路

控制按钮 SB_1、SB_2 和 KM_1 构成砂轮电动机的单向旋转启-停控制电路；SB_3、SB_4 和 KM_2 构成液压泵电动机的单向旋转启-停控制电路。但只有在电磁吸盘正常工作，触点 KA

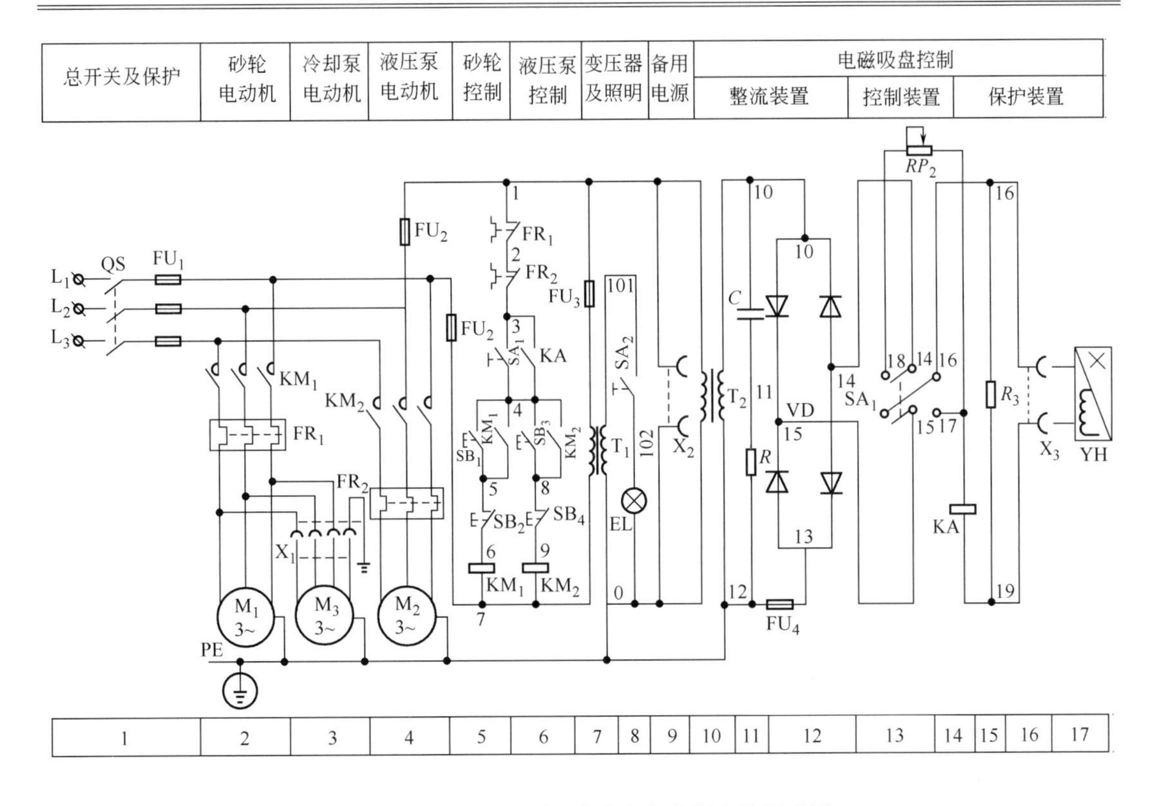

图 3-10　M7130 型平面磨床电气控制电路原理图

(3-4) 闭合时，或电磁吸盘不工作，且转换开关 SA_1 置于“去磁”位置，触点 SA_1 (3-4) 闭合时，才能启动电动机。

(三) 电磁吸盘控制电路

1. 电磁吸盘的构造和工作原理

平面磨床加工时，用电磁吸盘吸住工件。与采用机械夹紧装置相比，电磁吸盘具有夹紧迅速、不损伤工件、可同时固定多个工件、效率高等优点。但也有需要直流电源、不能固定非磁性材料的工件等缺点。

电磁吸盘有矩形和圆形两种，它们分别应用于矩台平面磨床和圆台平面磨床上。电磁吸盘的原理如图 3-11 所示。在线圈中通入直流电流后，磁通经由盖板→工件→盖板→吸盘体→心体 A 形成闭合回路，将工件 5 牢牢吸住。

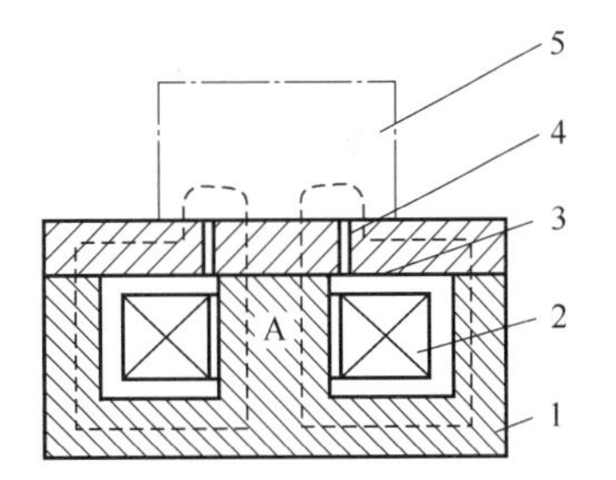

图 3-11　电磁吸盘工作原理

1—钢制吸盘体；2—线圈；3—钢制盖板；4—隔磁层；5—工件

2. 电磁吸盘控制电路

吸盘控制电路由整流线路、控制线路和保护装置等部分组成。

① 直流电源　交流 220V 电压经变压器 T_2 变为整流电路所需的 127V 交流电压，经桥式全波整流电路 VD 整流后输出 110V 直流电压对电磁吸盘供电。

② 充磁　将 SA_1 置于“充磁”位置，触点 SA_1 (14-16) 和 SA_1 (15-17) 接通，电磁吸盘 YH 获得 110V 直流电压。欠电流继电器 KA 与电磁吸盘 YH 串联，若吸盘电流足够大，则 KA 动作，触点 KA (3-4) 闭合，为启动电动机做准备。分别按下启动按钮 SB_1、

SB_3，启动 M_1 和 M_2，则可进行正常的磨削加工。工件加工完毕后，按下停止按钮 SB_2、SB_4，M_1 和 M_2 停止转动，再将 SA_1 置于“断电”位置（所有 SA_1 的触点都断开）。

③ 去磁　将开关 SA_1 置于“去磁”位置，触点 SA_1（14-18）、SA_1（15-16）和 SA_1（3-4）接通，使电磁吸盘通入反方向电流，并在电路中串入限流电阻 RP_2，来调节去磁电流的大小，达到既去磁又不致反向磁化的目的。去磁结束后，将 SA_1 置于“断电”位置，便可取下工件。

3. 电磁吸盘的保护装置

（1）电磁吸盘的欠电流保护　为防止在磨削加工过程中，电磁吸盘吸力减小或失去吸力，造成工件飞出，引起工件损坏或人身事故，采用欠电流继电器 KA 作欠电流保护，吸盘具有足够吸力时，KA 才吸合，触点 KA（3-4）闭合，M_1 和 M_2 才能启动工作。

（2）过电压保护　电磁吸盘线圈的匝数多、电感大，通电工作时储有大量的磁场能量。当线圈断电时，将在线圈两端产生高电压，若无放电回路，将使线圈绝缘及其他电气设备损坏。所以在电磁吸盘线圈两端并联了电阻 R_3，作为放电电阻。

（3）整流装置的过电压保护　T_2 的次级并联 RC 阻容电路，用来吸收交流电路产生过电压和直流电路在接通、关断时在 T_2 的次级产生浪涌电压，实现过电压保护。

（4）电磁吸盘的短路保护　T_2 的次级接有熔断器 FU_4 作短路保护。

第五节　卧式镗床电气控制线路

镗床主要用于加工精确的孔及各孔间相互位置要求较高的零件。镗床因本身刚性好，其可动部分在导轨上的活动间隙很小，且有附加支承，能满足上述加工要求。

按用途不同，镗床可分为卧式镗床、立式镗床、坐标镗床及专用镗床等。T68 型卧式镗床是一种较广泛使用的镗床，主要用于钻孔、镗孔、及加工平面等。

一、主要结构与运动形式

T68 卧式镗床的结构如图 3-12 所示，主要由床身、工作台、前立柱、后立柱、镗头架、尾座、上溜板和下溜板等部分组成。

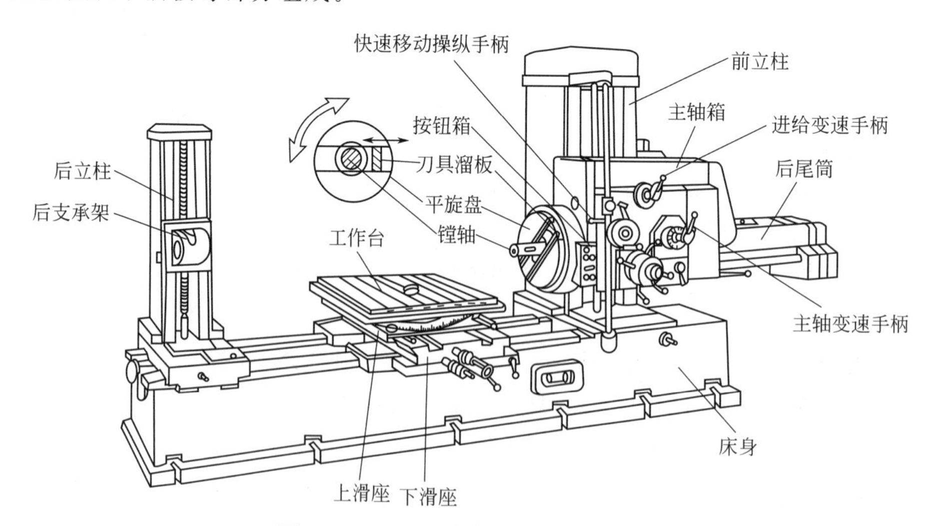

图 3-12　T68 型卧式镗床结构示意图

床身是一个整体铸件，在其一端固定有前立柱，在前立柱的垂直导轨上装有镗头架，镗头架可沿导轨垂直移动。镗头架上装有主轴、主轴变速箱、进给箱与操纵机构等部件。切削刀具安装在镗轴前端的锥形孔里，或装在平旋盘的刀具溜板上。在加工时，镗轴一面旋转，一面沿轴向做进给运动。平旋盘只能旋转，装在它上面的刀具溜板可在垂直于主轴轴线方向的径向方向作进给运动，平旋盘主轴是空心轴，镗轴穿过其中空部分，通过各自的传动链传动，因此可以独自旋转，也可以以不同转速同时旋转。

在床身的另一端装有后立柱，后立柱可沿床身导轨在镗轴轴线方向调整位置。在后立柱导轨上安装有尾架，用来夹持装夹在镗轴上的镗杆的末端，它可以随镗头架同时升降，因而两者的轴心线始终在同一水平线上。

安装工件的工作台安放在床身中部的导轨上，它由上溜板、下溜板和可转动的工作台组成，工作台可作平行于和垂直于镗轴轴线方向的移动，并可旋转。

由上分析可知卧式镗床的运动形式有三种：

(1) 主运动为镗轴和平旋盘的旋转运动；

(2) 进给运动为镗轴的轴向进给、平旋盘刀具溜板的径向进给、镗头架的垂直进给、工作台的横向进给与纵向进给；

(3) 辅助运动为工作台的旋转、后立柱的轴向移动、尾架的垂直移动及各部分的快速移动等。

二、电力拖动特点与控制要求

T68 卧式镗床控制要求如下。

(1) 为了适应不同工件的加工工艺要求，主轴旋转与进给都有较宽的调速范围，采用双速笼型异步电动机作为主传动电机，并采用机电联合调速。

(2) 进给运动和主轴及平旋盘旋转采用同一台电动机拖动，由于进给运动的几个方向都有正、反二个方向的运动，故主轴电动机要求正、反转，有高、低两种速度供选择，高速运转时应先低速启动。

(3) 为保证主轴迅速、准确停车，主轴电动机应采用电气制动停车环节。

(4) 主轴变速与进给变速可在主轴电动机停车或运转时进行，为使变速时齿轮顺利进入正常啮合位置，应有变速低速冲动过程。

(5) 为缩短辅助时间，各进给方向均能快速移动，配有的快速移动电动机采用点动控制方式。

(6) 用于镗床运动部件较多，应设置必要的联锁与保护，并使操作尽量集中。

三、电气控制线路分析

图 3-13 为 T68 型卧式镗床电气控制原理图。

(一) 主电路工作原理

T68 卧式镗床主电动机 M_1 采用双速电动机，由接触器 KM_3、KM_4 和 KM_5 作三角形—双星形变换，得到主电动机 M_1 的低速和高速。接触器 KM_1、KM_2 主触点控制主电动机 M_1 的正反转。电磁铁 YB 用于主电动机 M_1 断电抱闸制动。快速移动电动机 M_2 的正反转由接触器 KM_6、KM_7 控制，由于 M_2 是短时间工作，所以不设置过载保护。

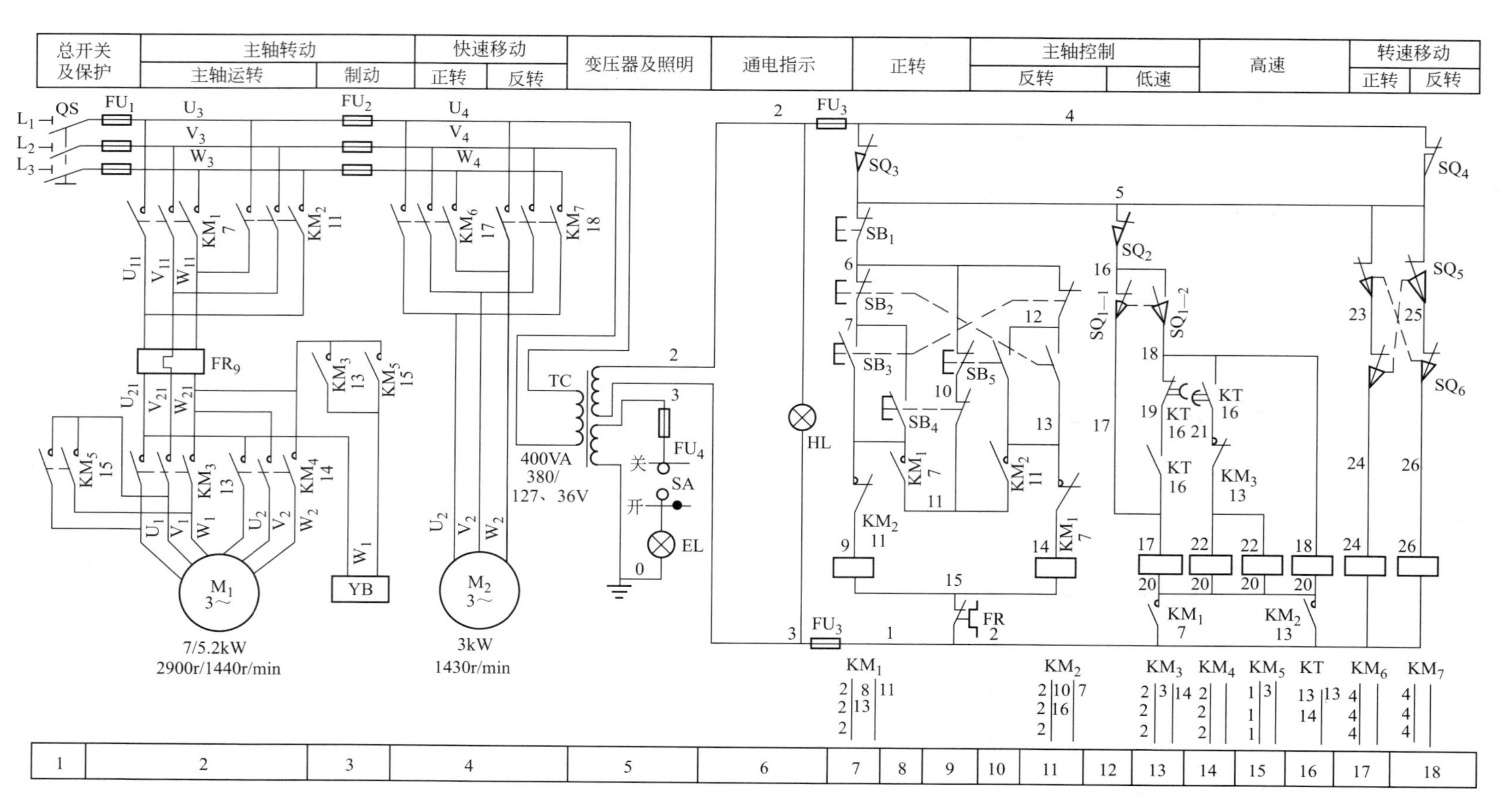

图 3-13　T68 型卧式镗床电气原理图

（二）控制电路分析

1. 主拖动电动机 M_1 控制

M_1 由接触器 KM_1、KM_2、KM_3、KM_4、KM_5，按钮 SB_1、SB_2、SB_3、SB_4、SB_5 和时间继电器 KT、行程开关 SQ_1、SQ_2 等控制。

（1）低速启动控制。合上电源开关 QS，指示灯 HL 亮，表明电源接通。当要求主轴低速运行时，将速度选择手柄置于低速挡，行程开关 SQ_1、SQ_2 不受压，SQ_{1-1}（16-17）闭合、SQ_{1-2}（16-18）断开。按下按钮 SB_3，KM_1 吸合并自锁，接触器 KM_1 的主触头闭合，为 M_1 通电作好准备。KM_1（1-20 闭合），使接触器 KM_3 吸合，YB 得电，松开制动轮，主电动机 M_1 以三角形（△）连接低速启动运转，接触器 KM_3（21-22）联锁断开。

（2）高速控制。将变速手柄扳到高速挡，行程开关 SQ_{1-1}（16-17）断开，SQ_{1-2}（16-18）闭合，按下按钮 SB_3，接触器 KM_1（1-20）闭合，时间继电器 KT 通电吸合，KT（17-19）闭合，接触器 KM_3 吸合，主电动机 M_1 以三角形（△）连接低速启动。时间继电器 KT（18-19）延时断开后，接触器 KM_3 释放，M_1 切除三角形（△）连接；同时，KT（18-21）延时闭合，接触器 KM_3（21-22）复位闭合，接触器 KM_4、KM_5 得电吸合，制动轮保持放松状态，主电动机 M_1 以双星（YY）连接高速启动，完成两级启动。反向运转时，按下按钮 SB_2，工作过程和正向运转控制相同，不再重复。

（3）主轴电动机的点动控制。主轴点动控制时，按下点动按钮 SB_4 或 SB_5。点动按钮是复合按钮，其常闭触头（10-11）或（6-10）断开，断开了 KM_1 或 KM_2 的自锁回路。按住按钮 SB_4 或 SB_5 时，接触器 KM_1 或 KM_2 吸合，主电动机 M_1 旋转，当松开按钮时，接触器 KM_1 或 KM_2 即断电释放，主电动机 M_1 停转，实现点动控制。

（4）主轴电动机的停止和制动。按下停止按钮 SB_1，接触器 KM_1 或 KM_2 则断电释放，主轴电动机 M_1 停止运转，并进行机械制动。M_1 断电时制动电磁铁 YB 线圈同时断电，由于弹簧的作用抱闸制动，电动机很快停止转动。

2. 主轴变速及进给变速的控制

主轴变速和进给变速在电动机 M_1 运转时进行，主轴手柄拉出来时，行程开关 SQ_2（5-16）被压断开，使接触器 KM_3、KM_4 释放，主轴电动机 M_1 停止运转。主轴转速选好后推回调速手柄，行程开关 SQ_2 复位，M_1 自行启动工作。进给变速时，拉出进给变速操纵手柄，SQ_2 被压分断，M_1 停止转动；当进给量选好后，将变速手柄推回，SQ_2 复位，主轴电动机 M_1 自动工作。变速手柄推不上时可来回推动，使手柄轴通过弹簧装置作用于行程开关 SQ_2，使主轴电动机 M_1 进行冲动，便于齿轮啮合，变速完成后正常进行工作。

3. 快速移动电动机 M_2 的控制

机床各部分的快速移动由单独的电动机 M_2 来拖动。由快速移动手柄操纵压下按钮 SQ_5（5-25）或 SB_6（5-23）闭合，接触器 KM_6 或 KM_7 吸合，电动机 M_2 旋转实现快速移动。

4. 机械和电气联锁保护

联锁行程开关 SQ_4 有一个机械机构和工作台及主轴箱进给操作手柄相连，操作手柄处于“进给”的位置时，联锁行程开关 SQ_4 的常闭触头（4-5）处于断开状态。行程开关 SQ_3 也有一个机械机构和主轴及平旋盘进给操作手柄相连，操作手柄处在“进给”位置时，SQ_3 的常闭触头（4-5）也处于断开状态。这两个手柄的任一手柄在“进给”位置时，主轴电动机 M_1 和快速移动电动机 M_2 均可启动。若两个手柄同时扳在“进给”位置时，则联锁行程开关 SQ_3 和 SQ_4 的触头都处在断开状态，切断控制电路，电动机 M_1 和 M_2 则无法启动，保证了在误操作时避免造成事故，起到联锁保护作用。

思考题与习题

1. 电气控制系统分析中使用到哪些资料？一般分析步骤和方法是什么？

2. 简述 Z3040 钻床操作摇臂上升时电路的工作情况。

3. Z3040 摇臂钻床控制线路中，摇臂升降中 SQ_1 的作用是什么？分析摇臂下降时 SQ_1 的作用。

4. Z3040 摇臂钻床控制线路中，有哪些联锁与保护？为什么要有这几种保护环节？

5. 在 X62W 万能铣床电气控制线路中，设置主轴及进给冲动控制环节的作用是什么？请简述主轴变速冲动控制的工作原理。

6. 在 X62W 万能铣床中：

① 工作台能实现哪几个方向的进给运动？

② 工作台是怎样实现快速进给的？

③ 分析线路中的联锁电路。

7. 在 M7130 平面磨床中，为什么采用电磁吸盘来固定工件？电磁吸盘线圈为何要用直流供电而不能用交流供电？与电磁吸盘并联的 RC 电路起何作用？

8. M7130 磨床电气控制线路中，若将热继电器 FR_1、FR_2 保护触点分开串接在 KM_1、KM_2 线圈电路中，有何缺点？

9. 说明 T68 型镗床主轴电动机低速控制及低速启动转高速运转的过程。

10. 分析 T68 型镗床主轴变速和进给变速的控制过程。

11. 分析 T68 型镗床主轴的点动控制和停车制动过程。

12. T68 型镗床的电气控制线路中都采取了哪些保护措施？

第四章

电气控制线路设计基础

在生产中，机械设备的使用效能与其电气自动化的程度有着密切的关系，尤其是机电一体化已成为现代机械工业发展的总趋势，所以要搞好机电工作，就应当掌握生产设备电气控制线路的设计。通过前几章的学习，已经初步掌握了电力拖动的有关知识、控制电路的典型环节以及一些典型生产机械电气控制线路，本章将主要介绍继电器-接触器电气控制线路的设计方法和控制电器的选择原则。

第一节　设计的基本内容和一般原则

一、电气控制系统设计的基本内容

机械设备的控制系统绝大多数属于电力拖动控制系统，因此生产机械电气控制系统设计的基本内容有以下几个方面。

① 确定电力拖动方案。

② 设计生产机械电力拖动自动控制线路。

③ 选择拖动电动机及电气元件，制定电器明细表。

④ 进行生产机械电力装备施工设计。

⑤ 编写生产机械电气控制系统的电气说明书与设计文件。

本章重点介绍前三个方面的内容。

二、电力拖动方案确定的原则

对各类生产机械电气控制系统的设计，首要的是选择和确定合适的拖动方案。它主要根据生产机械的调速要求来确定。

1. 无电气调速要求的生产机械

在不需要电气调速和启动不频繁的场合，应首先考虑采用鼠笼式异步电动机。在负载静转矩很大的拖动装置中，可考虑采用绕线式异步电动机。对于负载很平稳、容量大、且启、制动次数很少时，则采用同步电动机更为合理，不仅可充分发挥同步电动机效率高、功率因数高的优点，还可调节励磁使它工作在过励情况下，提高电网的功率因数。

2. 要求电气调速的生产机械

应根据生产机械的调速要求（调速范围、调速平滑性、机械特性硬度、转速调节级数及工作可靠性等）来选择拖动方案，在满足技术指标前提下，进行经济性比较。最后确定最佳拖动方案。

调速范围 $D=2\sim3$，调速级数 $\leqslant 2\sim4$。一般采用改变极对数的双速或多速笼式异步电动机拖动。

调速范围 $D<3$，且不要求平滑调速时，采用绕线转子感应电动机拖动，但只适用于短时负载和重复短时负载的场合。

调速范围 $D=3\sim10$，且要求平滑调速时，在容量不大的情况下，可采用带滑差离合器的异步电动机拖动系统。若需长期运转在低速时，也可考虑采用晶闸管直流拖动系统。

当调速范围 $D=10\sim100$ 时，可采用直流拖动系统或交流调速系统。

三相异步电动机的调速，以前主要依靠变更定子绕组的极数和改变转子电路的电阻来实现。目前，变频调速和串级调速等已得到广泛的应用。

3. 电动机调速性质的确定

电动机的调速性质应与生产机械的负载特性相适应。以车床为例，其主轴运动需恒功率传动，进给运动则要求恒转矩传动。对于双速笼式异步电动机，当定子绕组由△联接改为YY 接法时，转速由低速升为高速，功率却变化不大，适用于恒功率传动；由 Y 联接改为YY 接法时，电动机输出转矩不变，适用于恒转矩传动。对于直流他励电动机，改变电枢电压调速为恒转矩调速；而改变励磁调速为恒功率调速。

若采用不对应调速，即恒转矩负载采用恒功率调速或恒功率负载采用恒转矩调速，都将使电动机额定功率增大 D 倍（D 为调速范围)，且使部分转矩未得到充分利用。所以电动机调速性质是指电动机在整个调速范围内转矩、功率与转速的关系。究竟是容许恒功率输出还是恒转矩输出，在选择调速方法时，应尽可能使它与负载性质相同。

三、控制方案确定的原则

设备的电气控制方法很多，有继电器接点控制、无触点逻辑控制，可编程序控制器控制、计算机控制等。总之，合理地确定控制方案，是实现简便可靠、经济适用的电力拖动控制系统的重要前提。

控制方案的确定，应遵循以下原则。

① 控制方式与拖动需要相适应。控制方式并非越先进越好，而应该以经济效益为标准。控制逻辑简单、加工程序基本固定的机床，采用继电器接点控制方式较为合理；对于经常改变加工程序或控制逻辑复杂的机床，则采用可编程序控制器较为合理。

② 控制方式与通用化程度相适应。通用化是指生产机械加工不同对象的通用化程度，它与自动化是两个概念。对于某些加工一种或几种零件的专用机床，它的通用化程度很低，但它可以有较高的自动化程度，这种机床宜采用固定的控制电路；对于单件、小批量且可加工形状复杂零件的通用机床，则采用数字程序控制，或采用可编程序控制器控制，因为它们可以根据不同的加工对象而设定不同的加工程序，因而有较好的通用性和灵活性。

③ 控制方式应最大限度满足工艺要求。根据加工工艺要求，控制线路应具有自动循环、半自动循环、手动调整、紧急快退、保护性联锁、信号指示和故障诊断等功能，以最大限度

满足生产工艺要求。

④ 控制电路的电源应可靠。简单的控制电路可直接用电网电源，元件较多、电路较复杂的控制装置，可将电网电压隔离降压，以降低故障率。对于自动化程度较高的生产设备，可采用直流电源，这有助于节省安装空间，便于同无触点元件连接，元件动作平稳，操作维修也较安全。

影响方案确定的因素较多，最后选定方案的技术水平和经济水平，取决于设计人员设计经验和设计方案的灵活运用。

第二节　电气控制线路的设计方法

设计电气控制线路时，首先要了解生产工艺对电气控制提出的要求，其次要了解生产机械的结构、工作环境和操作人员的要求等。在进行具体线路的设计时，一般应先设计主电路，然后设计控制电路、信号电路及局部照明电路等。初步设计完成后，应仔细检查，看线路是否符合设计要求，并尽可能使之完善和简化，最后选择电器型号和规格。

一、控制线路的设计要求

不同用途的电气控制线路，其控制要求也不尽相同。一般应满足以下几点要求。

① 应能满足生产机械的工艺要求，能按照工艺的顺序准确而可靠地工作。

② 线路结构力求简单，尽量选用常用的且经过实际考验过的线路。

③ 操作、调整和检修方便。

④ 具有各种必要的保护装置和联锁环节，即使在误操作时也不会发生重大事故。

二、控制线路的设计方法

电气控制线路的设计方法有两种。一种是经验设计法，它是根据生产工艺的要求，按照电动机的控制方法，采用典型环节线路直接进行设计。这种方法比较简单，但对比较复杂的线路，设计人员必须具有丰富的工作经验，需绘制大量的线路图并经多次修改后才能得到符合要求的控制线路。另一种为逻辑设计法，它采用逻辑代数进行设计，按此方法设计的线路结构合理，可节省所用元件的数量。本节主要介绍经验设计法。

分析已经介绍过的各种控制线路，都有一个共同的规律：拖动生产机械的电动机的启动与停止均由接触器主触头控制，而主触头的动作则由控制回路中接触器线圈的通电与断电决定，线圈的通电与断电则由线圈所在控制回路中一些常开、常闭触点组成的**“与”“或”“非”**等条件来控制。下面举例说明经验设计法设计控制线路。

某机床有左、右两个动力头，用以铣削加工，它们各由一台交流电动机拖动；另外有一个安装工件的滑台，由另一台交流电动机拖动。加工工艺是在开始工作时，要求滑台先快速移动到加工位置，然后自动变为慢速进给，进给到指定位置自动停止，再由操作者发出指令使滑台快速返回，回到原位后自动停车。要求两动力头电动机在滑台电动机正向启动后启动，而在滑台电动机正向停车时也停车。

1. 主电路设计

动力头拖动电动机只要求单方向旋转，为使两台电动机同步启动，可用一只接触器 KM_3 控制。滑台拖动电动机需要正、反转，可用两只接触器 KM_1、KM_2 控制。滑台的快速移动由电磁铁 YA 改变机械传动链来实现，由接触器 KM_4 来控制。主电路如图 4-1 所示。

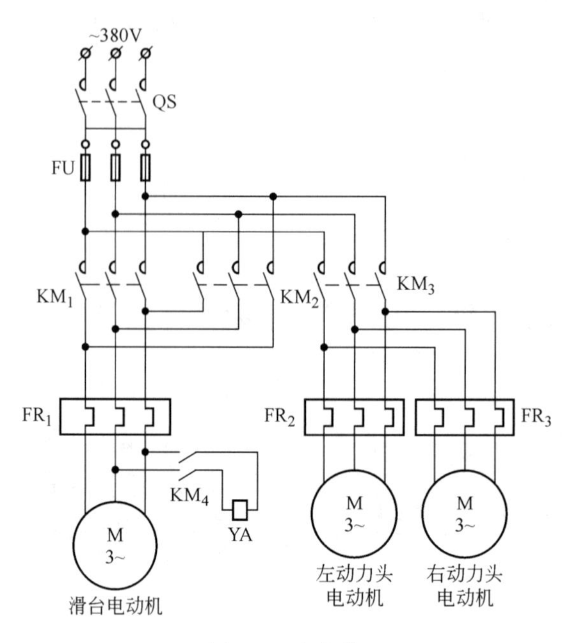

图 4-1　主电路

2. 控制电路设计

滑台电动机的正、反转分别用两个按钮 SB_1 与 SB_2 控制，停车则分别用 SB_3 与 SB_4 控制。由于动力头电动机在滑台电动机正转后启动，停车时也停车，故可用接触器 KM_1 的常开辅助触点控制 KM_3 的线圈，如图 4-2(a) 所示。

滑台的快速移动可采用电磁铁 YA 通电时，改变凸轮的变速比来实现。滑台的快速前进与返回分别用 KM_1 与 KM_2 的辅助触点控制 KM_4，再由 KM_4 触点去通断电磁铁 YA。滑台快速前进到加工位置时，要求慢速进给，因而在 KM_1 触点控制 KM_4 的支路上串联行程开关 SQ_3 的常闭触点。此部分的辅助电路如图 4-2(b) 所示。

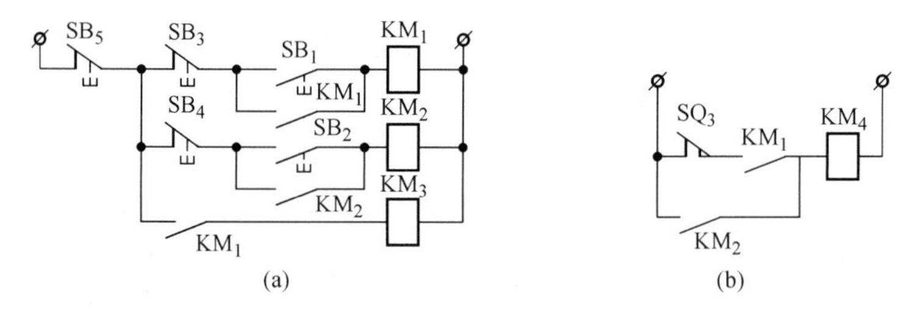

图 4-2　控制电路草图

3. 联锁与保护环节设计

用行程开关 SQ_1 的常闭触点控制滑台慢速进给到位时的停车；用行程开关 SQ_2 的常闭触点控制滑台快速返回至原位时的自动停车。

接触器 KM_1 与 KM_2 之间应互相联锁，三台电动机均应用热继电器作过载保护。完整的控制电路如图 4-3 所示。

4. 线路的完善

线路初步设计完毕后，可能还有不够合理的地方，因此需仔细校核。图 4-3 中，一共用

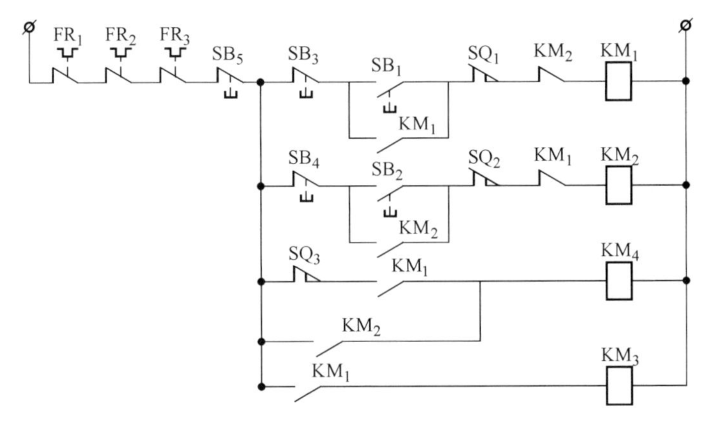

图 4-3 控制电路

了三个 KM_1 的常开辅助触点，而一般的接触器只有两个常开辅助触点。因此，必须进行修改。从线路的工作情况可以看出，KM_3 的常开辅助触点完全可以代替 KM_1 的常开辅助触点去控制电磁铁 YA，修改后的辅助控制电路如图 4-4 所示。

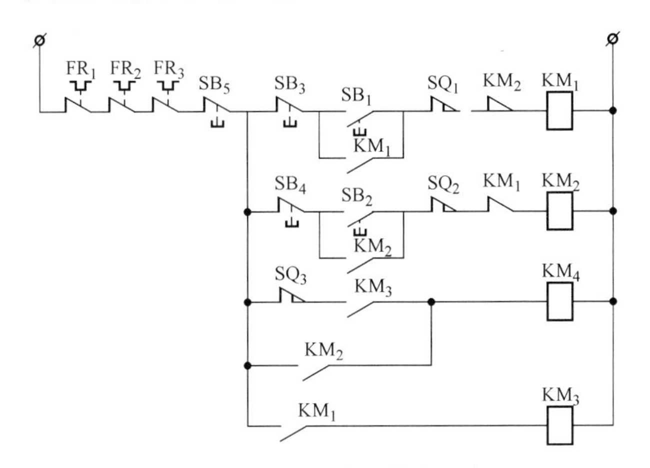

图 4-4 修改后的辅助控制电路

三、设计控制线路时应注意的问题

设计具体线路时，为了使线路设计得简单且准确可靠，应注意以下几个问题。

1. 尽量减少连接导线

设计控制电路时，应考虑各电器元件的实际位置，尽可能地减少配线时的连接导线。如图 4-5(a) 是不合理的。因为按钮一般是装在操作台上，而接触器则是装在电器柜内，这样接线就需要由电器柜二次引出连接线到操作台上，所以一般都将启动按钮和停止按钮直接连接，就可以减少一次引出线，如图 4-5(b) 所示。

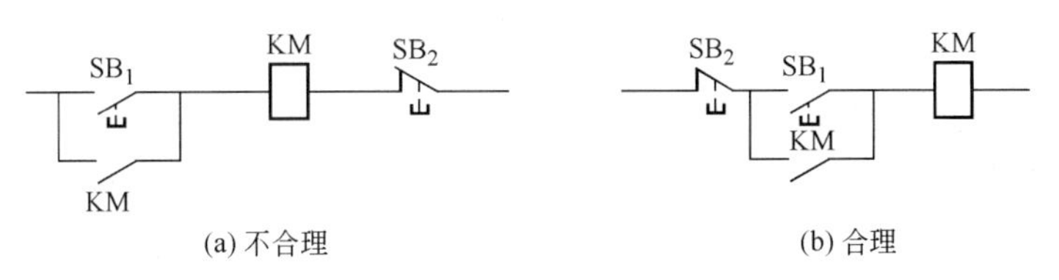

(a) 不合理　　(b) 合理

图 4-5 电器连接图

图 4-5(b) 所示线路不仅连接导线少，更主要的是工作可靠。由于 SB_1、SB_2 安装位置较近，当发生短路故障时，图 4-5(a) 的线路将造成电源短路。

2. 正确连接电器的线圈

电压线圈通常不能串联使用，如图 4-6(a) 所示。由于它们的阻抗不尽相同，造成两个线圈上的电压分配不等。即使外加电压是同型号线圈电压的额定电压之和，也不允许。因为电器动作总有先后，当有一个接触器先动作时，则其线圈阻抗增大，该线圈上的电压降增大，使另一个接触器不能吸合，严重时将使线圈烧毁。

电感量相差悬殊的两个电器线圈，也不要并联连接。图 4-6(b) 中直流电磁铁 YA 与继电器 KA 并联，在接通电源时可正常工作，但在断开电源时，由于电磁铁线圈的电感比继电器线圈的电感大得多，所以断电时，继电器很快释放，但电磁铁线圈产生的自感电势可能使继电器又吸合一段时间，从而造成继电器的误动作。解决方法可各用一个接触器的触点来控制。如图 4-6(c) 所示。

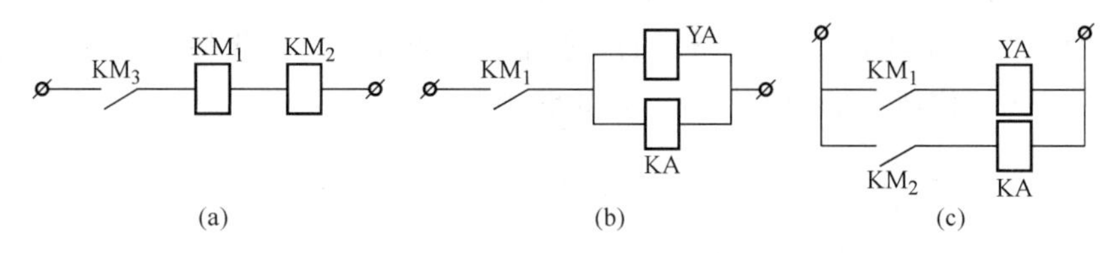

图 4-6 电磁线圈的串、并联

3. 控制线路中应避免出现寄生电路

寄生电路是线路动作过程中意外接通的电路。如图 4-7 所示是一个具有指示灯 HL 和热保护的正反向电路。正常工作时，能完成正反向启动、停止和信号指示。当热继电器 FR 动作时，线路就出现了寄生电路如图中虚线所示，使正向接触器 KM_1 不能有效释放，起不了保护作用；反转时亦然。

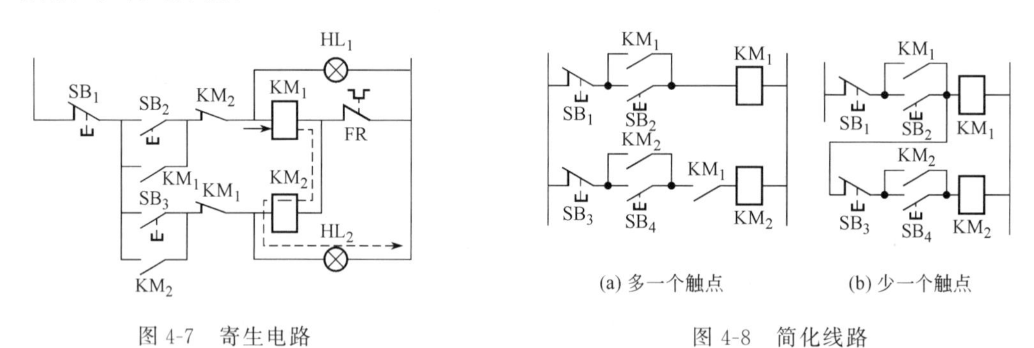

图 4-7 寄生电路

图 4-8 简化线路

4. 尽可能减少电器数量、采用标准件和相同型号的电器

尽量减少不必要的触点以简化线路，提高线路可靠性。图 4-8(a) 中线路改成图 4-8(b) 后可减少一个触点。

当控制的支路数较多，而触点数目不够时，可采用中间继电器增加控制支路的数量。

5. 多个电器的依次动作问题

在线路中应尽量避免许多电器依次动作才能接通另一个电器的控制线路。

6. 可逆线路的联锁

在频繁操作的可逆线路中，正反向接触器之间不仅要有电气联锁，而且要有机械联锁。

7. 要有完善的保护措施

在电气控制线路中，为保证操作人员、电气设备及生产机械的安全，一定要有完善的保护措施。常用的保护环节有漏电流、短路、过载、过流、过压、失压等保护环节，有时还应设有合闸、断开、事故、安全等必需的指示信号。

第三节 电气控制线路设计中的元器件选择

一、电动机的选择

电动机是生产机械电力拖动系统的拖动元件，选择电动机时，要考虑电动机的功率、转速、结构型式、额定电压等。

(一) 电动机功率的选择

选择电动机功率的依据是负载功率。功率选得过大，设备投资大，将造成浪费，同时由于电动机欠载运行，使之效率和功率因数（对于交流电动机）降低，运行费用也会提高；相反，功率选得过小，电动机过载运行，使之寿命降低。

调查统计类比法是在不断总结经验的基础上，选择电动机容量的一种实用方法，此法比较简单。中国机床制造业对不同类型的生产机械，目前采用的拖动电动机功率的统计分析公式如下。

(1) 普通车床的主拖动电动机的功率

$$P=36.5D^{1.54} \tag{4-1}$$

式中 P——主拖动电动机功率，kW；

D——工件最大直径，m。

(2) 立式车床主拖动电动机的功率

$$P=20D^{0.88} \tag{4-2}$$

式中 P——主拖动电动机功率，kW；

D——工件的最大直径，m。

(3) 摇臂钻床主拖动电动机功率

$$P=0.0646D^{1.19} \tag{4-3}$$

式中 P——主拖动电动机功率，kW；

D——最大钻孔直径，mm。

(4) 卧式镗床主拖动电动机功率

$$P=0.04D^{1.7} \tag{4-4}$$

式中 P——主拖动电动机功率，kW；

D——镗杆直径，mm。

(5) 龙门刨床主拖动电动机功率

$$P=\frac{B^{1.15}}{166} \tag{4-5}$$

式中 P——主拖动电动机功率，kW；

B——工作台宽度，mm。

主拖动和进给拖动用一台电动机的场合，按主拖动电动机的功率计算。对于采用单独的进给拖动电动机，由于其不仅拖动进给运动外还拖动工作台的快速移动，应按快速移动所需功率来选择。快速移动所需功率，一般按经验数据来选择，可查阅有关资料。

机床进给拖动的功率一般较小。按经验，车床、钻床的进给拖动功率为主拖动功率的0.03～0.05倍，而铣床的进给拖动功率为主拖动功率的0.2～0.25倍。

(二) 电动机额定电压的选择

交流电动机额定电压应与供电电网电压一致。中小型异步电动机额定电压为220V/380V（△/Y连接）及380/600V（△/Y连接）两种，后者可用Y-△启动；当电动机功率较大时，可选用相应电压的高压电动机。

直流电动机的额定电压也要与电源电压相一致。

(三) 电动机额定转速的选择

对于额定功率相同的电动机，额定转速愈高，电动机尺寸、质量和成本愈小，因此选用高速电动机较为经济。但由于生产机械所需转速一定，电动机转速愈高，传动机构转速比愈大，传动机构愈复杂。因此应通过综合分析来确定电动机的额定转速。

(四) 电动机结构型式的选择

电动机的结构型式按其安装位置的不同可分为卧式（轴是水平的）和立式（轴是垂直的）。以电动机与工作机构的连接方便、紧凑为原则来选择。如：立铣、龙门铣、立式钻床等机床的主轴都是垂直于机床工作台的。那么，这时采用立式电动机更为合适，它比选用卧式电动机减少一对变换方向的伞齿轮。

电动机具有不同的防护型式，如防护式、封闭式、防爆式等，具体要根据电动机的工作条件来选择。粉尘多的场合，如铸造车间、磨削加工等，选择封闭式的电动机；易燃易爆的场合要选用防爆式电动机。按机床电气设备通用技术条件中规定，机床应采用全封闭扇冷式电动机。

(五) 笼型异步电动机有关电阻的计算

1. 笼型异步电动机启动电阻的计算

在电动机减压启动方式中，定子回路串联的限流电阻可按下式近似计算：

$$R_{st}=\frac{110}{I_N}\cdot\frac{\sqrt{4\left(\dfrac{K_{st}}{K_{str}}\right)-3}-1}{K_{st}} \tag{4-6}$$

式中　R_{st}——每相起动限流电阻的阻值，Ω；

I_N——电动机的额定电流，A；

K_{st}——不加电阻时，电动机的启动电流与额定电流之比，可由手册查出；

K_{str}——加入启动限流电阻后，电动机的启动电流与额定电流之比，可根据需要选取。

式(4-6）是电动机额定电压为380V，功率因数为0.5的条件下导出的近似公式。对于功率因数大于0.5的电动机，应将所计算的R_{st}值适当减小；当功率因数小于0.5时，应将R_{st}适当加大。如果只在电动机的两相中串入限流电阻，R_{st}的值可近似取计算值的1.5倍。

2. 笼型异步电动机反接制动电阻的计算

电动机在反接制动瞬间，定子的旋转磁场已经反向旋转，而转子的转向尚未来得及改变，转差率S接近2，因此，反接制动时的电流比启动电流大。为了限制制动电流，在电动机定子回路中也应串入限流电阻。反接制动的限流电阻R_{rb}可按式(4-7）近似计算：

$$R_{rb}=\frac{110}{I_N}\cdot\frac{\sqrt{4\left(\frac{K_{st}}{K_{rbr}}\right)-3}-0.5}{K_{st}} \tag{4-7}$$

式中　R_{rb}——每相反接制动限流电阻的阻值，Ω；

K_{rbr}——接入限流电阻后，反接制动电流与额定电流之比。

如果只在电动机的两相中串联制动限流电阻，则 R_{rb} 值可取计算值的 1.5 倍。

二、常用低压电器的选择

生产机械常用低压电器的选择，主要根据电器产品目录上的各项技术指标（数据）。正确合理地选择控制电器是电气系统安全运行、可靠工作的保证。

（一）接触器的选用

选择接触器主要依据以下数据：电源种类（直流或交流）；主触点额定电流；辅助触点的种类、数量和触点的额定电流；电磁线圈的电源种类、频率和额定电压；额定操作频率等。机床应用最多的是交流接触器。

交流接触器的选择主要考虑主触点的额定电流、额定电压、线圈电压等。

① 主触头额定电流 I_N 可根据下面经验公式进行选择：

$$I_N \geqslant \frac{P_N \times 10^3}{KU_N} \tag{4-8}$$

式中　I_N——接触器主触点额定电流，A；

K——比例系数，一般取 1～1.4；

P_N——被控电动机额定功率，kW；

U_N——被控电动机额定线电压，V。

② 交流接触器主触点额定电压一般按高于线路额定电压来确定。

③ 根据控制回路的电压决定接触器的线圈电压。为保证安全，一般接触器吸引线圈选择较低的电压。但如果在控制线路比较简单的情况下，为了省去变压器，可选用 380V 电压。值得注意的是，接触器产品系列是按使用类别设计的，所以要根据接触器负担的工作任务来选用相应的产品系列。

④ 接触器辅助触点的数量，种类应满足线路的需要。

（二）继电器的选择

1. 一般继电器的选用

一般继电器是指具有相同电磁系统的继电器，又称电磁继电器。选用时，除满足继电器线圈电压或线圈电流的要求外，还应按照控制需要分别选用过电流继电器、欠电流继电器、过电压继电器、欠电压继电器、中间继电器等。另外电压、电流继电器还有交流、直流之分，选择时也应注意。

2. 时间继电器的选择

时间继电器型式多样，各具特点，选择时应从以下几方面考虑。

① 根据控制线路的要求来选择延时方式，即通电延时型或断电延时型。

② 根据延时准确度要求和延时长、短要求来选择。

③ 根据使用场合、工作环境选择合适的时间继电器。

3. 热继电器的选用

热继电器的选择应按电动机的工作环境、启动情况、负载性质等因素来考虑。

① 热继电器结构形式的选择。星形连接的电动机可选用两相或三相结构热继电器；三角形连接的电动机应选用带断相保护装置的三相结构热继电器。

② 热元件额定电流的选择。一般可按式(4-9) 选取

$$I_R=(0.95\sim1.05)I_N \tag{4-9}$$

式中　I_R——热元件的额定电流；

I_N——电动机的额定电流。

对于工作环境恶劣、启动频繁的电动机，则按式(4-10) 选取

$$I_R=(1.15\sim1.5)I_N \tag{4-10}$$

热元件选好后，还需根据电动机的额定电流来调整它的整定值。

(三) 熔断器的选择

熔断器选择内容主要是熔断器种类、额定电压、额定电流等级和熔体的额定电流。熔体额定电流 I_R 的选择是主要参数。

1. 单台长期工作的异步电动机

$$I_R=(1.5\sim2.5)I_N \tag{4-11}$$

式中　I_N——异步电动机的额定电流。

2. 用一组熔断器保护多台电动机

$$I_R\geqslant(1.5\sim2.5)I_{max}+\sum I_N \tag{4-12}$$

式中　I_{max}——容量最大的电动机的额定电流；

$\sum I_N$——其他电动机额定电流之和。

(四) 其他电器的选择

1. 自动空气开关的选择

自动空气开关可按下列条件选择。

① 根据线路的计算电流和工作电压，确定自动空气开关的额定电流和额定电压。显然，自动空气开关的额定电流应不小于线路的计算电流。

② 确定热脱扣器的整定电流。其数值应与被控制的电动机的额定电流或负载的额定电流一致。

③ 确定过电流脱扣器瞬时动作的整定电流

$$I_Z\geqslant KI_{pk} \tag{4-13}$$

式中　I_Z——瞬时动作的整定电流；

I_{pk}——线路中的尖峰电流；

K——考虑整定误差和启动电流允许变化的安全系数。对于动作时间在 0.02s 以上的自动空气开关，取 $K=1.35$；对于动作时间在 0.02s 以下的自动空气开关，取 $K=1.7$。

2. 控制变压器容量的选择

控制变压器一般用于降低控制电路或辅助电路电压，以保证控制电路安全可靠。选择控制变压器有以下原则。

① 控制变压器初、次级电压应与交流电源电压、控制电路电压及辅助电路电压要求相符。

② 应保证变压器次级的交流电磁器件在启动时能可靠地吸合。

③ 电路正常运行时，变压器温升不应超过允许温升。

④ 控制变压器可按长期运行的温升来考虑，这时变压器容量应大于或等于最大工作负荷的功率。控制变压器容量的近似计算公式为

$$S \geqslant K_L \sum S_i \quad (4\text{-}14)$$

式中 $\sum S_i$——电磁器件吸持总功率，V·A；

K_L——变压器容量的储备系数，一般 K_L 取 1.1～1.25。

3. 控制按钮的选择

① 根据使用场合，选择控制按钮的种类，如开启式、保护式、防水式、防腐式等。

② 根据用途，选用合适的型式，如手把旋钮式、钥匙式、紧急式等。

③ 按控制回路的需要，确定不同的按钮数，如单钮、双钮、三钮、多钮等。

④ 按工作状态指示和工作情况的要求，选择按钮及指示灯的颜色。

4. 行程开关的选择

行程开关可按下列要求进行选择。

① 根据应用场合及控制对象选择，有一般用途行程开关和起重设备用行程开关。

② 根据安装环境选择防护形式，如开启式或保护式。

③ 根据控制回路的电压和电流选择行程开关系列。

④ 根据机械与行程开关的传动与位移关系选择合适的头部形式。

5. 万能转换开关的选择

万能转换开关可按下列要求进行选择。

① 按额定电压和工作电流选择合适的万能转换开关系列。

② 按操作需要选定手柄形式和定位特征。

③ 按控制要求参照转换开关样本确定触点数量和接线图编号。

④ 选择面板形式及标志。

6. 接近开关的选择

接近开关可按下列要求进行选择。

① 接近开关价格较高，用于工作频率高、可靠性及精度要求均较高的场合。

② 按应答距离要求选择型号、规格。

③ 按输出要求是有触点还是无触点以及触点数量，选择合适的输出形式。

第四节 电气控制系统中的保护环节

电气控制线路应具有完善的保护环节，用以保护电网、电动机、控制电器以及其他电路元件，消除不正常工作时的有害影响，避免因误操作而发生事故。常用的保护环节有短路、过流、过载、过压、失压、弱磁、超速、极限保护等。

一、短路保护

当电路发生短路时，短路电流会引起电气设备绝缘损坏和产生强大的电动力，使电机和电路中的各种电气设备产生机械性损坏，因此当电路出现短路故障时，必须迅速、可靠地断开电源。图 4-9(a) 所示为采用熔断器作短路保护的电路。主电路采用三相四线制或对变压器采用中性点接地的三相三线制的供电电路中，必须采用三相短路保护。若主电机容量较小，主电路中的熔断器可同时作为控制电路的短路保护；若主电机容量较大，则控制电路一

定要单独设置短路保护熔断器。图 4-9(b) 所示为采用自动开关作为短路保护和过载保护的电路。

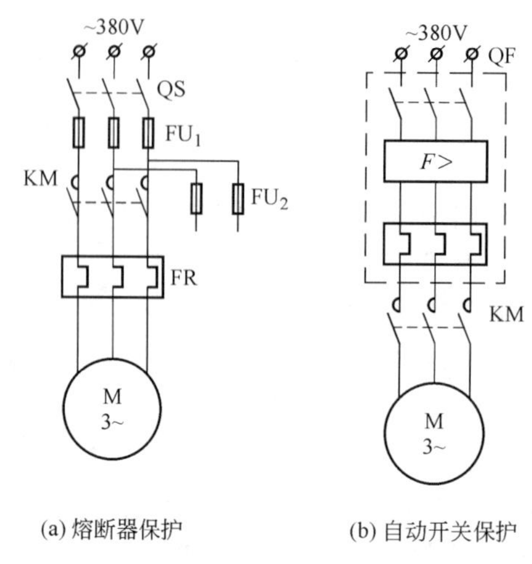

(a) 熔断器保护　　(b) 自动开关保护

图 4-9　短路保护

二、过电流保护

不正确的启动和过大的冲击负载，常常引起电动机出现很大的过电流。过大的电流不仅可能导致电机损坏，也会引起过大的电动机转矩，使机械的转动部件受到损坏，因此要瞬时切断电源。图 4-10(a) 所示是过流保护用在绕线型异步电动机的限流启动电路。KA 为过流继电器，其继电器的动作值，一般调整为 1.2 倍的电动机启动电流。

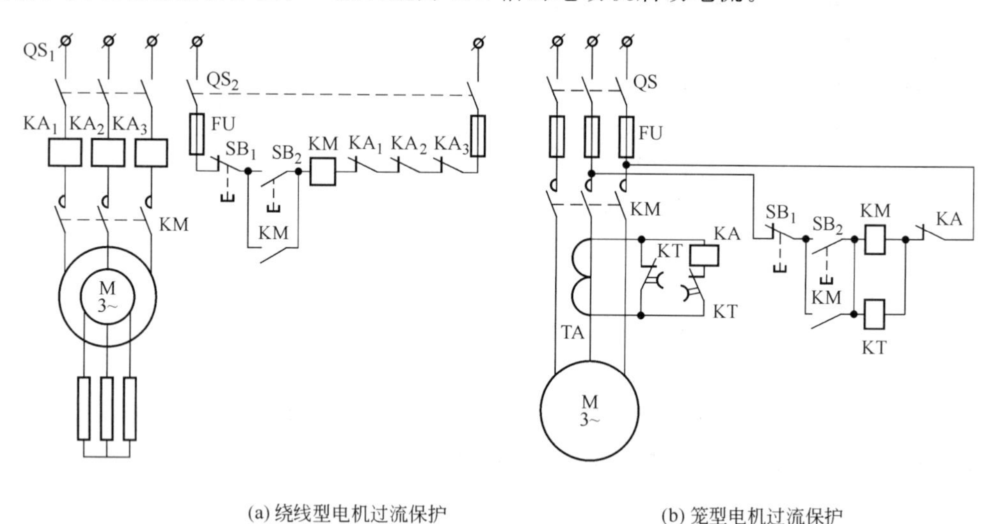

(a) 绕线型电机过流保护　　(b) 笼型电机过流保护

图 4-10　过流保护

图 4-10(b) 为笼型电动机工作时的过电流保护电路。当电动机启动时，时间继电器 KT 的动断触点仍闭合，动合触点尚未闭合，过流继电器 KA 的线圈不接入电路。启动结束后，KT 动断触点断开，动合触点闭合，KA 线圈得电，开始起保护作用。工作过程中，因某种原因而引起过电流时，TA 输出电压增加，KA 动作，其动断触点断开，电动机便停止运转。

三、过载保护

电动机长期超载运行，其绕组的温升将超过额定值而损坏，电路中多采用热继电器作为过载保护元件。由于热惯性的关系，热继电器不会受短路电流的冲击而瞬时动作。但当有8～10倍额定电流通过热继电器时，有可能使热继电器的发热元件烧坏，所以，在使用热继电器作过载保护时，还必须装有熔断器或过流继电器配合使用。图 4-11 为单相、两相、三相保护，在各种过载情况下，都能可靠地保护电动机。

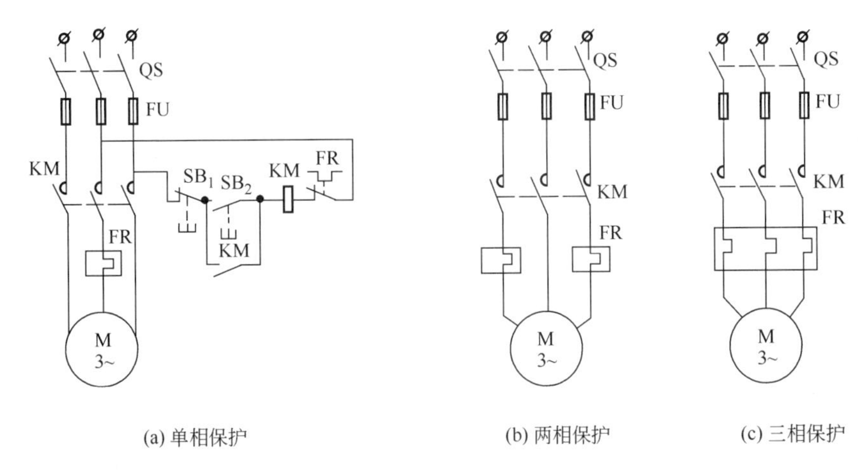

图 4-11　过载保护

四、失压保护

电动机正常工作时，如果电源电压因某种原因消失而使电动机停转，那么，电源电压恢复时，电动机不应自行启动，否则可造成人身事故或设备事故。防止电压恢复时电机自行启动的保护称为失压保护。通常采用接触器的自锁控制电路来实现，如图 4-12 所示。按下按钮 SB_2，接触器线圈得电，其动合触点闭合。SB_2 按钮松开后，接触器线圈由于动合触点的闭合仍然得电。当电源断开，接触器线圈失电，其动合触点断开，故当恢复通电时，接触器线圈便不可能得电。要使接触器工作，必须再次按压启动按钮 SB_2。

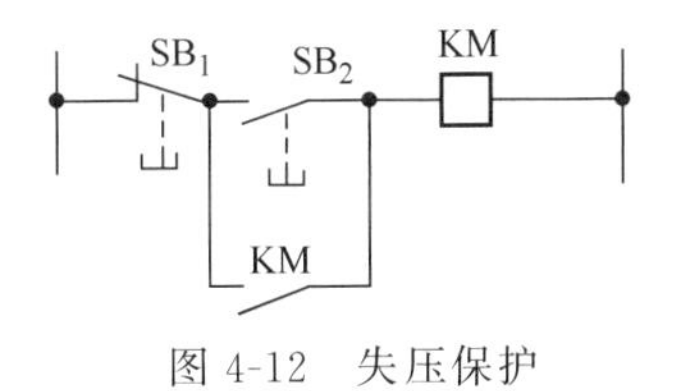

图 4-12　失压保护

五、欠压保护

当电动机正常运转时，由于电压过分降低，将引起一些电器释放，造成控制线路工作失调，可能产生事故。因此，必须在电源电压降到一定值以下时切断电源，这就是欠电压保护。一般常用电磁式电压继电器实现欠压保护。当电源电压过低或消失时，电压继电器就释放，从而切断控制回路，电压再恢复时，要重新启动才能工作。

第五节　电气控制电路设计举例

本节以 C6132 卧式车床电气控制电路为例，简要介绍该电路的经验设计方法与步骤。已知该机床技术条件为：床身最大工件回转直径为 160mm，工件最大长度为 500mm。具体设计步骤如下。

一、拖动方案及电动机的选择

车床主运动由电动机 M_1 拖动；液压泵由电动机 M_2 拖动；冷却泵由电动机 M_3 拖动。

主拖动电动机由式(4-1) 可得：$P=36.5\times0.16^{1.54}=2.17kW$，所以可选择主电动机 M_1 为 Y100L1-4 型，2.2kW，380V，4.9A，1450r/min。润滑泵、冷却泵电动机 M_2、M_3 可按机床要求均选择为 JCB-22，380V，0.125kW，0.43A，2700r/min。

二、电气控制电路的设计

1. 主回路

三相电源通过组合开关 QS_1 引入，供给主运动电动机 M_1、液压泵、冷却泵电动机 M_2、M_3 及控制回路。熔断器 FU_1 作为电动机 M_1 的保护元件，FR_1 为电动机 M_1 的过载保护热继电器。FU_2 作为电动机 M_2、M_3 和控制回路的保护元件，FR_2、FR_3 分别为电动机 M_2 和 M_3 的过载保护热继电器。冷却泵电机由组合开关 QS_2 手动控制，以便根据需要供给切削液。电动机 M_1 的正反转由接触器 KM_1 和 KM_2 控制，液压泵电机由 KM_3 控制。由此组成的主回路见图 4-13 的左半部分。

2. 控制电路

从车床的拖动方案可知，控制回路应有三个基本控制环节，即主轴拖动电动机 M_1 的正反转控制环节；液压泵电动机 M_2 的单方向控制环节；连锁环节用来避免元件误动作造成电源短路和保证主轴箱润滑良好。用经验设计法确定出控制回路电路，见图 4-13 右半部分。

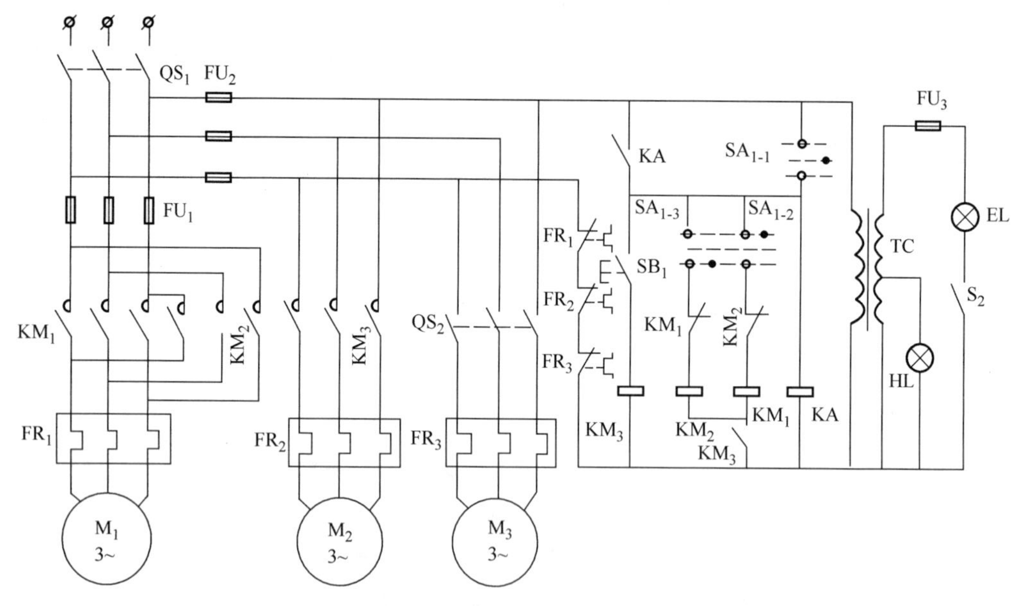

图 4-13 C6132 卧式车床电气控制电路图

用微动开关与机械手柄组成的控制开关 SA_1 有三挡位置。当 SA_1 在 0 位时，SA_{1-1} 闭合，中间继电器 KA 得电自锁。主轴电动机启动前，应先按下 SB_1，使润滑泵电动机接触器 KM_3 得电，M_2 启动，为主运动电动机启动做准备。

主轴正转时，控制开关放在正转挡，使 SA_{1-2} 闭合，主轴电动机 M_1 正转启动。主轴反转时，控制开关放在反转挡，使 SA_{1-3}闭合，主轴电动机反向启动。由于 SA_{1-2}、SA_{1-3}不能同时闭合，故形成电气互锁。中间继电器 KA 的主要作用是失压保护，当电压过低或断电时，KA 释放；重新供电时，需将控制开关放在 0 位使 KA 得电自锁，才能启动主轴电动机。

局部照明用变压器 TC 降至 36V 供电，以保护操作安全。

三、电器元件的选择

① 电源开关 QS_1 和 QS_2 均选用三极组合开关。根据工作电流，并保证留有足够的余量，可选用型号为 HZ10-25/3 型。

② 熔断器 FU_1、FU_2、FU_3 的选择，熔体电流可按式(4-11) 选择。FU_1 保护主电动机，选RL1-15型熔断器，配 15A 的熔体；FU_2 保护润滑泵和冷却泵电动机及控制回路，选 RL1-15 型熔断器，配用 2A 的熔体；FU_3 为照明变压器的二次保护，选 RL1-15 型熔断器，配用 2A 的熔体。

③ 接触器的选择，根据电动机 M_1 和 M_2 的额定电流情况，接触器 KM_1、KM_2 和 KM_3 均选用 CJ10-10 型交流接触器，线圈电压为 380V。中间继电器 KA 选用 JZ7-44 交流中间继电器，线圈电压为 380V。

④ 热继电器的选择，用于主轴电动机 M_1 的过载保护时，选 JR20-20/3 型热继电器，热元件电流可调至 7.2A；用于润滑泵电动机 M_2 的过载保护时，选 JR20-10 型热继电器，热元件电流可调至 0.43A。

⑤ 照明变压器的选择，局部照明灯为 40W，所以可选用 BK-50 型控制变压器，初级电压 380V，次级电压 36V 和 6.3V。

四、电器元件明细表

C6132 卧式车床电气控制电路电器元件明细表如表 4-1 所示。

表 4-1 C6132 卧式车床电器元件明细表

符 号	名 称	型 号	规 格	数 量
M_1	异步电动机	JO2-22-4	2.2kW 380V 1450r/min	1
M_2、M_3	冷却泵电动机	JCB-22	0.125kW 380V 2700r/min	2
QS_1、QS_2	组合开关	HZ10-25/3	500V 25A	2
FU_1	熔断器	RL1-15	500V 10A	3
FU_2、FU_3	熔断器	RL1-15	500V 2A	4
KM_1、KM_2、KM_3	交流接触器	CJ10-10	380V 10A	3
KA	中间继电器	JZ7-44	380V 5A	1
TC	控制变压器	BK-50	50V·A 380V/36V、6.3V	1
HL	指示信号灯	ZSD-0	6.3V	1
EL	照明灯		40W 36V	1

思考题与习题

1. 电器控制设计的一般方法和原则有哪些？

2. 电力拖动的方案如何确定？

3. 电气系统的控制方案如何确定？

4. 设计控制线路的一般要求是什么？

5. 设计控制线路时应注意什么问题？

6. 设计一台专用机床的电气自动控制线路，画出电气原理图，并制定电气元件明细表。

本机床采用钻孔-倒角组合刀具加工零件的孔和倒角。加工工艺如下：快进→工进→停留光刀（3S）→快退→停车。专用机床采用三台电动机，其中 M_1 为主运动电动机，采用 Y112M-4，容量为 4kW；M_2 为工进电动机，采用 Y90L-4，容量为 1.5kW；M_3 为快速移动电动机，采用 Y801-2，容量为 0.75kW。

设计要求如下。

① 工作台工进至终点或返回到原点，均由限位开关使其自动停止，并有限位保护。为保证位移准确定位，要求采用制动措施。

② 快速电动机可进行点动调整，但在工进时无效。

③ 设有紧急停止按钮。

④ 应有短路和过载保护。

⑤ 其他要求可根据工艺，由读者自行考虑。

⑥ 通过实例，说明经验设计法的设计步骤。

第五章

数控机床的加工控制原理

数字控制技术是综合应用了电子技术、计算机技术、自动控制及自动检测等方面的新成就而发展起来的一门新技术。它在许多领域内得到了应用，在机械加工行业中的应用则更为广泛，其中发展特别快的是数字控制机床，简称数控机床。现代加工业的特点是零件形状复杂、精度要求较高、批量小。这就要求机床设备应具有较大的灵活性、通用性、高加工精度和高生产效率。数控机床正是适应这种要求而产生的。

随着现代微电子技术的飞速发展，微电子器件集成度和信息处理功能不断提高，而价格不断降低，使微型计算机在机械制造领域得到广泛应用。微机控制的数控机床的应用与日俱增，柔性加工中心、柔性制造单元及柔性制造系统不断投入使用，生产面貌发生了根本变化。

第一节　数控的基本知识

一、数字控制技术

数字控制（Numerical Control，简称 NC）是近代发展起来的一种自动控制技术，是指根据输入的指令和数据，对某一对象的工作顺序、运动轨迹、运动距离和运动速度等机械量，以及温度、压力、流量等物理量按一定规律控制的自动控制。数字控制系统中的控制信息是数字量，而模拟控制系统中的控制信息是模拟量。

数字控制系统的硬件基础是数字逻辑电路。最初的数控系统是由数字逻辑电路构成的，因而也被称之为硬件数控系统。随着微型计算机的发展，硬件数控系统已逐渐被淘汰，取而代之的是计算机数控系统（Computer Numerical Control，简称 CNC）。由于计算机可完全由软件来确定数字信息的处理过程，从而具有真正的“柔性”，并可以处理硬件逻辑电路难以处理的复杂信息，使数字控制系统的性能大大提高。

用数字化信息进行控制的自动控制设备称为数控设备，采用数字程序控制的机床称为数控机床。数控机床是数控设备的典型代表，它可以加工复杂的零件，并具有加工精度高，生产效率高，便于改变加工零件品种等特点，是实现机床自动化的方向。

二、数控机床的构成及加工过程

（一）数控机床的构成

数控机床的组成框图如图 5-1 所示。

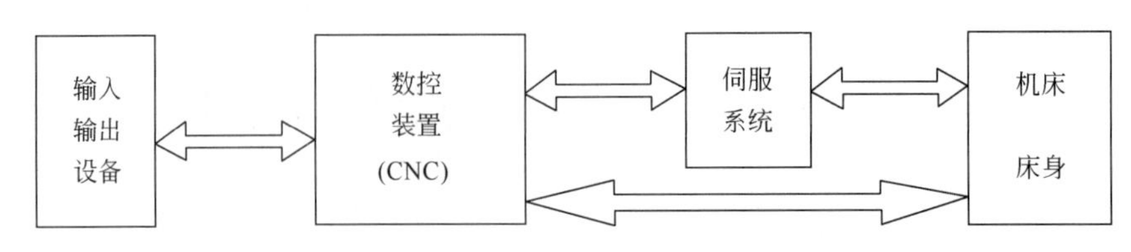

图 5-1　数控机床的组成

1. 输入输出设备

输入输出设备主要实现程序和数据的输入、显示、存储和打印。这一部分的硬件配置视需要而定，功能简单的机床可能只配有键盘和数码管（LED）显示器；一般的可再加上光电读带机，人机对话编程操作键盘和 CRT 显示器；功能较强的可能还包含有一套自动编程机或计算机辅助设计和计算机辅助制造（CAD/CAM）系统。

2. 计算机数控装置

计算机数控装置（CNC）是数控设备的核心，它根据输入的程序和数据，完成数值计算，逻辑判断，速度控制，插补和输入输出控制等功能。CNC 装置就是专用计算机或通用计算机与输入输出接口以及可编程序控制器等部分组成的控制装置。

3. 伺服系统

所谓伺服，是指使某一机械的某些参量（电动机的旋转速度和旋转相位、机械位置等）维持不变或按一定规律变化的自动控制系统。

伺服系统的作用是把来自数控装置的进给信号转变为受控设备的执行机构的运动（位移）。它包括伺服控制线路、功率放大线路、伺服电动机、机械传动机构和执行机构。

4. 机床床身

机床床身是被控制的对象，是数控机床的主体，完成各种运动和加工的机械部分。用数控装置和伺服系统对它进行位移、角度和各种开关量的控制。在机床床身上装有检测装置，用来将位移和各种状态信号反馈给 CNC 装置，实现闭环控制。

（二）数控机床的加工过程

数控机床加工时，首先要将工件的几何信息和工艺信息按规定的代码和格式编制数控加工程序，并将加工程序输入数控系统。数控系统根据输入的加工程序进行信息处理，计算出实际轨迹和运动速度（计算轨迹的过程称为插补）。最后将处理的结果输出给伺服机构，控制机床的运动部件按规定的轨迹和速度运动。

1. 加工程序编制

加工一个工件所需的数据及操作命令构成工件加工程序。加工前，首先要根据工件的形状、尺寸、材料及技术要求等，确定工件加工的工艺过程，工艺参数（包括加工顺序、切削用量、位移数据、速度等），并根据编程手册中所规定的代码或依据不同数控设备说明书中所规定的格式，将这些工艺数据转换成工件程序清单。

2. 程序输入

零件加工程序可采用不同形式输入到 CNC 装置。具有以下几种方式。

① 采用光电读带机读入数据。读入过程分两种形式：一种是边读入边加工；另一种是一次将工件加工程序读入数控装置内部的存储器，加工时再从存储器一段一段往外调。

② 用键盘直接将程序输入数控装置。

③ 在通用计算机上采用 CAD/CAM 软件编程或者在专用编程器上编程，然后通过电缆输入到 CNC 装置或先存入软盘，再将软盘上的加工程序输入到 CNC 装置。

3. 信息处理

信息处理是数控的核心任务，它的作用是识别输入程序中每个程序段的加工数据和操作命令，并对其进行换算和插补计算。零件加工程序中只能包含各种线段轨迹的起点、终点和半径等有限数据，在加工过程中，伺服机构按零件形状和尺寸要求进行运动，即按图形轨迹移动，因而就要在各线段的起点和终点坐标值之间进行“数据点的密化”，求出一系列中间点的坐标值，并向相应坐标输出脉冲信号，这就是所谓的插补。

4. 伺服控制

伺服控制是根据不同的控制方式把来自数控装置插补输出的脉冲信号，经过功率放大，通过驱动元件（如步进电动机、交直流伺服电动机等）和机械传动机构，使数控机床的执行机构相对于工件按预定工艺路线和速度进行加工。

第二节　数控机床的特点及发展

数控机床是一种典型的机电一体化产品。它综合运用了微电子、计算机、自动控制、精密检测、伺服驱动、机械设计与制造技术方面的最新成果。与普通机床相比，数控机床能够完成平面、曲线和空间曲面的加工，加工精度和效率都比较高，因而应用日益广泛。

一、数控机床的特点

1. 精度高，质量稳定

数控机床在设计和制造时，采取了很多措施来提高加工精度。机床的传动部分一般采用滚珠丝杠，提高了传动精度。机床导轨采用滚动导轨、悬浮式导轨或采用摩擦系数很小的合成材料，因而减小了摩擦阻力，消除了低速爬行现象。闭环、半闭环伺服系统装有精度很高的位置检测元件，随时将位置误差反馈给计算机进行误差校正，使数控机床获得很高的加工精度。数控机床加工过程由程序自动完成，与普通机床相比，没有人为因素的影响，加工质量稳定，产品精度重复性好。

2. 生产效率高

数控机床具有较高的生产效率，尤其对于复杂零件的加工，生产效率可提高数十倍。效率高的主要原因如下。

① 具有自动变速、自动换刀和其他辅助操作自动化等功能，而且无需工序间的检验与测量，使辅助时间大为缩短。

② 工序集中。数控机床的轨迹运动是由程序自动控制完成的，因而在普通机床加工中分几道工序完成的工件在数控加工中可在一台机床上完成，减少了半成品的周转时间。

③ 不同零件的加工程序存储在控制介质或内部存储器中，因而更换工件时，只需更换零件加工程序即可，从而节省了大量准备工作和机床调整的时间。

3. 适应性强

适应性即所谓的柔性，是指数控机床随生产对象变化而变化的适应能力。在数控机床上进行不同加工时，只要改变数控机床的输入程序，就可适应新产品的生产需要，而不需要改变机械部分和控制电路。

4. 能实现复杂的运动

普通机床很难实现或无法实现轨迹为三次以上的曲线或曲面的运动。如螺旋桨、汽轮机叶片之类的空间曲面。数控机床可以几个坐标同时联动，实现几乎任意轨迹的运动，适用于复杂异形零件的加工。

5. 减轻劳动强度，改善劳动条件

数控机床的运行是由程序控制自动完成的，能自动换刀、自动变速等，其大部分操作不需要人工干预，因而改善了劳动条件。

6. 管理水平提高

数控机床是组成综合自动化系统（如 FA，FTL，FMC，FMS，CIMS）的基本单元。数控机床具有的通信接口和标准数据格式，可实现计算机之间的链接，组成工业局部网络（LAN），实现生产过程的计算机管理与控制。

数控机床虽然具有以上多种优点，但由于它的技术复杂、成本较高，目前较适用多品种，中小批量生产以及形状比较复杂，精度要求较高的零件加工等领域。

二、数控机床的分类

数控机床品种繁多，功能各异，可以从不同角度对其进行分类。

（一）按工艺用途分类

1. 金属切削类数控机床

与传统的通用机床一样，有数控车、铣、磨、镗等以及加工中心等机床。每一类又有很多品种，例如铣床就有立铣、卧铣、工具铣及龙门铣等。数控加工中心又称多工序数控机床。在加工中心上，零件一次装夹后，可进行各种工艺、多道工序的集中连续加工。不仅提高了生产效率，而且消除了由于重复定位而产生的误差。

2. 金属成型类数控机床

该类机床有数控折弯机、数控弯管机、数控回转头压力机、数控冲床等。

3. 数控特种加工机床

数控特种加工机床包括数控电火花加工机床、数控线切割机床、数控激光切割机等。

（二）按控制运动的方式分类

1. 点位控制数控机床

点位控制是指控制运动部件从一点移动到另一点的准确定位，在移动过程中不进行加工，两点间的移动速度和运动轨迹没有严格要求，可以各个坐标先后移动如图 5-2 中的①和②，也可以多坐标联动如图 5-2 中的③。该类机床有数控钻床、数控镗床、数控冲床等。

2. 直线控制数控机床

这类机床不仅要控制点的准确定位，还要控制两相关点之间的移动速度和路线（即轨迹），如图 5-3 所示，该类机床有数控车床、数控镗床等。

3. 轮廓控制数控机床

轮廓控制如图 5-4 所示。加工中不仅要控制轨迹的起点和终点，还要控制加工过程中每一个点的位置和运动速度，使机床加工出符合图纸要求的复杂形状的零件。

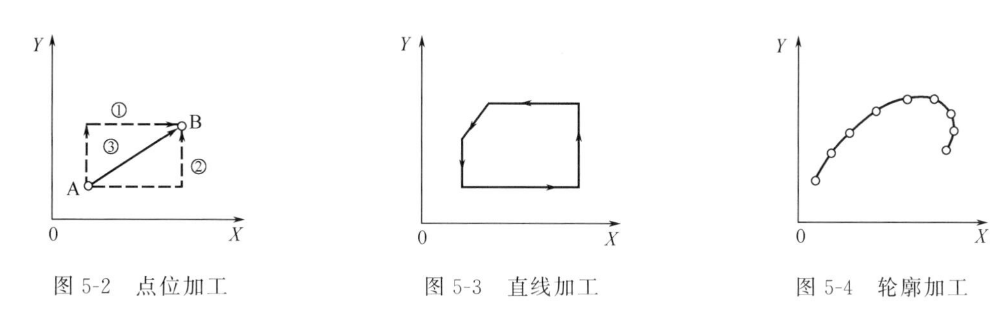

图 5-2　点位加工　　图 5-3　直线加工　　图 5-4　轮廓加工

轮廓控制数控机床有数控铣床、车床、磨床和加工中心等。

(三) 按伺服系统分类

1. 开环伺服系统

开环伺服系统没有位置检测装置如图 5-5(a)。CNC 装置将零件程序处理后，输出脉冲信号给驱动电路，驱动步进电机带动工作台运动。

2. 闭环伺服系统

闭环伺服系统装有位置检测装置，可检测移动部件的实际距离。CNC 的指令位置值与反馈的实际位置相比较，其差值控制电动机的转速，进行误差修正，直到位置误差消除。

3. 半闭环伺服系统

该系统与闭环系统的区别在于位置检测反馈信号不是来自工作台，而是来自与电机端或丝杠端连接的测量元件，系统的闭环回路中不包括工作台传动链，故称为半闭环系统。

图 5-5(b) 中实线部分为半闭环伺服系统，若再加上虚线部分环节，即可构成闭环伺服系统。

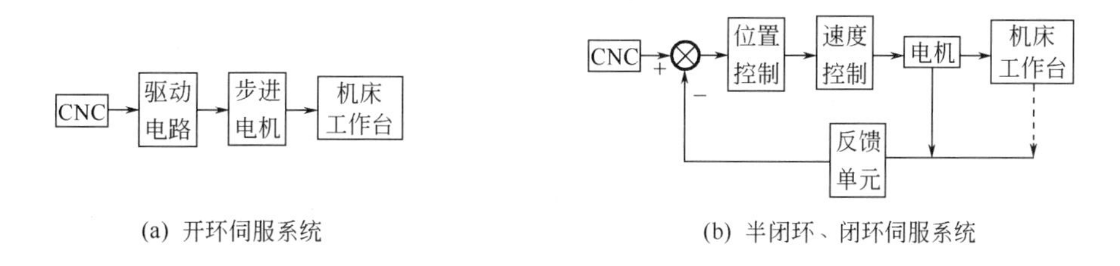

图 5-5　伺服驱动系统

(四) 按功能水平分类

按功能水平可以将数控系统分为高、中、低（经济型）三档。随着数控技术的发展，机床的精度和功能也在不断改善和提高，因而在不同时期内同一数控机床的档次也是不一样的，依据何种性能分类目前还不统一。通常从以下几个方面对数控机床的性能进行分类。

1. 分辨率和进给速度

分辨率为 10μm，进给速度为 8～15m/min 为低档；分辨率为 1μm，进给速度为 15～20m/min 为中档；分辨率为 0.1μm，进给速度为 15～100m/min 为高档。

2. 坐标联动功能

低档数控机床最多联动轴为 2～3 轴，中、高档则为 3～5 轴以上。

3. 伺服进给类型

低档数控机床大都采用开环步进电机进给系统，而中高档数控机床则采用闭环、半闭环直流伺服系统或交流伺服系统。

4. 通信功能

低档数控系统一般无通信功能；中档系统通常具有 RS232 或 DNC（直接数字控制）接口；高档系统则具有 MAP（制造自动化协议）通信接口，且有组网功能。

5. 显示功能

低档数控一般采用数码管显示或简单的 CRT 字符显示，而中高档数控则具有较齐全的 CRT 显示，可显示字符，甚至图形。高档数控还可有三维图形显示和模拟加工等功能。

6. 主 CPU 档次

低档数控一般采用 8 位、16 位 CPU。中高档数控则普遍采用 16 位以上的 CPU，目前较多使用的 CPU 为 32 位和 64 位。

此外，零件程序的输入方法，进给伺服性能和 PLC 功能也是衡量数控档次的标准。

三、数控机床的发展

（一）数控机床的发展过程

利用数字技术进行机械加工，是在 20 世纪 40 年代初由美国北密支安的一个小型飞机承包商派尔逊斯公司(Parsons Corporation)实现的。他们在制造飞机框架和直升机的机翼叶片时，利用全数字电子计算机对叶片轮廓的加工路线进行了数据处理，使加工精度有了较大提高。

1952 年，美国麻省理工学院成功地研制出一台三坐标联动试验型数控铣床，被公认为是第一台数控机床，当时采用的电子元件还是电子管。

1959 年，在数控系统中采用了晶体管元件，并出现了带自动换刀的数控机床，称为“加工中心”。数控系统发展到第二代。

1965 年，出现了小规模集成电路。由于它的体积小，功耗低，使数控系统的可靠性得到进一步提高，数控系统发展到第三代。

此时，数控系统的控制逻辑，均采用由硬件电路组成的专用计算机来实现，制成后不易改变，被称为硬件逻辑数控系统，由此系统构成的机床简称为 NC 机床。

1967 年，英国首先把几台数控机床联接成具有柔性的加工系统，这就是最初的 FMS（柔性制造系统）。之后不久美、日、德等国也相继进行了开发和生产。

1970 年，在美国芝加哥国际机床展览会上，首次展出了以小型计算机构成的数控系统，称为第四代数控系统。这种类型机床被称为计算机控制的数控机床（CNC 机床）。

1970 年前后，美国英特尔等公司开发和使用了微处理器。1974 年，美、日等国首先研制出以微处理器为核心的数控系统，这就是第五代数控系统（MNC）。

20 世纪 80 年代初，国际上出现了以加工中心为主体，再配上工件自动装卸和检测装置的 FMC（Flexible Manufacturing Cell 柔性制造单元）等。

（二）中国数控机床发展情况

中国从 1958 年开始研究数控技术，一直到 20 世纪 60 年代中期处于研制和开发时期。60 年代末研制成了 X53K-1G 数控铣床、CJK-18 数控系统。

20 世纪 70 年代开始，数控技术在车、铣、钻、镗、电加工等领域全面展开，数控加工中心也研制成功。但由于元器件的质量和制造工艺水平低，数控机床的可靠性、稳定性等没有得到很好解决，因此未能广泛推广。由于数控线切割机床的结构简单、使用方便以及产品更新加快、模具生产的复杂性和数量相应增加等因素，该类数控机床得到了广泛应用。

20世纪80年代，中国先后从日本、美国等国家引进了部分数控装置和数控技术，并进行了商品化生产。这些系统可靠性高，功能齐全，推动了国家数控机床的稳定发展，大大缩短了中国与国外数控机床在制造技术和伺服驱动技术等方面的差距。

（三）机床数控技术的发展趋势

随着机械制造技术、微电子技术、计算机技术、精密测量技术等相关技术的不断进步，当今数控机床正朝着高可靠性、高柔性化、高效率、高速度和自动化方向发展。

1. 高速度

提高生产率是数控技术追求的基本目标之一。要实现这个目标就要提高加工速度。现代数控系统尽可能快地采用新一代微处理器，并开始使用精简指令集成运算芯片RISC作为主CPU，进一步提高了数控系统的运算速度。

大规模、超大规模集成电路和多个微处理器的使用，以及与较强功能的可编程序控制器有机结合，使数控装置的生产效率大大提高。

精密制造技术、高性能交直流伺服电机和PWM、矢量控制等先进的伺服驱动技术使切削和主轴旋转速度得到进一步提高。

2. 高精度

为了提高加工精度，除了在优化结构设计，主轴箱、进给系统中采用低热胀系数材料，通入恒温油等措施外，控制系统方面还采取了如下几种措施。

① 提高位置检测精度，如采用高分辨率的脉冲编码器内装微处理器组成的细分电路。

② 为了改善伺服系统的响应特性，位置伺服系统中，采用前馈与非线性控制等方法。

③ 消除机床动、静摩擦的非线性导致爬行现象。除了采取措施降低静摩擦外，新型的数控伺服系统还具有自动补偿机械系统静、动摩擦非线性的控制功能。现代数控机床利用CNC数控系统的补偿功能，对伺服系统进行了多种补偿。

3. 高效率

现代数控机床上一般具有自动换刀、自动更换工件等机构，实现一次装夹，完成全部加工工序，减少了装卸刀具、工件及调整机床的辅助时间。同一台机床上不仅能实现粗加工，也能进行精加工，提高了机床的利用效率。现代数控机床一般采用更大功率的伺服系统，并选用新型的刀具，进一步提高切削速度，缩短加工时间。

加工中心（包括车削中心、磨削中心、电加工中心等）的出现，又把车、铣、镗、钻等类的工序集中到一台机床来完成，实现一机多能。一台具有自动换刀装置、自动交换工作台和自动转换立卧主轴头的镗铣加工中心，工件一次装夹后，不仅可以完成镗、铣、钻、铰、攻螺纹和检验等工序，而且还可以完成箱体件五个面粗、精加工的全部工序。

4. 高可靠性

数控机床能否发挥其高性能、高精度和高效率的作用，并获得良好的效益，关键取决于其可靠性。可靠性是数控机床质量的一项关键性指标。

提高数控机床可靠性的关键是提高数控系统的可靠性。新型的数控系统，大量采用大规模或超大规模的集成电路，采用专用芯片及混合式集成电路，提高了线路的集成度，减少了元器件的数量，降低了功耗，提高了可靠性。

现代数控机床采用CNC系统，只要改变软件或控制程序，就可以适应各类机床的不同要求。数控系统的硬件，制成多种功能模块，根据机床数控功能的需要，选择不同的模块，组成满意的数控系统。由于数控系统的模块化，通用化及标准化，便于组织批量生产，从而保证了产品质量，也便于用户维修和保养。

5. 良好的人机界面

大多数数控机床，都有很“友好”的人机界面。使用户在机床操作中，一目了然。借助CRT屏幕显示和键盘，可以实现程序的输入、编辑、修改和删除等功能。此外还具有前台操作，后台编辑的功能，并大量采用菜单选择操作方式，使操作越来越方便。

现代数控机床一般都具有软件、硬件的故障自诊断功能及保护功能。装有多种类型的监控和检测装置。如采用红外、超声、激光检测装置，对加工过程进行检测和监督。出现故障后，系统会给出故障的类型显示代码或文字说明。具有自动返回功能，加工过程中，如出现譬如刀具断裂等原因造成加工中断时，CNC系统可以将刀具位置储存起来。更换刀具后，只要重新输入刀具的数据，刀具就能自动地回到正确位置上，继续工作，而不使工件报废。

新型的数控系统中，还装入了小型的工艺数据库。在程序编制过程中可以根据机床性能，工件的材料及零件加工要求，自动选择最佳的刀具及切削用量。

新型数控系统还具有两维图形轨迹显示，或者三维彩色动态图形显示。

6. 制造系统自动化

近年来，以数控机床为主体的加工自动化已发展到FMC（Flexible Manufacturing Cell 柔性制造单元）、FMS（Flexible Manufacturing System 柔性制造系统）和FML（Flexible Manufacturing Line 柔性制造生产线）。结合信息管理系统的自动化，逐步向FA（Factory Automation 自动化工厂）和CIMS（Computer Integrated Manufacturing System 计算机集成制造系统）方向发展。

为了适应FMC、FMS以及进一步联网组成CIMS的通信要求。现代数控系统都具有RS232和RS422串行通信接口，高档数控系统还具有DNC（Direct Numerical Control 直接数字控制）接口，可实现上级计算机对多台数控系统的直接控制。为了适应自动化规模越来越大的要求和组成工业控制网络，数控系统的各生产厂家纷纷采用MAP（Manufacturing Automation Protocol 制造自动化协议），为数控系统进入FMS及CIMS创造条件。

第三节　轨迹插补原理

一、插补的基本概念

数控系统的核心问题，就是如何控制刀具或工件的运动。通常在零件程序中提供运动轨迹的参数有直线的起点及终点坐标，圆弧的起点及终点坐标以及圆弧走向（顺时针走向或逆时针走向）和圆心相对于起点的偏移量或圆弧半径。除了上述几何信息外，零件程序中还有所要求的轮廓进给速度和刀具参数等工艺信息。插补就是根据编程进给速度的要求，由数控系统实时地算出从轮廓起点到终点的各个中间点的坐标。即需要“插入、补上”运动轨迹各个中间点的坐标，这个过程称为“插补”。插补结果输出运动轨迹的中间点坐标值，伺服系统根据此坐标值控制各坐标轴协调运动，走出预定轨迹。

插补是实时性很高的工作，中间点坐标的计算时间直接影响系统的控制速度，计算精度也会影响整个机床的精度。因此，插补算法对整个CNC系统的性能指标至关重要，寻求一种简便有效的插补算法一直是努力目标。目前应用的插补算法可分为两大类：脉冲增量插补和数字采样插补。本书只介绍脉冲增量插补中的逐点比较法。

二、逐点比较插补法

逐点比较法的基本思想是被控制对象在按要求的轨迹运动时，每走一步都要和规定轨迹比较一下，由比较结果决定下一步移动的方向。走步方向总是向着逼近给定轨迹的方向，每次只在一个方向上进给。

逐点比较法既可以作直线插补又可以作圆弧插补，这种算法的特点是，运算直观，插补误差小于一个脉冲当量，输出脉冲均匀，而且输出脉冲的速度变化小，调节方便，因此在两坐标数控机床中应用较为普遍。

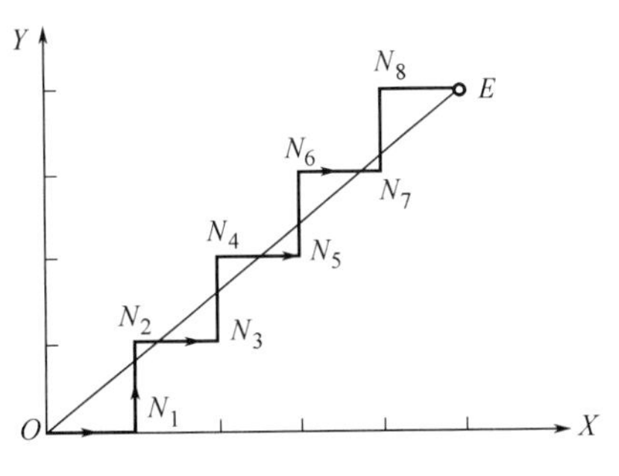

图 5-6 逐点比较插补法轨迹

图 5-6 所示的被加工零件轮廓上有一直线段 OE，利用逐点比较法对之进行插补。X 轴和 Y 轴上的每一段是伺服系统可能进给的最小距离（也即分辨率，步进电机伺服系统中就是一个脉冲当量）。

起点坐标为原点，根据逐点比较法插补的原理，先在 X 方向进给一步到 N_1 点；将实际轨迹同规定的轨迹比较可见，下一步应该 Y 方向进给一步向逼近给定轨迹的方向移动，实际坐标在 N_2 点；依此方法运动直到终点坐标 E 点，坐标运动（插补）结束。

由上可见，每进给一步都要经过以下四个工作步骤。

（1）偏差判别　判别加工点的当前位置与给定轮廓的偏离情况，决定刀具进给方向。

（2）坐标进给　根据偏差判别结果，控制刀具相对于工件轮廓进给一步，即向给定的轮廓靠拢，减小偏差。

（3）偏差计算　进给一步后，加工点的位置已改变，计算出新加工点的偏差，作为下次偏差判别的依据。

（4）终点判别　进给一步后，应判别加工点是否已运动到轮廓线段的终点，若到达终点，则停止插补；若还未到达终点，再继续插补；直至到达终点。

由上述可见，当加工点不在直线上时，插补使加工点向靠近直线的方向移动，从而减小了插补误差；当加工点正好处于直线上时，插补使加工点离开直线。插补一次，加工点最多沿坐标轴走一步，所以逐点比较法插补是根据加工点与被加工轨迹之间的相对位置来确定运动方向的。

直线和圆弧是构成工件轮廓的基本线条，CNC 装置都具有直线和圆弧的插补功能，档次较高的 CNC 装置还具有抛物线和螺旋线插补功能。这里只讨论直线和圆弧的插补算法。

（一）直线插补

由前述可知，坐标进给取决于加工点位置与实际轮廓曲线之间偏离位置的判别，即偏差判别。偏差判别是依据偏差计算的结果进行的，因此，问题的关键是选取什么计算参数作为能反映偏离位置情况的偏差，以及如何进行偏差计算。

1. 偏差判别函数

设在零件上加工一条位于 XOY 平面的第一象限内的直线 OE。起点为坐标原点，终点为 E（X_E，Y_E），如图 5-7 所示。直线 OE 与 X 轴的夹角为 α，设某一时刻的动点为 A（X_A，Y_A），直线起点到动点的连线 OA 与 X 轴的夹角为 β。

若动点 A 位于直线 OE 上，根据直线方程应满足关系 $Y_A/X_A=Y_E/X_E$，即 X_EY_A-

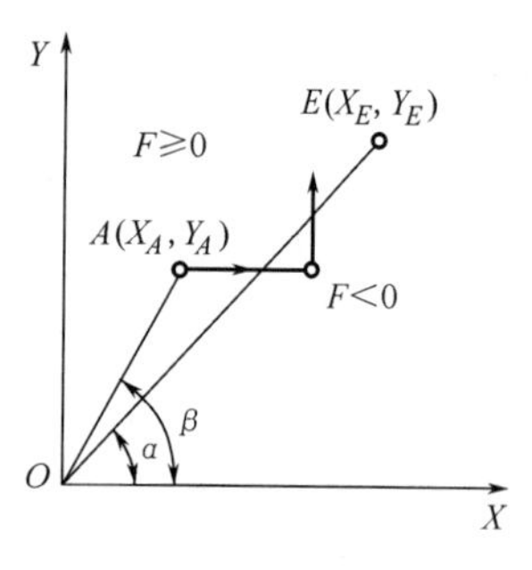

图 5-7　直线插补偏差判别区域

$Y_E X_A = 0$。

若动点 A 位于直线 OE 上方，则应有 $\alpha < \beta$，即 $Y_A/X_A > Y_E/X_E$，也即 $X_E Y_A - Y_E X_A > 0$。

若动点 A 在直线 OE 下方，则应有 $\alpha > \beta$，即 $Y_A/X_A < Y_E/X_E$，也即 $X_E Y_A - Y_E X_A < 0$。

选择偏差判别函数 F 为

$$F = X_E Y - Y_E X \tag{5-1}$$

其中，X，Y 为第一象限内任一动点坐标，于是

$F=0$ 表示加工点在直线上。

$F>0$ 表示加工点位于直线上方。

$F<0$ 表示加工点位于直线下方。

2. 进给方向

当 F 不等于零时，说明加工点不在规定直线上，出现了偏差，为了消除偏差，下一步必须向逼近直线的方向进给一步。当 F 等于零时，若加工还未到达终点，也应继续进给，故对于第一象限的直线插补可作如下规定：

当 $F \geqslant 0$ 时，向 X 轴正方向进给一步；

当 $F<0$ 时，向 Y 轴正方向进给一步。

3. 偏差计算

插补过程中每走一步都要计算一次新的偏差，如按 $F = X_E Y - Y_E X$ 直接进行计算，不仅要进行乘法运算，还要计算新的坐标值，不够简单。为了使插补计算更容易实现，可将偏差判别函数进行适当换算，将乘法化成加减法运算。为此，可采用递推法。

设经第 i 次插补后，动点（X_i，Y_i）的 F 值为 F_i

$$F_i = X_E Y_i - Y_E X_i$$

若向 +X 方向进给一步，则

$$X_{i+1} = X_{i+1}, Y_{i+1} = Y_i$$

$$F_{i+1} = X_E Y_{i+1} - X_{i+1} Y_E = X_E Y_i - (X_i + 1) Y_E = F_i - Y_E \tag{5-2}$$

若向 +Y 方向进给一步，则

$$X_{i+1} = X_i,\ Y_{i+1} = Y_i + 1$$

$$F_{i+1} = X_E Y_{i+1} - X_{i+1} Y_E = X_E (Y_i + 1) - X_i Y_E = F_i + X_E \tag{5-3}$$

式(5-2) 和式(5-3) 中只有加减运算，而且不必计算坐标值。由于加工起点位于坐标原点，故起点的偏差为零，即 $F_0 = 0$。这样，随着加工点的前进，每一新加工点的偏差 F_{i+1} 都可由前一点的偏差 F_i 和终点坐标相加或相减得到。

4. 终点判别

每进给一步都要进行终点判别，以确定是否到达终点。常采用以下两种方法。

① 总步长法　求出直线段在 X 和 Y 两个坐标方向应走的总步数 $\Sigma = |X_E| + |Y_E|$，每进给一步时均在 Σ 中减 1，当减至零时，停止插补，到达终点。

② 终点坐标法　设置 Σ_1、Σ_2 两个减法计数器，在加工开始前，在 Σ_1、Σ_2 计数器中分别存入终点坐标值 X_E 和 Y_E。X 或 Y 坐标方向每进给一步时，就在相应的计数器中减去 1，直到两个计数器中的数都减为零时，停止插补，到达终点。

5. 直线插补的计算流程

逐点比较法第一象限直线插补的计算流程可归纳为图 5-8 所示。

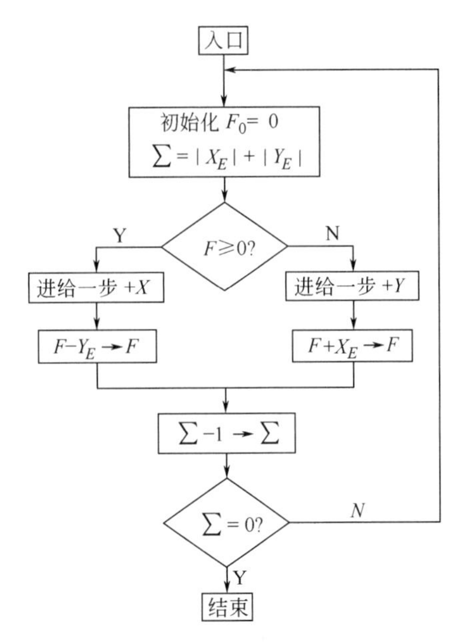

图 5-8　第一象限直线插补流程图

【例 5-1】 设欲加工第一象限直线 OE，起点坐标为原点，终点坐标为 $X_E=5$，$Y_E=3$，试进行插补计算并画出轨迹图。

【解】 开始时刀具的起点坐标位于直线上，故 $F_0=0$。终点判别采用总步长法，故初始时 $\sum=|X_E|+|Y_E|=5+3=8$。

计算过程如表 5-1 所示，每进给一步 $\sum$ 减 1，直到 $\sum=0$，停止插补。插补轨迹如图 5-9 所示。

6. 象限处理

前面讨论的为第一象限直线的插补方法。对于四个象限的直线插补，规定在偏差计算时，无论哪个象限直线，都用其坐标的绝对值计算。由此，可得的偏差符号如图 5-10 所示。当动点位于直线上时偏差 $F=0$，动点不在直线上，且偏向 Y 轴一侧时 $F>0$，偏向 X 轴一侧时 $F<0$。当 $F\geqslant 0$ 时应沿 X 轴走步，第一、四象限走 $+X$ 方向，第二、三象限走 $-X$ 方向；当 $F<0$ 时应沿 Y 轴走一步，第一、二象限走 $+Y$ 方向，第三、四象限走 $-Y$ 方向。终点判别也应用终点坐标的绝对值作为计数初值。

表 5-1　直线插补计算过程

步数	插补步骤			
	偏差判别	进给	偏差计算	终点判别
1	$F_0=0$	$+X$	$F_1=F_0-Y_E=0-3=-3$	$\sum_1=\sum_0-1=8-1=7\neq 0$
2	$F_1=-3<0$	$+Y$	$F_2=F_1+X_E=-3+5=2$	$\sum_2=\sum_1-1=7-1=6\neq 0$
3	$F_2=2>0$	$+X$	$F_3=F_2-Y_E=2-3=-1$	$\sum_3=\sum_2-1=6-1=5\neq 0$
4	$F_3=-1<0$	$+Y$	$F_4=F_3+X_E=-1+5=4$	$\sum_4=\sum_3-1=5-1=4\neq 0$
5	$F_4=4>0$	$+X$	$F_5=F_4-Y_E=4-3=1$	$\sum_5=\sum_4-1=4-1=3\neq 0$
6	$F_5=1>0$	$+X$	$F_6=F_5-Y_E=1-3=-2$	$\sum_6=\sum_5-1=3-1=2\neq 0$
7	$F_6=-2<0$	$+Y$	$F_7=F_6+X_E=-2+5=3$	$\sum_7=\sum_6-1=2-1=1\neq 0$
8	$F_7=3>0$	$+X$	$F_8=F_7-Y_E=3-3=0$	$\sum_8=\sum_7-1=1-1=0$,结束

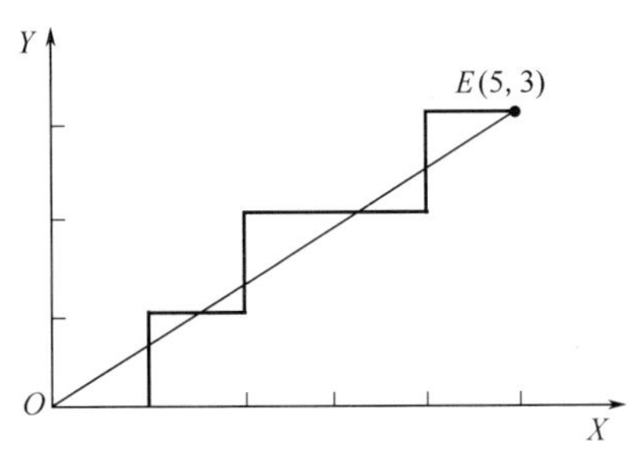

图 5-9　直线插补轨迹

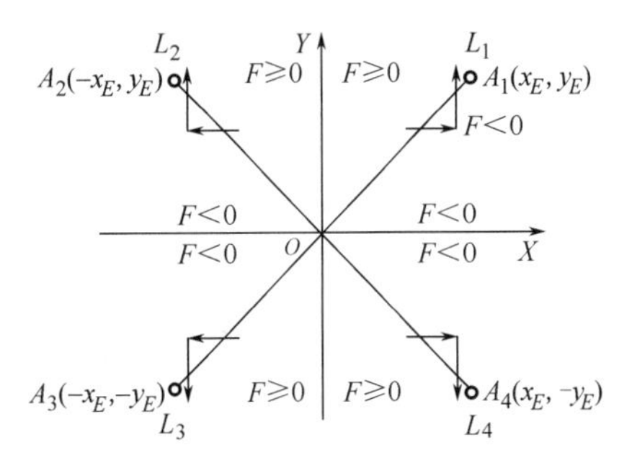

图 5-10　四个象限直线偏差符号和进给方向

（二）圆弧插补

1. 偏差计算公式

逐点比较插补法进行圆弧加工时，一般以圆心为原点，给出圆弧起点坐标和终点坐标。下面以第一象限逆圆为例，讨论圆弧插补的偏差计算公式。图 5-11 中，已知圆弧的起点 A（X_A，Y_A），终点 B（X_B，Y_B），圆弧半径为 R。

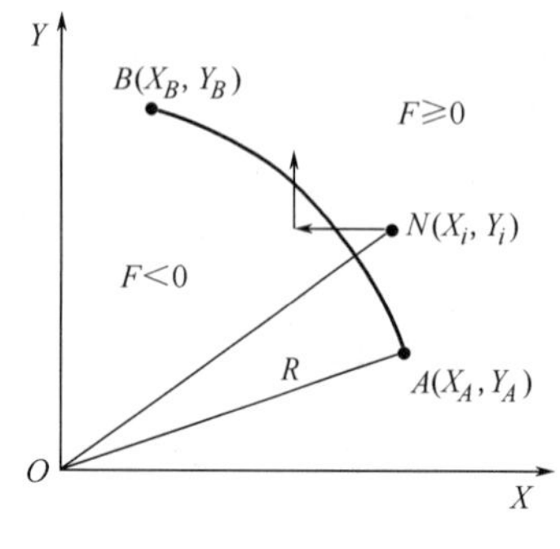

图 5-11　逆圆插补偏差判别区域

设任一动点坐标为（X_i，Y_i），若其位于圆弧上，则下式成立

$$(X_i^2+Y_i^2)-R^2=0$$

选择判别函数 F 为

$$F=(X^2+Y^2)-R^2 \tag{5-4}$$

其中 X 和 Y 为第一象限内任一动点坐标。根据动点所在区域不同，有下列三种情况

$F>0$ 动点在圆弧外

$F=0$ 动点在圆弧上

$F<0$ 动点在圆弧内

2. 进给方向

为了使加工点逼近圆弧，对第一象限逆圆的圆弧插补进给方向规定如下。

当 $F\geqslant 0$ 时，动点在圆上或圆外，向 $-X$ 方向进给一步。

当 $F<0$ 时，动点在圆内，向 $+Y$ 方向进给一步。

每走一步后，计算一次判别函数，作为下一步进给的依据，就可以实现第一象限逆时针方向的圆弧插补。

由于偏差判别函数中有平方计算，故可采用递推方法进行简化。设经第 i 次插补后动点 N（X_i，Y_i）的 F 值为 F_i，则

$$F_i=(X_i^2+Y_i^2)-R^2$$

若 $F\geqslant 0$，应沿 $-X$ 方向进给一步，则有

$$X_{i+1}=X_i-1,\ Y_{i+1}=Y_i$$

$$\begin{aligned}F_{i+1}&=(X_{i+1}^2+Y_{i+1}^2)-R^2=(X_i-1)^2+Y_i^2-R^2\\&=F_i-2X_i+1\end{aligned} \tag{5-5}$$

若 $F<0$，应向 $+Y$ 方向进给一步，则有

$$X_{i+1}=X_i,Y_{i+1}=Y_i+1$$

$$\begin{aligned}F_{i+1}&=(X_{i+1}^2+Y_{i+1}^2)-R^2=X_i^2+(Y_i+1)^2-R^2\\&=F_i+2Y_i+1\end{aligned} \tag{5-6}$$

由此可看出，新加工点的偏差可由前一点的偏差及前一点的坐标计算得到，式中只有乘 2 运算和加减运算，避免了平方运算。而起始点的坐标和加工偏差是已知的，所以新加工点的偏差总可以根据前一点计算得到。

3. 终点判别

终点判别可采用与直线插补相同的方法。

4. 插补计算过程

由上可见，圆弧插补也存在偏差计算和偏差判别，只是其偏差计算不仅与前一点偏差有关，还与前一点的坐标值相关；故在计算偏差的同时，还应算出该点的坐标值，以便计算下一点偏差。

【例 5-2】 设 AB 为第一象限逆圆弧，起点坐标为 $A(4, 3)$，终点坐标为 $B(0, 5)$，用逐点比较法进行插补计算，并给出轨迹图。

【解】 开始时刀具的起点坐标位于圆弧上，故 $F_0=0$。终点判别采用总步长法，故初始时 $\sum=|4-0|+|5-3|=4+2=6$。

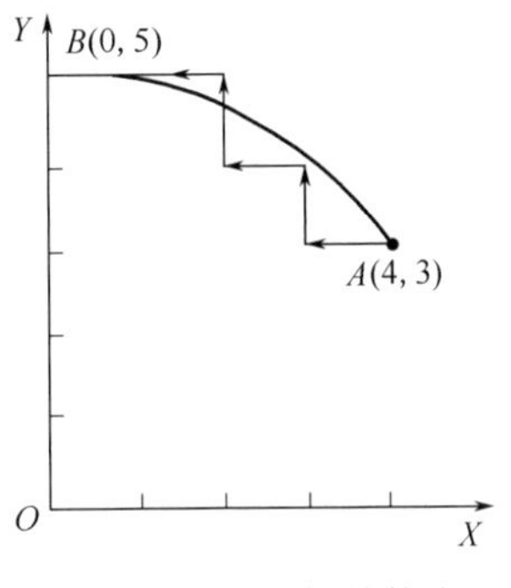

图 5-12　圆弧插补轨迹

计算过程如表 5-2 所示，每进给一步 $\sum$ 减 1，直到 $\sum=0$，停止插补。插补轨迹如图 5-12 所示。

表 5-2　圆弧插补计算过程

步数	插补步骤				
	偏差判别	进给	偏差计算	坐标计算	终点判别
1	$F_0=0$	$-X$	$F_1=F_0-2X_0+1$ $=0-2\times4+1=-7$	$X_1=4-1=3$ $Y_1=3$	$\sum_1=\sum_0-1=6-1=5\neq0$
2	$F_1=-7<0$	$+Y$	$F_2=F_1+2Y_1+1$ $=-7+2\times3+1=0$	$X_2=3$ $Y_2=3+1=4$	$\sum_2=\sum_1-1=5-1=4\neq0$
3	$F_2=0$	$-X$	$F_3=F_2-2X_2+1$ $=0-2\times3+1=-5$	$X_3=3-1=2$ $Y_3=4$	$\sum_3=\sum_2-1=4-1=3\neq0$
4	$F_3=-5<0$	$+Y$	$F_4=F_3+2Y_3+1$ $=-5+2\times4+1=4$	$X_4=2$ $Y_4=4+1=5$	$\sum_4=\sum_3-1=3-1=2\neq0$
5	$F_4=4>0$	$-X$	$F_5=F_4-2X_4+1$ $=4-2\times2+1=1$	$X_5=2-1=1$ $Y_5=5$	$\sum_5=\sum_4-1=2-1=1\neq0$
6	$F_5=1>0$	$-X$	$F_6=F_5-2X_5+1$ $=1-2\times1+1=0$	$X_6=1-1=0$ $Y_6=5$	$\sum_6=\sum_5-1=1-1=0$

5. 象限处理

以上是第一象限逆圆弧插补的偏差计算函数和进给方向。对于不同象限及不同圆弧走向的圆弧插补，其偏差计算公式和进给方向都不同。例如用逐点比较法对图 5-13 所示的顺时针圆弧进行插补。圆弧起点为 A，终点为 B，显然当动点在圆弧外侧时，即 $F\geqslant0$ 应向圆内进给一步 $-Y$；若动点在圆弧内侧，则应向圆外进给一步 $+X$。得第一象限顺圆偏差判别函数。

若 $F\geqslant0$，进给一步 $-Y$

$$Y_{i+1}=Y_i-1, X_{i+1}=X_i$$

$$F_{i+1}=(X_{i+1}^2+Y_{i+1}^2)-R^2=(Y_i-1)^2+X_i^2-R^2$$

$$=F_i-2Y_i+1 \tag{5-7}$$

若 $F<0$，进给一步 $+X$

$$X_{i+1}=X_i+1, Y_{i+1}=Y_i$$

$$F_{i+1}=(X_{i+1}^2+Y_{i+1}^2)-R^2=(X_i+1)^2+Y_i^2-R^2$$

$$=F_i+2X_i+1 \tag{5-8}$$

比较式(5-7)、式(5-8)与式(5-5)、式(5-6)可见，对于第一象限逆圆和顺圆的插补，不仅当 $F\geqslant0$ 或 $F<0$ 时的进给方向不同，而且插补偏差计算公式中的动点坐标也不同。

在一个坐标平面内，由于圆弧所在象限不同，顺逆不同，圆弧插补可分成 8 种情况。分别用 SR_1、SR_2、SR_3、SR_4 表示四个象限的顺圆弧，用 NR_1、NR_2、NR_3、NR_4 表示四个象限的逆圆弧。进给方向如图 5-14 所示，偏差计算公式如表 5-3 所示。同直线插补时一样，各象限坐标值均取绝对值。

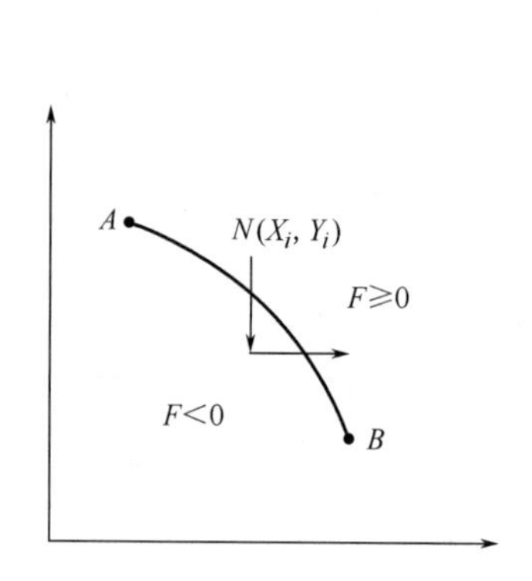

图 5-13　第一象限顺圆弧

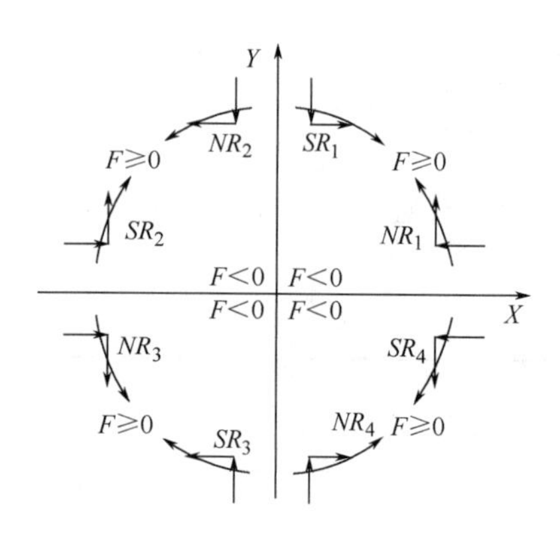

图 5-14　四个象限圆弧插补进给方向

表 5-3　圆弧插补计算公式和进给方向

偏差符号 $F\geqslant0$			偏差符号 $F<0$		
圆弧线型	进给方向	偏差及坐标计算	圆弧线型	进给方向	偏差及坐标计算
SR_1、NR_2	$-Y$	$F_{i+1}=F_i-2Y_i+1$	SR_1、NR_4	$+X$	$F_{i+1}=F_i+2X_i+1$
SR_3、NR_4	$+Y$	$X_{i+1}=X_i,Y_{i+1}=Y_i-1$	SR_3、NR_2	$-X$	$X_{i+1}=X_i+1,Y_{i+1}=Y_i$
NR_1、SR_4	$-X$	$F_{i+1}=F_i-2X_i+1$	NR_1、SR_2	$+Y$	$F_{i+1}=F_i+2Y_i+1$
NR_3、SR_2	$+X$	$X_{i+1}=X_i-1,Y_{i+1}=Y_i$	NR_3、SR_4	$-Y$	$X_{i+1}=X_i,Y_{i+1}=Y_i+1$

第四节　数控系统的构成

一、CNC 系统的组成

计算机数控系统（简称 CNC 系统）是用计算机通过执行其存储器内的程序来完成数控要求的部分或全部功能，并配有接口电路、伺服驱动的一种专用计算机系统。它根据输入的加工程序（或指令），由计算机进行插补运算，形成理想的运动轨迹。插补计算出的位置和运行速度数据输出到伺服单元，控制电动机带动执行机构，加工出所需要的零件。

计算机数控是在硬件数控的基础上发展起来的，部分或全部控制功能是通过软件实现的，只需更改相应的控制程序，即可改变其控制功能，而无需改变硬件电路。因而，CNC 系统有很好的通用性和灵活性，即所谓的“柔性”。

CNC 系统通常由程序、输入输出设备、计算机数字控制装置（CNC 装置）、可编程控制器（PLC）、主轴驱动和进给驱动装置等组成，如图 5-15 所示。

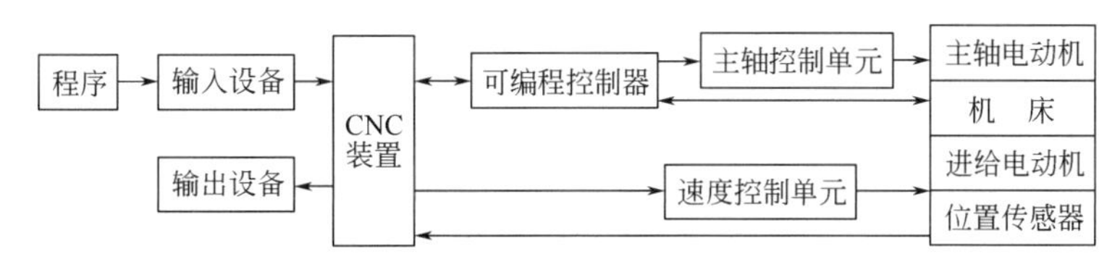

图 5-15　CNC 系统框图

1. 输入

CNC 系统对机床进行自动控制所需的各种外部控制信息及加工数据都是通过输入设备送入 CNC 装置的存储器中，作为控制的依据。输入 CNC 装置的信息有零件加工程序、控制参数及补偿数据等。目前常用的输入方式有键盘输入、磁盘输入、接口输入。CNC 装置的加工参数、零件程序和机床执行状态等控制信息通过输出设备打印和显示。常用的输出方式有数码管、CRT、液晶单元和打印机等。

2. 数控机床用可编程控制器

数控机床的控制在数控侧（即 NC 侧）有各坐标轴的运动控制和机床侧（即 MT 侧）各种执行机构的逻辑顺序控制。可编程序控制器处于 NC 和 MT 之间，对 NC 和 MT 的输入、输出信息进行处理，用软件实现机床侧的控制逻辑。亦即用 PLC 程序代替以往用继电器实现 M、S、T 功能的控制及译码。采用 PLC 提高了 CNC 系统的灵活性、可靠性和利用率，并使结构更加紧凑。

3. 驱动装置

驱动装置由执行元件（如步进电动机、交/直流伺服电动机）和相应的控制电路组成，包括机床的主驱动和进给驱动。驱动装置接受来自 CNC 装置的位置指令脉冲或速度控制指令，由控制单元控制电动机，按指令要求驱动机床相关的运动部件，以指定速度进行位置移动或转动。

4. CNC 装置

CNC 装置由硬件和软件组成。硬件由微处理器、存储器、位置控制、输入输出接口组成。软件则由系统软件和应用软件组成。软件在硬件的支持下运行，离开软件，硬件便无法工作。在系统软件的控制下，CNC 装置对输入的加工程序自动进行处理并发出相应的控制指令及驱动控制信号。

二、CNC 装置的硬件结构

CNC 装置的硬件结构一般分为单微处理器结构和多微处理器结构两大类。

从硬件结构上看，最初的 CNC 和某些经济型 CNC 采用单微处理器系统，随着微机技术的飞速发展，现在所生产的标准型数控系统几乎全是多微处理器系统。这是因为机械制造技术的发展，对数控机床提出了复杂的功能、高进给速度和高加工精度的要求，以及要适应 FMS、CIMS 等更高层次的要求，单微处理器系统很难满足这样高的要求。因此，多微处理器结构得到迅速发展，是当今数控系统的主流。

（一）单微处理器数控系统的结构

单微处理器数控系统以一个微处理器（CPU）为核心，CPU 通过总线与存储器以及各种接口相连接，采取集中控制，分时处理的工作方式，完成数控加工中各个任务。某些 CNC 装置虽然有两个以上的微处理器（如做浮点运算的协处理器，以及管理键盘的 CPU

等），但只有一个微处理器能控制总线，其他的 CPU 只是附属的专用智能部件，不能控制总线和访问主存储器，它们组成主从结构，仍被归类为单微处理器结构。图 5-16 为单微处理器数控系统结构框图。

单微处理器结构的 CNC 装置由计算机部分、位置控制部分、数据的输入/输出及各种接口和外围设备等组成。微型计算机系统的基本结构包括微处理器、总线、I/O 接口、存储器、串行接口等。微处理器通过 I/O 接口和各个功能模块相连。此外数控系统还必须有控制单元部件和接口电路，如位置控制单元、可编程控制器、主轴控制单元、MDI（手动数据输入）和 CRT 控制接口，以及其他部件接口等。

（二）多微处理器结构

多微处理器 CNC 装置中，由两个或两个以上的微处理器来构成处理部件和功能模块。处理部件、功能模块之间有紧耦合和松耦合两种方式。采用紧耦合时，各微处理器构成的处理部件和功能模块有集中的操作系统，资源共享；采用松耦合时，功能模块间有多重操作系统，能有效地实现并行处理。

CNC 系统的多微处理器结构方案多种多样，随着计算机系统结构的发展而变化。多微处理器互连方式有共享总线、共享存储器等。结构设计常采用模块化技术，可根据具体情况合理划分功能模块。一般包括以下几种模块。

（1）CNC 管理模块　执行管理和组织整个 CNC 系统工作的功能模块。如系统的初始化、中断管理、总线裁决、系统出错的识别和处理、系统软硬件诊断等。

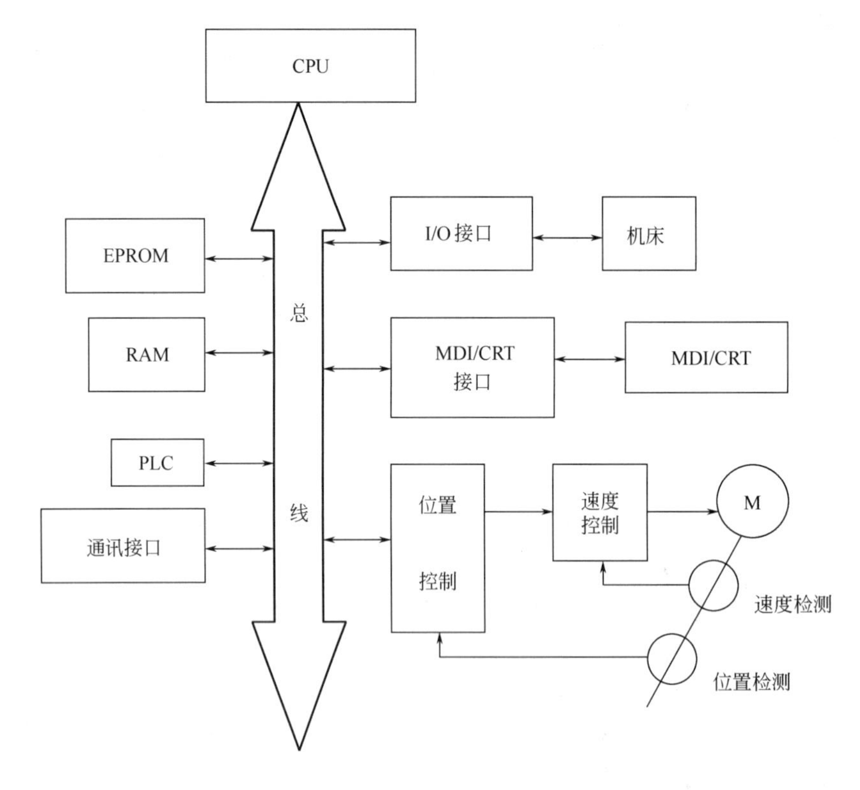

图 5-16　单微处理器数控系统结构框图

（2）CNC 插补模块　该模块完成零件程序译码、刀具半径补偿、坐标位移量计算和进给速度处理等插补前的预处理，然后进行插补计算，为各坐标轴提供位置给定值。

(3) 位置控制模块 插补后的坐标位置给定值与位置检测元件测量的实际值进行比较，并进行自动加减速和回基准点等处理，最后得到速度控制的模拟电压，去驱动进给电机。

(4) PLC 模块 对零件程序中的开关功能和来自于机床的信号在这个模块中作逻辑处理，实现各功能和操作方式之间的联锁，如机床电气设备的启、停，刀具交换，转台分度，工件数量和运转时间的计数等。

(5) 人机接口模块 零件的加工程序、参数和数据及各种操作命令的输入输出，打印、显示所需要的各种接口电路。

(6) 存储器模块 程序和数据的主存储器，或功能模块间数据传送的共享存储器。

图 5-17 是一个共享总线的多 CPU 结构 CNC 装置的组成框图。按照功能，将系统划分为若干功能模块。带有 CPU 的称为主模块，不带 CPU 的称为从模块。所有主从模块都挂在总线上，通过共享总线把各个模块有效地连接在一起，按照要求交换各种数据和信息，组成一个完整的多任务实时操作系统。

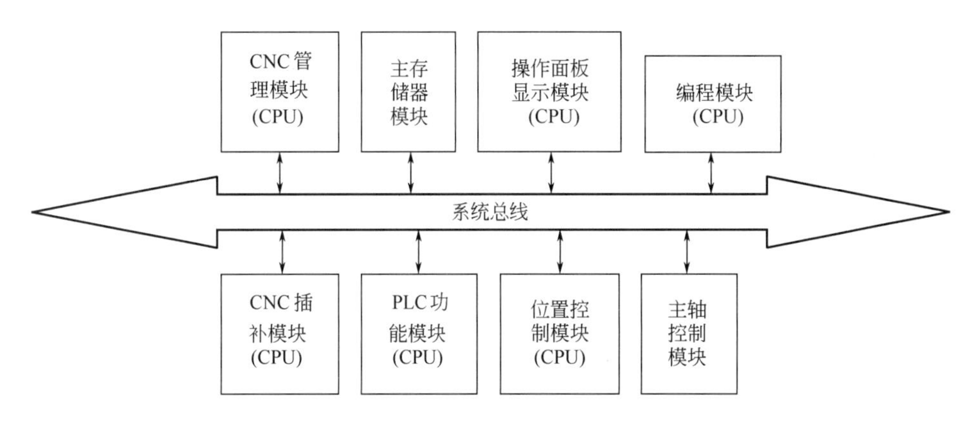

图 5-17 多 CPU 共享总线 CNC 装置结构框图

三、CNC 装置的软件结构

(一) CNC 装置软件组成

CNC 装置的软件是为了实现 CNC 系统的各项功能而编制的专用软件，称为系统软件。随着微机技术的高度发展，数控系统的硬件设计变得相对简单。因此，CNC 数控系统的软件成为决定系统性能的关键。不同的 CNC 系统，其功能和控制方案不同，因而在系统的软件结构和规模上差别较大。

系统软件由管理软件和控制软件两部分组成，如图 5-18所示。管理软件一般又称为监控软件，其作用是进行系统状态监测，并提供基本操作管理；控制软件的作用是根据用户编制的加工程序，控制机床运行。

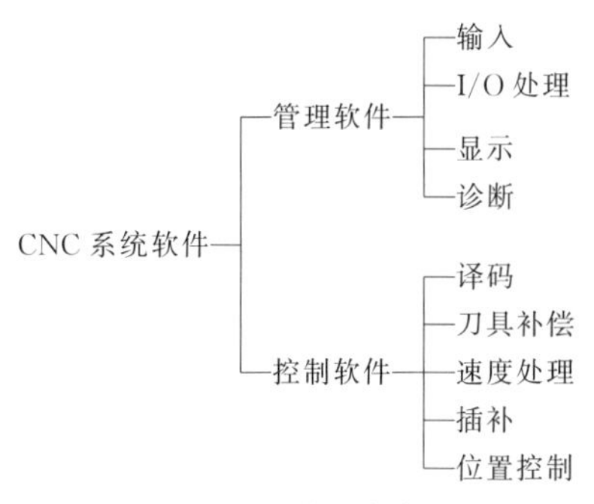

图 5-18 CNC 装置软件的组成

(二) CNC 系统软硬件的界面

CNC 装置由硬件和软件组成，它们共同完成机床加工中所要求的各项功能。系统硬件是软件运行的基础，是必不可少的，应尽可能适应控制软件运行的需要。数控系统的“软件、硬件界面”中的软件是指控制功能由计算机执行程序完成，而硬件是指控制功能由外围控制线路完成。在数字信号处理方面，软件和硬件在逻辑上是等价的，由硬件能完成的工作，原则上也可以由软件完成。硬件处理速度快，但造价高，线路复杂，故障率较高；软件设计灵活，适应性强，但处理速度慢。因此在CNC系统中，软硬件的分工由性能价格比决定。

早期的NC装置中，数控系统的全部工作都是由硬件来完成。随着数控系统中使用了计算机，构成了计算机数控（CNC）系统，软件完成了许多数控功能。随着微机性能价格比的进一步提高，微机成为数控系统中信息处理的主角。图5-19为三种典型CNC系统的软硬件界面关系。第一种情况是由软件完成输入及插补前的准备，硬件完成插补和位控；第二种情况则是由软件完成输入、插补准备、插补及位控的全部工作；第三种情况由软件负责输入、插补前的准备及插补，硬件完成位置的控制。

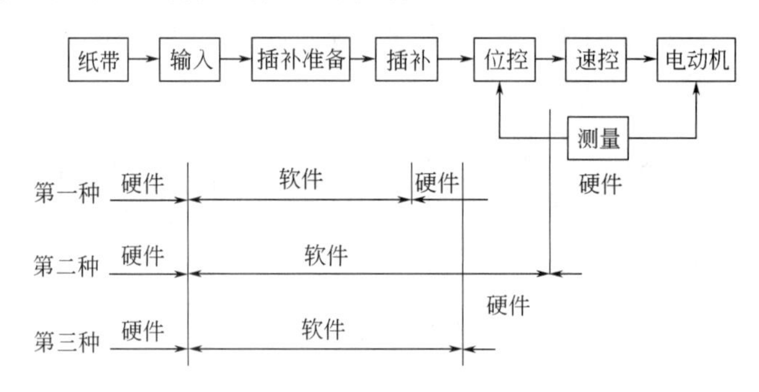

图5-19　三种典型的软硬件界面

（三）CNC装置的软件结构

软件结构与硬件结构紧密相关，通常取决于CNC装置软件和硬件的分工。CNC有两种类型的软件结构：一种是前后台型结构，另一种是中断型结构。

（1）前后台型结构　整个软件分为前台程序和后台程序。前者是一个中断服务程序，实现插补、位控及机床相关逻辑等实时功能；后者实现输入译码、数据处理及管理等功能，是一个循环运行程序。

在后台程序循环运行的过程中，前台的实时中断程序不断插入，二者密切配合，共同完成零件加工程序。如图5-20所示，程序一经启动，经过初始化程序后，便进入后台程序循环，依次轮流处理各项任务。对于系统中一些实时性很强的任务则按优先级排队，分别放在不同中断优先级上，环外的任务可以随时中断环内各任务的执行。执行完一次实时中断服务程序后返回后台程序，如此循环往复，共同完成数控的全部功能。

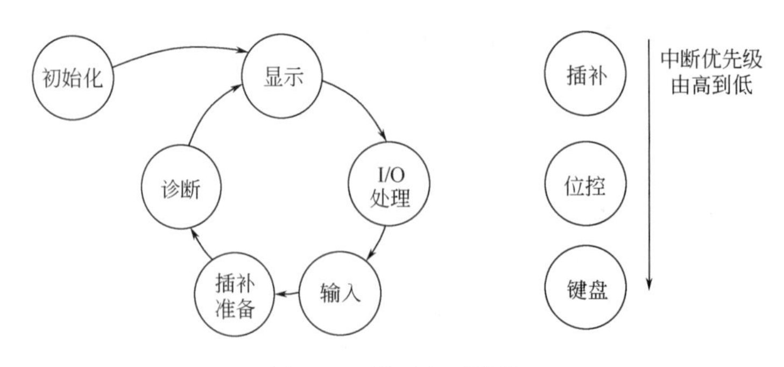

图5-20　前后台型结构

（2）中断型结构　中断型软件结构的特点是除了初始化程序之外，整个系统软件的各种功能子程序均被安排在级别不同的中断服务程序中，整个软件是一个大中断系统。通过各级中断程序之间的通信实现管理功能。

第五节　数控系统的接口

计算机数控系统（简称数控系统）的接口是数控装置与数控系统的功能部件（主轴模块、进给伺服模块、PLC 模块等）和机床进行信息传递、交换和控制的端口。接口电路的作用：①电平转换和功率放大。数控装置的信号是 TTL 逻辑电路产生的电平，而控制机床的信号则不一定是 TTL 电平，且负载较大，因此，要进行必要的信号电平转换和功率放大。②提高数控装置的抗干扰性能，防止外界的电磁干扰噪声而引起误动作。

接口包括输入接口和输出接口。输入接口接收机床操作面板的各开关信号及数控系统各个功能模块的运行状态信号；输出接口是将各种机床工作状态灯的信息送至机床操作面板上显示，将控制机床辅助动作信号送至电气控制柜，从而控制机床主轴单元、刀库单元、液压及气动单元、冷却单元等部件的继电器和接触器。

本节重点介绍西门子 802C base line 和华中 HNC-21 数控装置的接口定义以及数控装置与外部部件的连线等内容，使读者了解数控机床控制系统的基本构成。

一、西门子 802C 数控系统接口

SINUMERIK 802C base line 系统是西门子公司专为简易数控机床开发的集 CNC、PLC 于一体的经济型控制系统。近年来在国产经济型、普及型数控机床上得到使用。SIEMENS 802 系列数控系统的共同特点是结构简单、体积小、可靠性高，可以进行 3 轴控制/3 轴联动；系统带有±10V 的主轴模拟量输出接口，可以连接具有模拟量输入功能的主轴驱动系统。802S 系列采用步进电动机驱动，802C 系列采用交流伺服电动机驱动。

802S/C base line 系统由 LCD 显示单元、NC 键盘、机床操作面板单元（MCP）、NC 控制单元、DI/O（PLC 输入/输出单元）、以及驱动系统等部分组成。

1. 西门子 SINUMERIK 802C 数控系统连接

图 5-21 为 SINUMERIK 802C base line CNC 控制器与伺服驱动器 SIMODRIVE 611U 和 1FK7 伺服电动机的连接框图。图中，X1 为电源接口（DC24V），X2 为 RS232 接口，X3～X6 为编码器接口，X7 为驱动器接口（AXIS），X10 为手轮接口（MPG），X100～X105 用于连接数字输入，X200、X201 用于连接数字输出。

2. 西门子 SINUMERIK 802C base line 数控系统的接口

西门子 SINUMERIK 802C base line 数控系统的接口布置参见图 5-22。

（1）X1　电源接口（DC24V）。3 芯螺钉端子块，用于连接 24V 负载电源。

（2）X2　RS232 接口，9 芯 D 型插座。

数据通信（使用 WINPCIN 软件）或编写 PLC 程序时，使用 RS232 接口，如图 5-23 所示。

（3）编码器接口 X3～X6　四个 15 芯 D 型孔插座，用于连接增量式编码器。X3～X5 仅用于 SINUMERIK 802C base line 编码器接口；X6 在 802C base line 中作为编码器 4 接口，在 802S base line 中作为主轴编码器接口使用，见表 5-4。

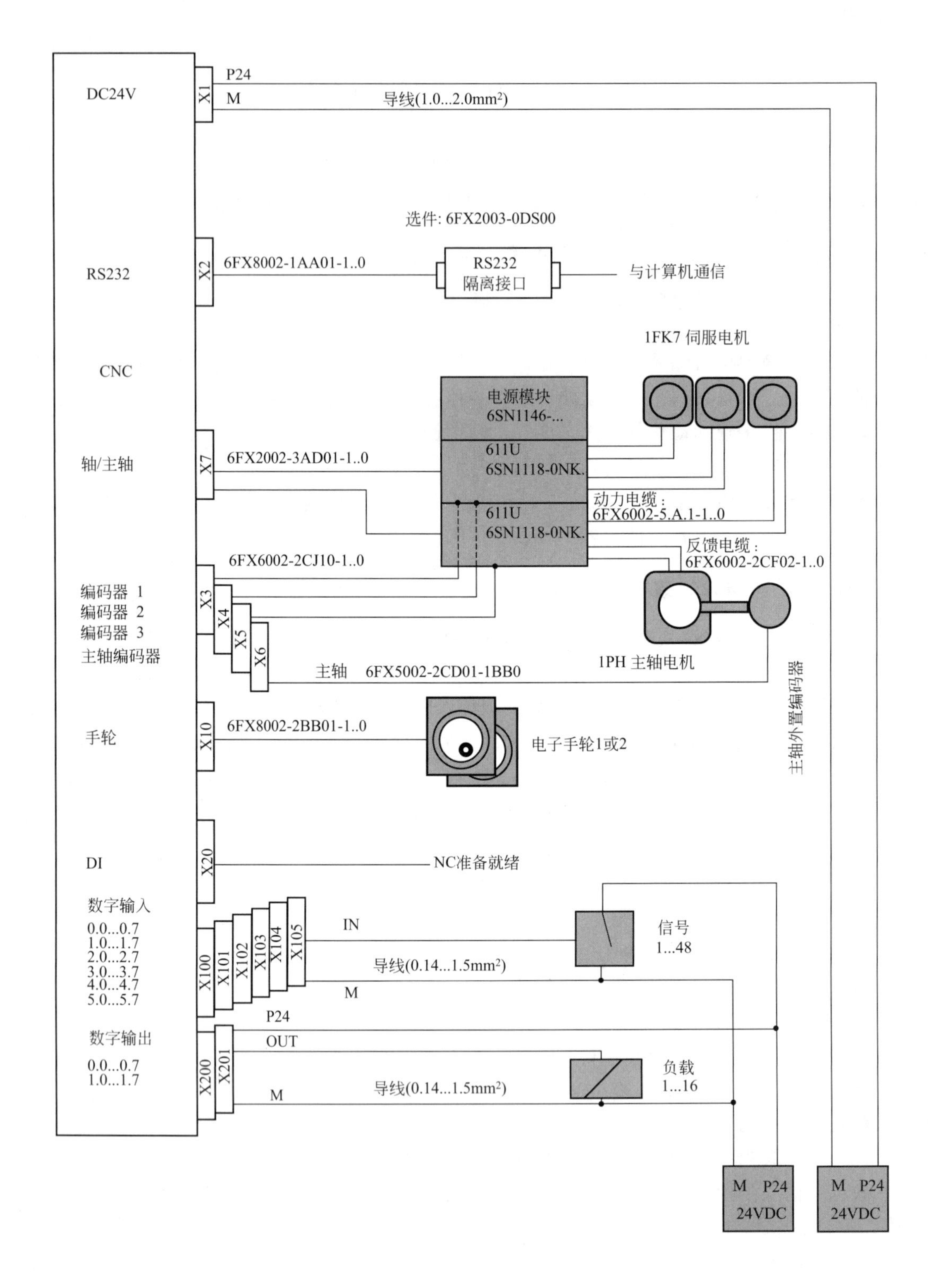

图 5-21 SINUMERIK 802C Base line CNC 控制器与伺服驱动器 SIMODRIVE 611U 和 1FK7 伺服电动机的连接

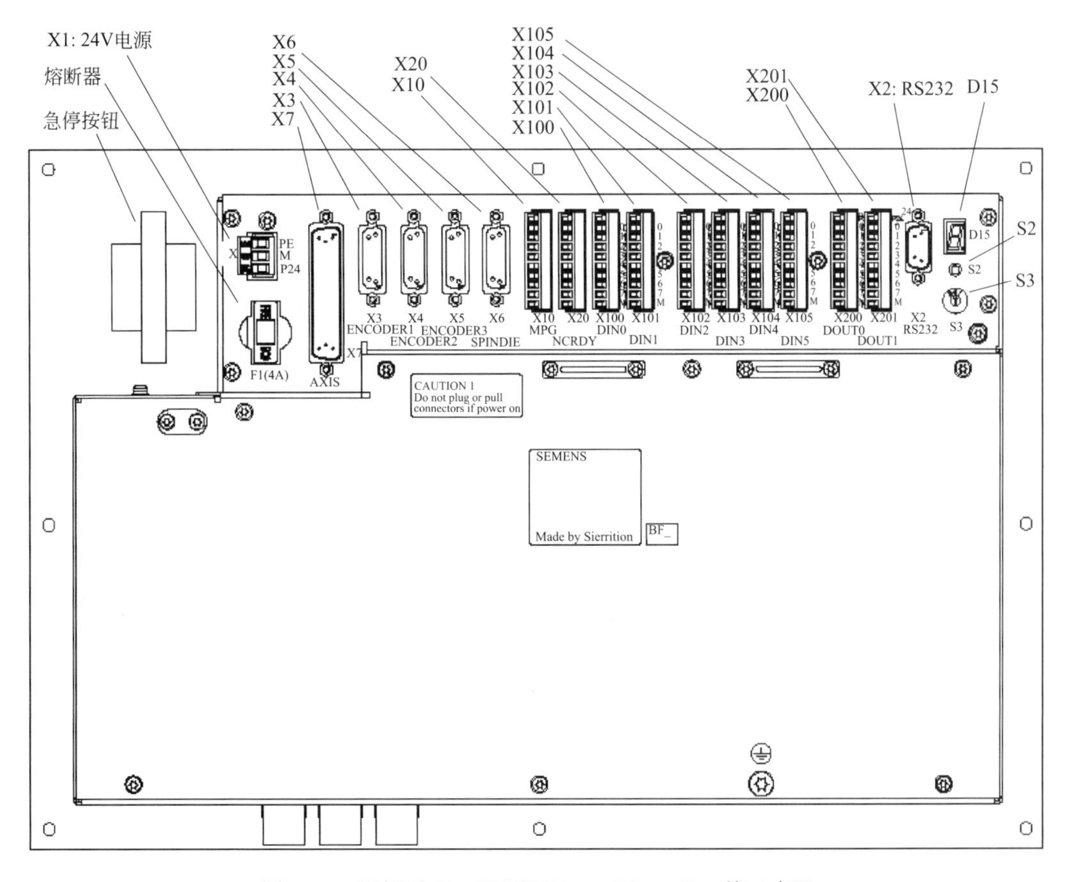

图 5-22　西门子 SINUMERIK 802C base line 接口布置

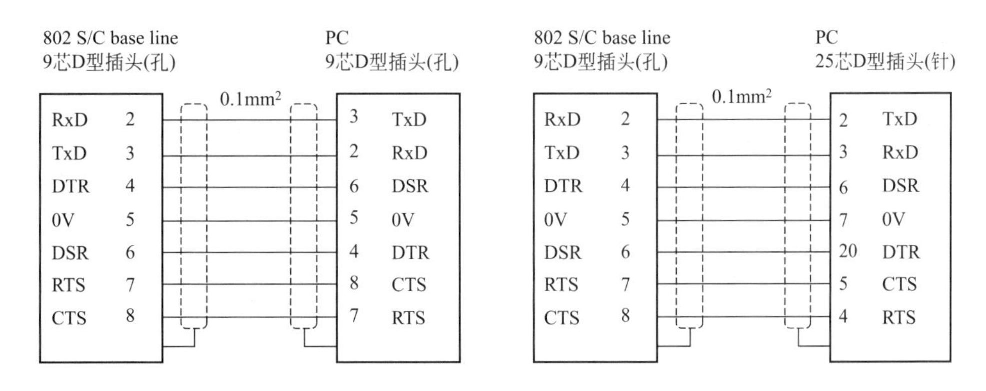

图 5-23　通信接口 X2

表 5-4　编码器接口 X3 引脚分配（X4/X5/X6 相同）

引脚	信号	说明	引脚	信号	说明
1	n. c.	—	6	P5EXT	电压输出
2	n. c.	—	7	M	电压输出
3	n. c.	—	8	n. c.	—
4	P5EXT	电压输出	9	M	电压输出
5	n. c.	—	10	Z	输入信号

续表

引脚	信号	说明	引脚	信号	说明
11	Z_N	输入信号	14	A_N	输入信号
12	B_N	输入信号	15	A	输入信号
13	B	输入信号	—	—	—

（4）X7　驱动器接口（AXIS）。50 芯 D 型针插座，用于连接具有包括主轴在内最多 4 个模拟驱动的功率模块。X7 在 802S base line 与 802C base line 系统中的引脚分配不一样，表 5-5 为 802C 系列 X7 接口引脚分配表。

表 5-5　802C base line 驱动器接口 X7 引脚分配

引脚	信号	说明	引脚	信号	说明	引脚	信号	说明
1	AO1	AO	18	n. c.	—	35	AO2	AO
2	AGND2	AO	19	n. c.	—	36	AGND3	AO
3	AO3	AO	20	n. c.	—	37	AO4	AO
4	AGND4	AO	21	n. c.	—	38	n. c.	—
5	n. c.	—	22	M	VO	39	n. c.	—
6	n. c.	—	23	M	VO	40	n. c.	—
7	n. c.	—	24	M	VO	41	n. c.	—
8	n. c.	—	25	M	VO	42	n. c.	—
9	n. c.	—	26	n. c.	—	43	n. c.	—
10	n. c.	—	27	n. c.	—	44	n. c.	—
11	n. c.	—	28	n. c.	—	45	n. c.	—
12	n. c.	—	29	n. c.	—	46	n. c.	
13	n. c.	—	30	n. c.	—	47	SE1. 2*	K
14	SE1. 1*	K	31	n. c.	—	48	SE2. 2*	K
15	SE2. 1*	K	32	n. c.		49	SE3. 2*	K
16	SE3. 1*	K	33	n. c.		50	SE4. 2*	K
17	SE4. 1*	K	34	AGND1	AO			

注：SE1. 1/1. 2-SE3. 1/3. 2：指伺服轴 X/Y/Z 使能；SE4. 1/4. 2：指伺服主轴使能。

（5）X10　手轮接口（MPG）。10 芯插头，用于连接手轮。表 5-6 为手轮接口 X10 引脚分配表。

表 5-6　手轮接口 X10 引脚分配

引脚	信号	说明	引脚	信号	说明
1	A1＋	手轮 1　A 相＋	6	GND	地
2	A1－	手轮 1　A 相－	7	A2＋	手轮 2　A 相＋
3	B1＋	手轮 1　B 相＋	8	A2－	手轮 2　B 相－
4	B1－	手轮 1　B 相－	9	B2＋	手轮 2　B 相＋
5	P5V	＋5Vdc	10	B2－	手轮 2　B 相－

（6）X20　数字输入（DI）。10 芯插头，通过 X20 可以连接 3 个接近开关，仅用于 802S Base Line 中。

（7）X100～X105　10 芯插头，用于连接数字输入，共有 48 个数字输入接线端子。表 5-7 为数字输入接口 X100～X105 引脚分配表。

表 5-7　数字输入接口 X100～X105 引脚分配

引脚	信号	X100	X101	X102	X103	X104	X105
1	空	—	—	—	—	—	—
2	输入	I0.0	I1.0	I2.0	I3.0	I4.0	I5.0
3	输入	I0.1	I1.1	I2.1	I3.1	I4.1	I5.1
4	输入	I0.2	I1.2	I2.2	I3.2	I4.2	I5.2
5	输入	I0.3	I1.3	I2.3	I3.3	I4.3	I5.3
6	输入	I0.4	I1.4	I2.4	I3.4	I4.4	I5.4
7	输入	I0.5	I1.5	I2.5	I3.5	I4.5	I5.5
8	输入	I0.6	I1.6	I2.6	I3.6	I4.6	I5.6
9	输入	I0.7	I1.7	I2.7	I3.7	I4.7	I5.7
10	M24	—	—	—	—	—	—

（8）X200～X201　10 芯插头，用于连接数字输出，共有 16 个数字输出接线端子。表 5-8 为数字输出接口 X200、X201 引脚分配表。

表 5-8　数字输出接口 X200、201 引脚分配

引脚序号	信号说明	X200 地址	X201 地址
1	L+	—	—
2	输出	Q0.0	Q1.0
3	输出	Q0.1	Q1.1
4	输出	Q0.2	Q1.2
5	输出	Q0.3	Q1.3
6	输出	Q0.4	Q1.4
7	输出	Q0.5	Q1.5
8	输出	Q0.6	Q1.6
9	输出	Q0.7	Q1.7
10	M24	—	—

二、华中 HNC-21 数控系统的接口

HNC-21 系列数控单元内置嵌入式工业 PC 机，配置彩色液晶显示屏和通用工程面板，集成进给轴接口、主轴接口、手持单元接口、内嵌式 PLC 接口于一体，支持硬盘、电子盘

等程序存储方式以及DNC、以太网等程序交换功能，主要应用于车、铣和小型加工中心等设备。

1. 华中HNC-21数控系统的连接

图5-24为华中HNC-21数控系统的组成简图，图5-25为数控设备连接示例。

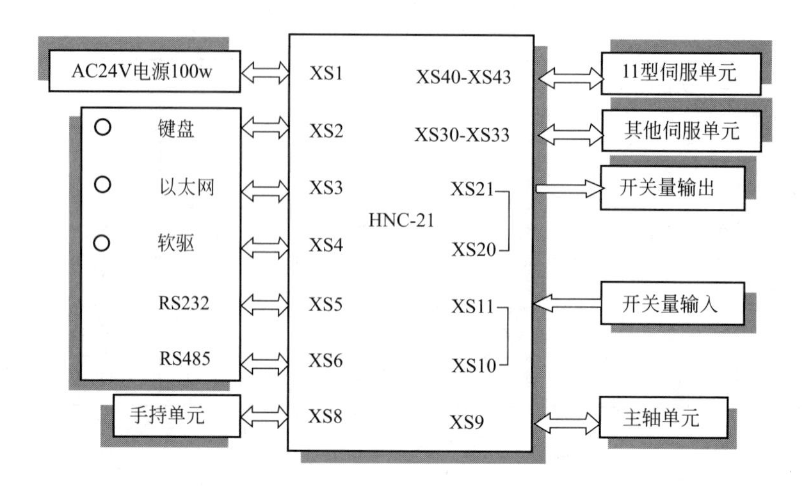

图5-24 HNC-21数控装置组成简图

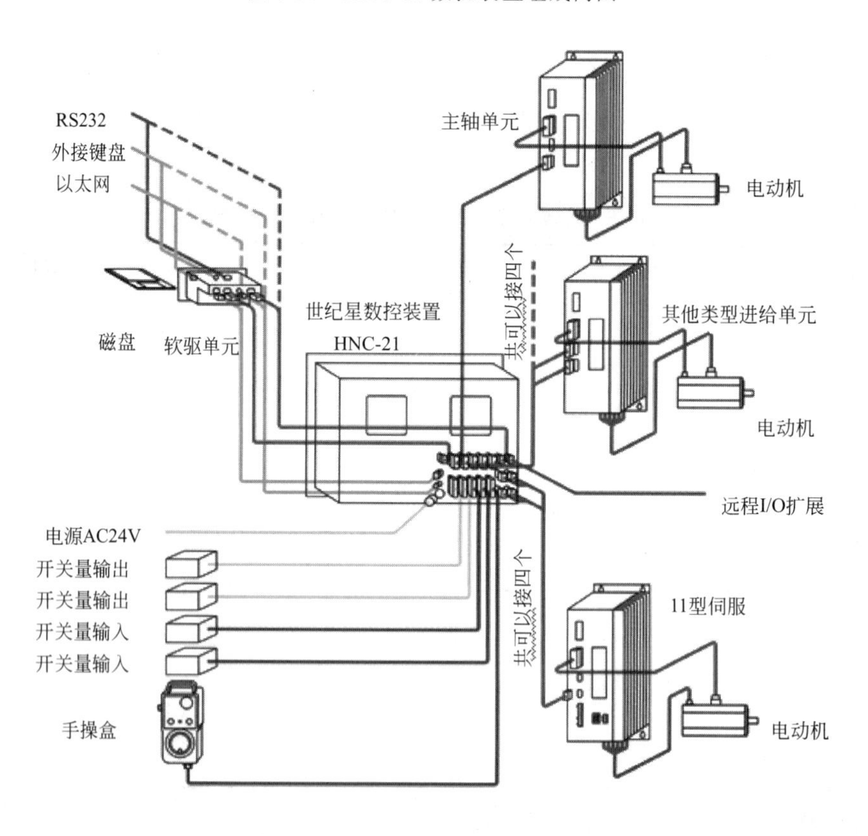

图5-25 HNC-21数控装置连接示例

2. 华中HNC-21数控系统的接口

华中HNC-21数控装置的接口布置参见图5-26。

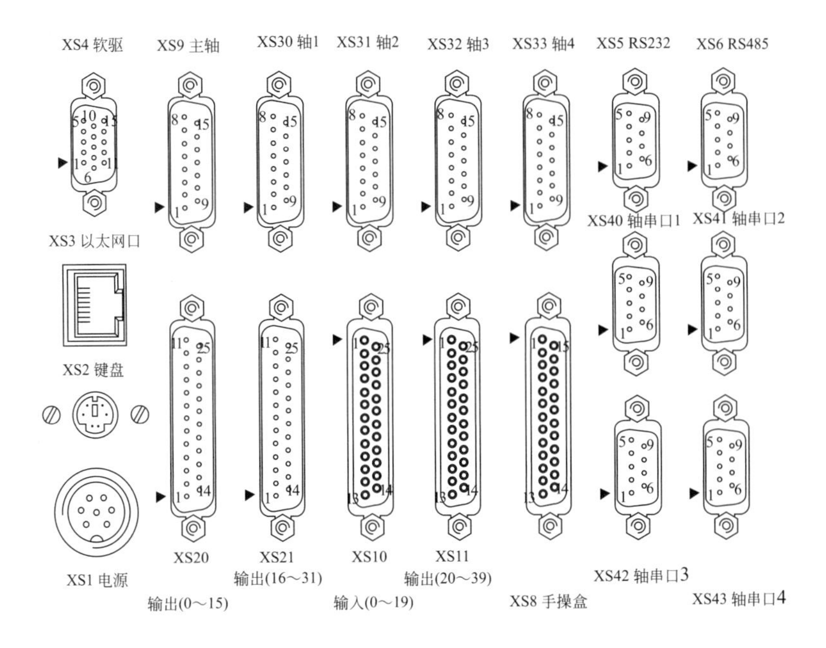

图 5-26 HNC-21 数控装置接口布置

（1）XS1 电源接口，其引脚如图 5-27 所示，引脚分配见表 5-9。

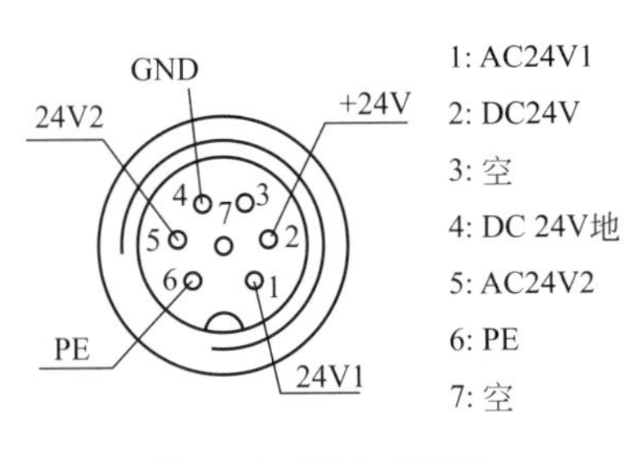

图 5-27 XS1 引脚图

表 5-9 XS1 引脚分配

引脚号	信号名	说明
1、5	AC24V1/2	交流 24V 电源
2	DC24V	直流 24V 电源
3	空	
4	DC24V	地
6	PE	地
7	空	

（2）XS2 PC 键盘接口，其引脚如图 5-28 所示，引脚分配见表 5-10。

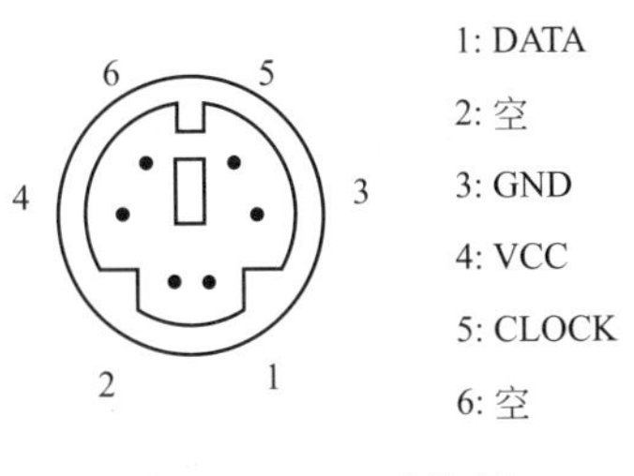

图 5-28 XS2 引脚图

表 5-10 XS2 引脚分配

引脚号	信号名	说明
1	DATA	数据
2	空	
3	GND	电源地
4	VCC	电源
5	CLOCK	时钟
6	空	

（3）XS3 以太网接口，其引脚如图 5-29 所示，引脚分配见表 5-11。

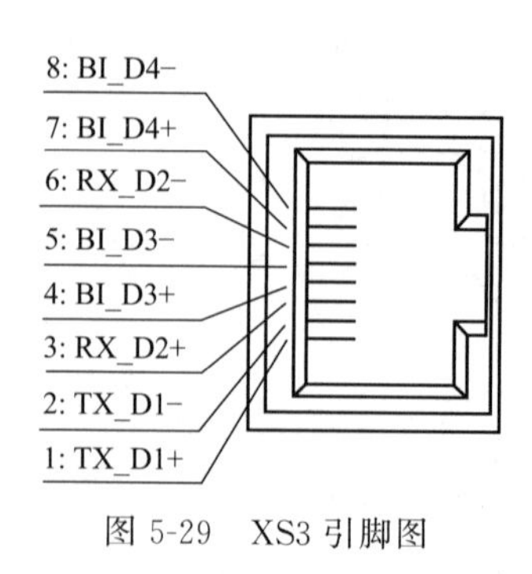

图 5-29 XS3 引脚图

表 5-11 XS3 引脚分配

引脚号	信号名	说明
1	TX_D1＋	发送数据
2	TX_D1-	发送数据
3	RX_D2＋	接收数据
4	BI_D3＋	空置
5	BI_D3-	空置
6	RX_D2-	接收数据
7	BI_D4＋	空置
8	BI_D4-	空置

（4）XS4 软驱接口，其引脚如图 5-30 所示，引脚分配见表 5-12。

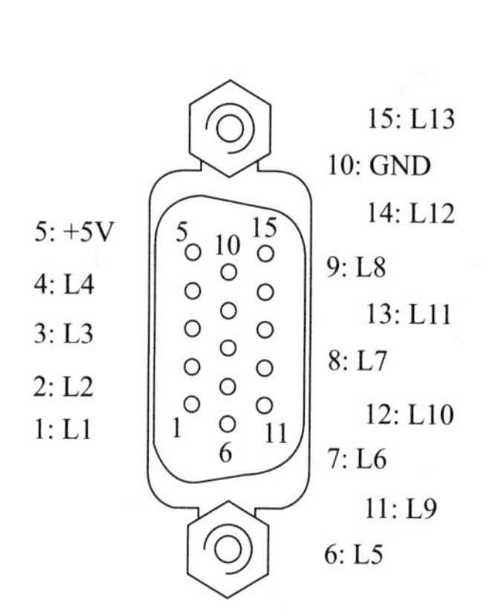

图 5-30 XS4 引脚图

表 5-12 XS4 引脚分配

引脚号	信号名	说明
1	L1	减小写电流
2	L2	驱动器选择 A
3	L3	写数据
4	L4	写保护
5	＋5V	驱动器电源
6	L5	驱动器 A 允许
7	L6	步进
8	L7	0 磁道
9	L8	盘面选择
10	GND	驱动器电源地、信号地
11	L9	索引
12	L10	方向
13	L11	写允许
14	L12	读数据
15	L13	更换磁盘

（5）XS5 RS232 接口，其引脚如图 5-31 所示，引脚分配见表 5-13。

1: -DCD
2: RXD
3: TXD
4: -DTR
5: GND
6: -DSR
7: -RTS
8: -CTS
9: -R1

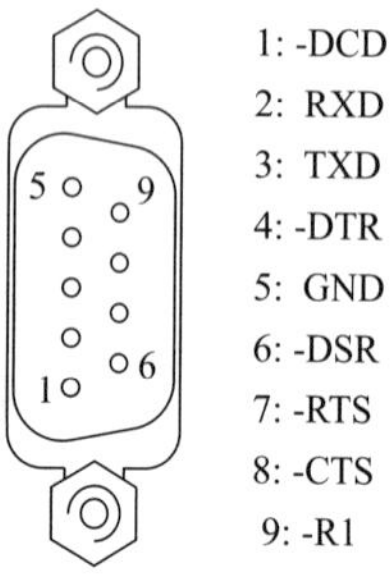

图 5-31 XS5 引脚图

表 5-13 XS5 引脚分配

引脚号	信号名	说明
1	-DCD	载波检测
2	RXD	接收数据
3	TXD	发送数据
4	-DTR	数据终端准备好
5	GND	信号地
6	-DSR	数据装置准备好
7	-RTS	请求发送
8	-CTS	准许发送
9	-R1	振零指示

（6）XS6　远程 I/O 接口，其引脚如图 5-32 所示，引脚分配见表 5-14。

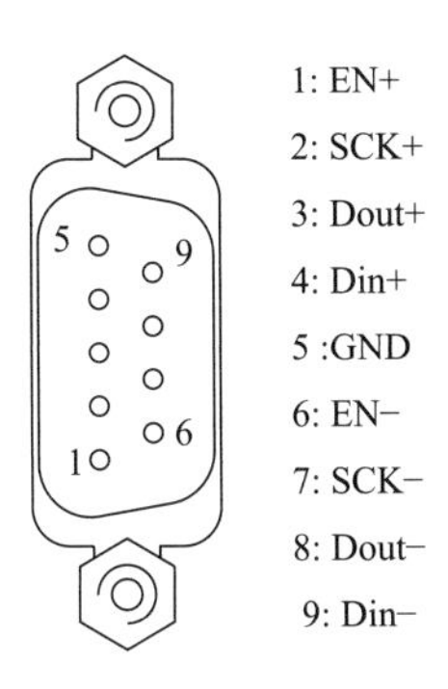

图 5-32　XS6 引脚图

表 5-14　XS6 引脚分配

引脚号	信号名	说明
1	EN+	使能
2	SCK+	时钟
3	Dout+	数据输出
4	Din+	数据输入
5	GND	地
6	EN-	使能
7	SCK-	时钟
8	Dout-	数据输出
9	Din-	数据输入

（7）XS8　手持单元接口，其引脚如图 5-33 所示，引脚分配见表 5-15。

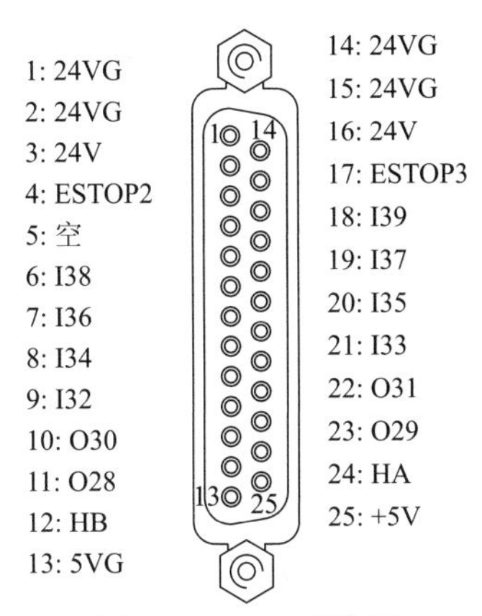

图 5-33　XS8 引脚图

表 5-15　XS8 引脚分配

信号名	说明
24V、24VG	DC24V 电源输出
ESTOP2、ESTOP3	手持单元急停按钮
I32～I39	手持单元输入开关量
O28～O31	手持单元输出开关量
HA	手摇 A 相
HB	手摇 B 相
+5V、5VG	手摇 DC5V 电源

（8）XS9　主轴控制接口，其引脚如图 5-34 所示，引脚分配见表 5-16。

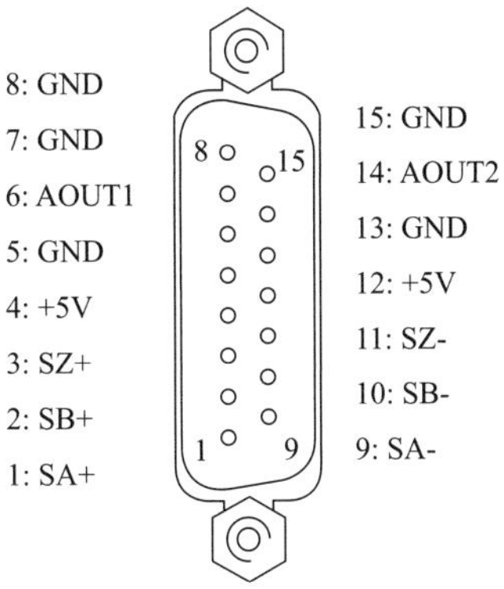

8: GND
7: GND
6: AOUT1
5: GND
4: +5V
3: SZ+
2: SB+
1: SA+
15: GND
14: AOUT2
13: GND
12: +5V
11: SZ-
10: SB-
9: SA-

图 5-34　XS9 引脚图

表 5-16　XS9 引脚分配

信号名	说明
SA+、SA-	主轴码盘 A 相位反馈信号
SB+、SB-	主轴码盘 B 相位反馈信号
SZ+、SZ-	主轴码盘 Z 脉冲反馈
+5V、GND	DC5V 电源
AOUT1、AOUT2	主轴模拟量指令输出
GND	模拟量输出地

（9）XS10/XS11　开关量输入接口，其引脚如图 5-35 所示，其引脚分配及 I/O 地址定义见表 5-17。

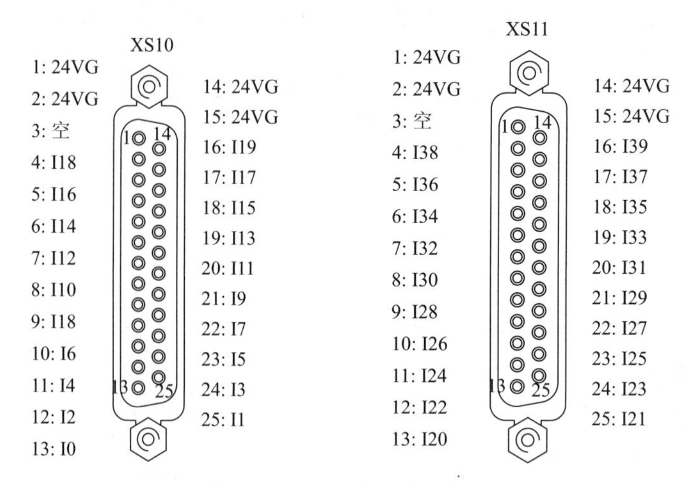

图 5-35　XS10/XS11 引脚图

表 5-17　XS10/XS11 引脚分配及 I/O 地址定义

信号名	说明	信号名	地址定义	信号名	地址定义	信号名	地址定义
24VG	DC24V 电源地	I0～I7	X0.0～X0.7	I16～I23	X2.0～X2.7	I32～I39	X4.0～X4.7
I0～I39	输入开关量	I8～I15	X1.0～X1.7	I24～I31	X3.0～X3.7	—	—

(10) XS20/XS21　开关量输出接口，其引脚如图 5-36 所示，其引脚分配及 I/O 地址定义见表 5-18。

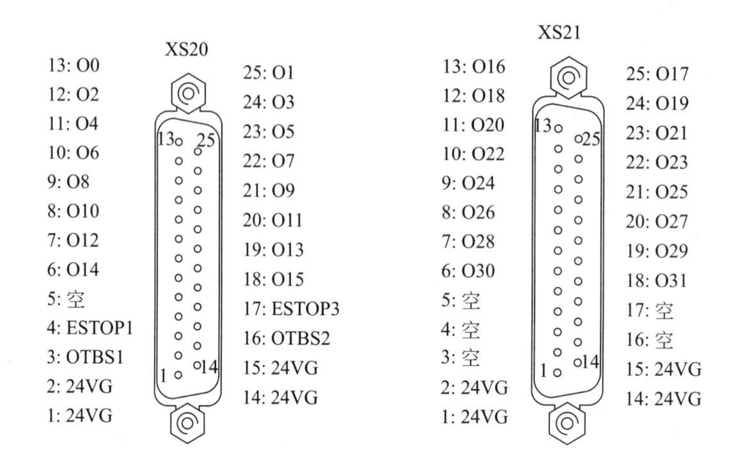

图 5-36　XS20/XS21 引脚图

表 5-18　XS20/XS21 引脚分配及 I/O 地址定义

信号名	说明	信号名	地址定义
24VG	DC24V 电源地	O0～O7	Y0.0～Y0.7
O0～O31	输出开关量	O8～O15	Y1.0～Y1.7
ESTOP1,ESTOP3	急停按钮	O16～O23	Y2.0～Y2.7
OTBS1,OTBS2	超程解除按钮	O24～O31	Y3.0～Y3.7

(11) XS30～XS33　进给轴控制接口，模拟式、脉冲式伺服和步进电机驱动单元控制

接口，其引脚如图5-37所示，引脚分配见表5-19。

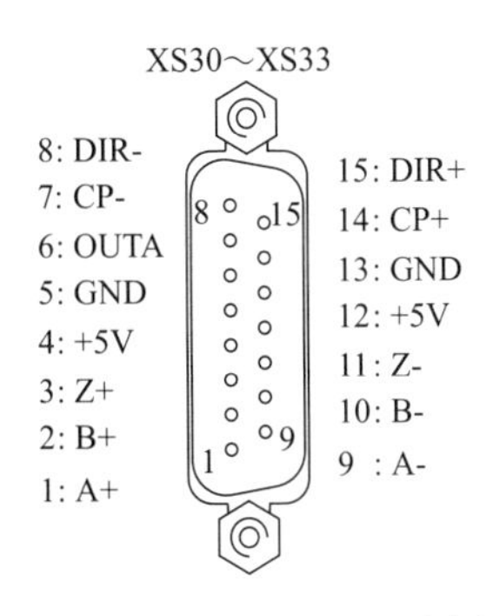

图5-37　XS30～XS33引脚图

表5-19　XS30～XS33引脚分配

信号名	说　　明
A+、A-	码盘A相位反馈信号
B+、B-	码盘B相位反馈信号
Z+、Z-	码盘Z脉冲反馈信号
+5V、GND	DC5V电源
OUTA	模拟电压输出
CP+、CP-	输出指令脉冲
DIR+、DIR-	输出指令方向(+)

(12) XS40～XS43　11型（HSV-11D）伺服控制接口（RS232串口），其引脚如图5-38所示，引脚分配见表5-20。

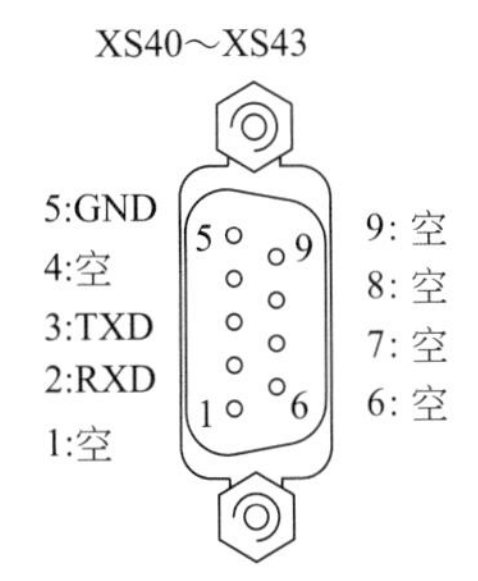

图5-38　XS40～XS43引脚图

表5-20　XS40～XS43引脚分配

信号名	说　　明
TXD	数据发送
RXD	数据接收
GND	信号地

思考题与习题

1. 数控机床有何特点？适用于加工何种类型的零件？
2. 数控机床由哪几部分组成？各部分的基本功能是什么？
3. 何谓点位控制、直线控制和轮廓控制？
4. 何谓插补？逐点比较法插补包括哪几个步骤？
5. 数控机床的伺服系统分为几类？
6. 设欲加工第一象限直线 OE，起点为原点，终点坐标为（5，7），用逐点比较法插补之。
7. 设欲加工第一象限逆圆 AB，已知起点 $A(4，0)$，终点 $B(0，4)$。试进行插补计算，并画出轨迹图。
8. CNC装置的单微处理器结构与多微处理器结构有何区别？
9. 叙述CNC装置中软件与硬件之间的关系。
10. 数控装置接口电路的主要任务是什么？
11. 华中HNC-21数控装置具有哪些常用接口？其作用是什么？
12. 西门子802C base line数控装置具有哪些常用接口？其作用是什么？

第六章

数控机床的伺服系统及位置检测

第一节 概 述

一、伺服系统的概念

伺服系统是数控机床的重要组成部分。它接收计算机发出的命令，完成机床运动部件（如工作台、主轴或刀具进给等）的位置和速度控制。伺服系统的性能直接影响数控机床的精度和工作台的速度等技术指标。数控机床伺服系统主要有两种：一种是位置伺服系统，它控制机床各坐标轴的切削进给运动，以直线运动为主；另一种是主轴伺服系统，它控制主轴的切削运动，以旋转运动为主。这里只介绍第一种伺服系统。

CNC 装置是数控机床发布命令的“大脑”，而伺服驱动及位置控制则为数控机床的“四肢”，是一种“执行机构”，它能够准确地执行来自 CNC 装置的指令。伺服系统由驱动部件、速度控制单元和位置控制单元组成。驱动部件由执行电机、位置检测元件（例如旋转变压器、感应同步器、光栅等）及机械传动部件（滚珠丝杠副、齿轮副及工作台等）组成。

伺服系统有开环系统、半闭环系统和闭环系统之分。开环系统通常使用步进电动机进行驱动，半闭环、闭环系统通常使用直流伺服电动机或交流伺服电动机进行驱动。

二、开环、闭环、半闭环伺服系统

1. 开环控制系统

系统框图见图 6-1。系统中无位置检测元件，其驱动部件通常为步进电动机。CNC 装置发出一个指令脉冲，经驱动电路功率放大后，驱动步进电动机旋转一个角度（步距角），并使工作台移动一个距离（脉冲当量）。旋转速度由脉冲频率控制，旋转角度正比于脉冲个数。加工时刀具相对于工件移动的距离等于脉冲当量乘以指令脉冲数。

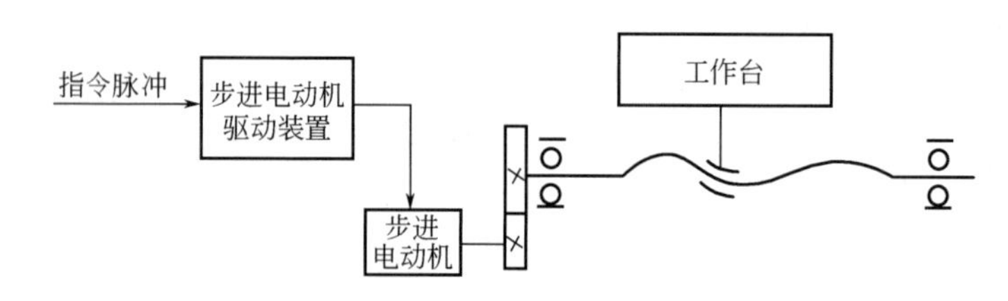

图 6-1 开环控制系统

开环控制系统的特点是结构简单、成本较低、技术容易掌握，但由于没有位置检测装置，机械传动件的间隙以及运动件之间的阻力变化造成实际移动距离与指令脉冲存在误差，这个误差无法检测和消除，故一般适用于中、小型经济型数控机床。

2. 半闭环控制系统

系统框图见图 6-2。这类控制系统与闭环控制系统的区别在于采用角位移检测元件，并将其安装在电动机的轴上，通过测量电动机的转动圈数，而间接测量位移。由于从电动机到工作台还要经过齿轮和滚珠丝杠副传动，它们所产生的误差不能消除，因而半闭环系统控制精度不如闭环系统。

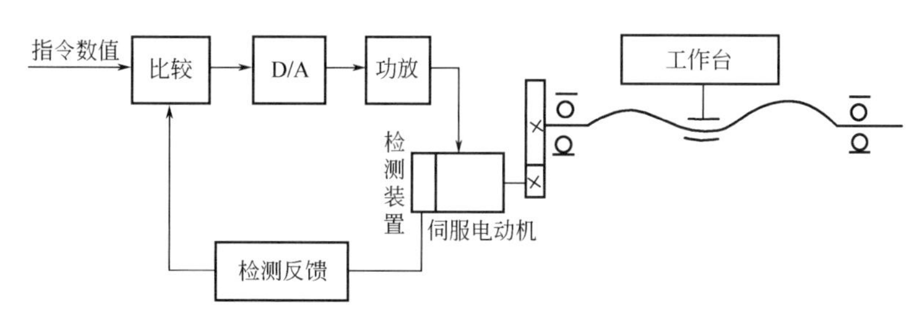

图 6-2　半闭环控制系统

3. 闭环控制系统

系统框图见图 6-3。这类控制系统带有直线位移检测装置，直接对工作台的实际位移量进行检测。伺服驱动部件通常采用直流伺服电动机或交流伺服电动机。指令值使伺服电动机转动、位置检测元件将移动件的实际位移反馈到 CNC 装置中，同位移指令值进行比较，用比较的差值进行位置控制，直至差值为零时为止。该系统可以消除包括驱动电路、工作台传动链在内的系统误差，因而定位精度高。

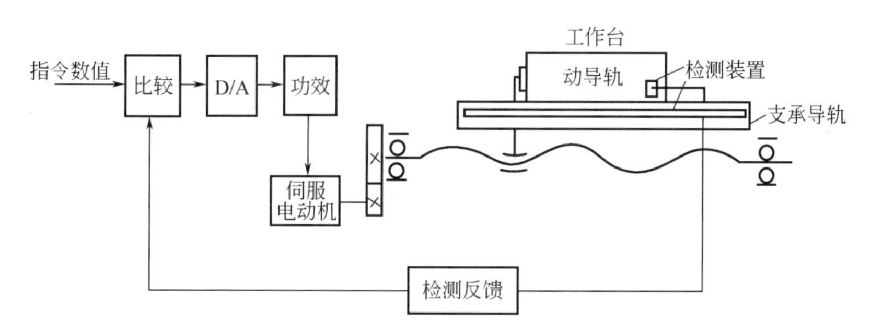

图 6-3　闭环控制系统

闭环系统的特点是定位精度高，但调试和维修都较困难、系统复杂、成本高，一般适用于精度要求较高的数控设备。

三、数控机床对伺服系统的基本要求

数控机床对位置伺服系统的要求可概括为以下几点。

1. 精度高

伺服系统的精度是指输出量能复现输入量的精确程度。它直接影响机床的定位精度和重复定位精度，因而对零件的加工精度影响很大。随着数控机床的发展，其定位和轮廓切削精度越来越高。对位置伺服系统一般要求定位精度为 0.01～0.001mm；高档设备的定位精度要求达到 0.1μm 以上。

2. 调速范围宽

为保证一定的加工精度，伺服系统应具有较宽的调速范围，且能够均匀、稳定、无爬行地工作。对一般的数控机床而言，调速范围是 0～30m/min。

3. 响应快

快速响应是伺服系统的动态性能，反映了系统的跟踪精度。为了保证轮廓切削形状精度和加工表面粗糙度的要求，除了保证较高的定位精度外，还要求跟踪指令信号响应快，一般在几十毫秒以内，同时要求很小的超调量。

4. 低速大转矩

机床在低速切削时，切削量和进给量都较大，对伺服系统要求低速大转矩，要求主轴电动机输出较大的转矩。具有这一特性的系统，可以简化传动链，使机械部分结构得到简化、刚性增加，使传动装置的动态质量和传动精度得到提高。

5. 高性能的伺服电动机

伺服电动机是伺服系统的重要驱动元件。为满足上述要求，对伺服电动机的要求应该是：从最低速度到最高速度能平滑运转，具有大的、较长时间的过载能力，响应快，还要求能承受频繁的起动、制动和反转。

进给驱动用的伺服电动机主要有步进电动机、直流和交流伺服电动机。随着电力电子技术及交流调速技术的发展，交流调速电动机在数控机床进给驱动中得到了迅速的发展。可以预见，交流调速电动机将是最有发展前途的进给驱动装置。

第二节　步进电动机驱动系统

步进电动机伺服系统属于开环伺服系统，见图 6-4。步进电动机将进给脉冲信号转换为一定方向、大小和速度的机械角位移，并由传动丝杠带动工作台移动。由于系统中无位置和速度检测环节，其精度主要取决于步进电动机和与之相联的丝杠等传动机构，速度也受到步进电动机性能的限制。但其控制结构简单、调整容易，在速度和精度要求不太高的场合有一定的使用价值。步进电动机细分技术的应用，使系统的定位精度明显提高，降低了步进电动机的低速振动，使步进电动机在中低速场合的开环伺服系统中得到更广泛的应用。

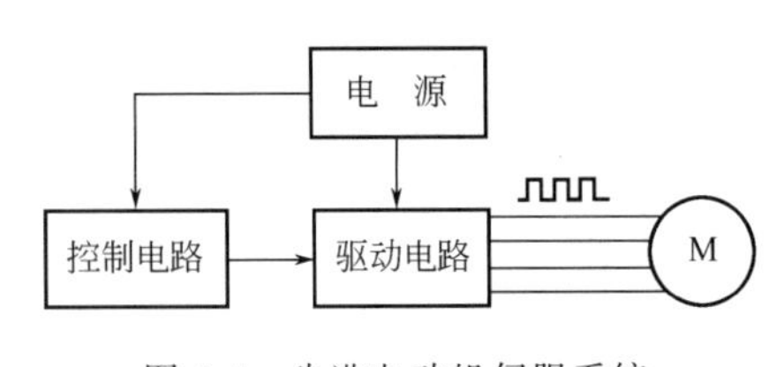

图 6-4　步进电动机伺服系统

步进电动机伺服系统由控制电路、驱动电路、步进电动机及电源系统四部分组成，如图 6-4 所示。控制电路产生控制信号，经驱动电路变换、放大后驱动步进电动机。

一、步进电动机的工作原理与运行特性

（一）概述

步进电动机又称脉冲电动机，它能将输入的脉冲信号变成电动机轴的步进转动，每输入一个脉冲信号步进电动机就转动一步。例如，每一转为 200 个脉冲的步进电动机，每输入一个脉冲就转动 360°/200＝1.8°。对步进电动机的每一相来讲，输入的是一个脉冲列，改变此脉冲信号的频率及脉冲的宽度（或脉冲的幅值），即可调节步进电动机的转速与转矩的大小。步进电动机易于实现数字控制和微机控制，并且进行开环控制就能实现精确的转速控制或定

位控制。当然，现代步进电动机控制技术已发展到采用失步检测系统，构成闭环控制方式。

(二) 步进电动机的工作原理

步进电动机按其工作原理来分，主要有磁电式（永磁式）、反应式（磁阻式）和混合式三大类。图 6-5 是一台三相反应式步进电动机原理图。定子上均匀地分布六个磁极，磁极上绕有绕组。相对的磁极组成一相，绕组的联法如图所示。假定转子具有均匀分布的四个齿。根据各相绕组通电顺序（励磁方式）的不同，具有如下三种通电方式。

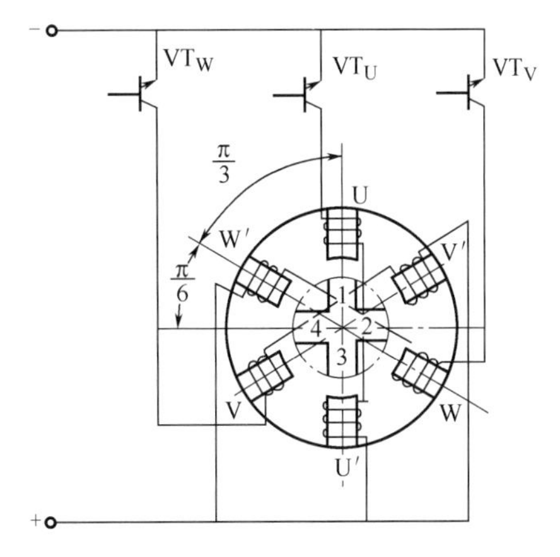

图 6-5　三相反应式步进电动机原理图

1. 单三拍

最简单的运行方式为三相单三拍，简称三相三拍。“三相”是指定子三相绕组 U、V、W；“单”是指每次只有一相绕组通电；“拍”是指从一种通电状态转变为另一种通电状态，比如从 U 相通电切换到 V 相通电为一拍；经过三次切换，控制绕组的通电状态经过一个循环，接着重复第一拍的通电情况被称为“三拍”。

设 U 相首先通电（V、W 两相不通电），产生 U-U′轴线方向的磁通，磁场对 1、3 齿产生磁拉力，使转子齿 1、3 和定子 U-U′轴线对齐如图 6-6(a)。当 V 相通电时（U、W 两相不通电），以 V-V′为轴线的磁场使转子 2、4 齿与定子 V-V′轴线对齐，转子逆时针转过 30°角如图 6-6(b)。当 W 相通电时（U、V 两相不通电），以 W-W′为轴线的磁场使转子 1、3 齿和定子 W-W′轴线对齐。如此按 U-V-W-U 的顺序通电，转子就会不断地按逆时针方向转动。每一步的转角为 30°（称为步距角），电流切换三次，磁场旋转一周（电角度为 2π），转子前进一个齿距角 θ_z（$\theta_z=360°$/转子齿数，此处为 90°）。若按 U-W-V-U 的顺序通电，电动机就会顺时针方向转动。这种通电方式称为单三拍方式。图 6-5 中，开关器件 VT_U、VT_V、VT_W 按以上顺序导通和关断，转子每次就转过一个步距角。

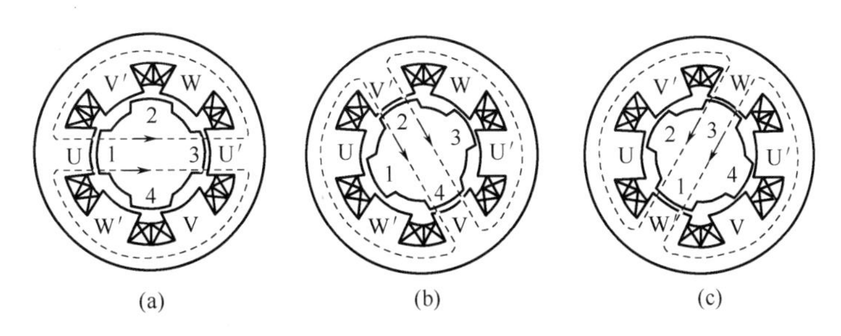

图 6-6　步进电动机原理示意图

单三拍通电方式中，由于单一控制绕组通电吸引转子，容易使转子在平衡位置附近产生振动，因而稳定性不好，实际中很少采用。

2. 六拍

设 U 相首先通电，转子齿和定子 U-U′极对齐如图 6-7(a)。然后在 U 相继续通电的情况下接通 V 相。定子 V-V′极对转子齿 2、4 有磁拉力，使转子逆时针方向转动，但是 U-U′极继续拉住齿 1-3。因此，转子转到两个磁拉力平衡时为止。这时转子的位置如图 6-7(b) 所示，即转子从图 (a) 的位置顺时针方向转过了 15°。接着 U 相断电，V 相继续通电。这时转子齿 2、4 和定子 V-V′极对齐如图 6-7(c) 所示，转子从图(b) 的位置又转过了 15°。而后接通 W 相，V 相继续通电，这时转子又转过了 15°，其位置如图 6-7(d) 所示。这样，如果按 U-UV-V-VW-W-WU-U 的顺序通电，转子按顺时针方向一步一步地转动，步距角为 15°。经过六次切换完成一个循环，因而称为六拍；在一个循环之内既有一相绕组通电，又有两相绕组同时通电，因此称为“单、双六拍”。

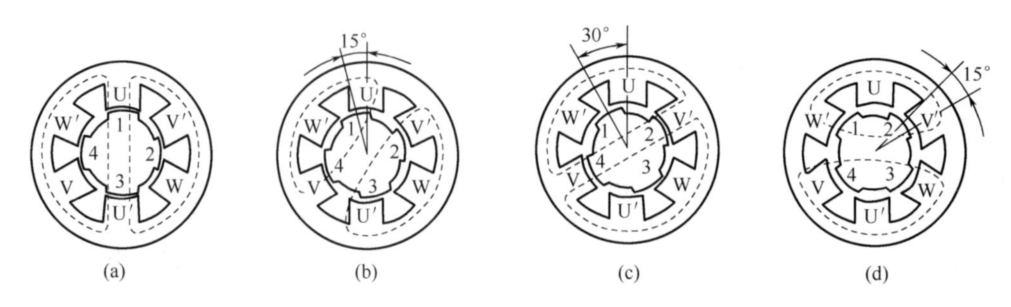

图 6-7　三相六拍运行方式

3. 双三拍

步进电动机还可用双三拍通电方式，导通的顺序依次为 UV-VW-WU-UV，每拍都由两相导通。它与单、双拍通电方式时两个绕组通电的情况相同，如图 6-7(b)、(d) 所示。

步距角可用下式计算

$$\theta_s=\frac{360°}{Z_r mk} \tag{6-1}$$

式中　Z_r——步进电动机转子的齿数；

m——步进电动机的相数（或运行拍数）；

k——通电方式，相邻两次通电的相数一样（U-V-W-U；UV-VW-WU），$k=1$；相邻两次通电的相数不一样（U-UV-V-VW-W-WU），$k=2$。

由式(6-1) 可知，转子齿数越多，步进电动机的步距角越小，位置精度就越高。

（三）步进电动机的运行特性

步进电动机的运行特性有静态矩角特性、步进矩角特性、连续运行时的动态特性及步进响应特性等。通过讨论这些特性可以提出对输入脉冲频率的要求与限制。

1. 静态运行特性

静态运行特性是指步进电动机不改变通电的状态时（所通直流电流为常数）步进电动机转矩与转角之间的关系，也称矩角特性，数学形式表示为 $T=f(\theta)$。步进电动机的转矩就是电磁转矩，转角（也叫失调角）就是通电相的定转子齿中心线间用电角度表示的夹角 θ。

图 6-8 表示了在绕组通电后，转矩随转角的变化情况。在转子不受外力作用时，转子齿与通电相定子齿对准，这个位置叫做步进电动机的初始平衡位置见图 6-8(a)。转子受外力作用后，偏离初始平衡位置，定转子之间产生的电磁转矩用以克服负载转矩，直到相互平衡，转子齿偏离初始位置一失调角 θ，偏离角度的大小与转矩的变化如图 6-8(b)、(c)、(d) 所示。实践经验证明，反应步进电动机的矩角特性接近正弦曲线，数学关系式为

$$T=-T_{max}\sin\theta \tag{6-2}$$

当 $\theta=\pm\pi/2$ 时，产生最大静转矩，表示步进电动机所能承受的最大静态转矩。静态特

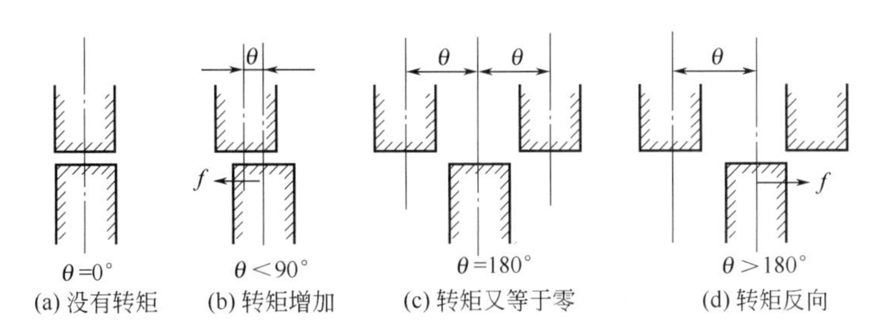

图 6-8　步进电机的转矩与转角的关系

性如图 6-9 所示。

2. 步进运行特性

输入脉冲的频率很低，转子走完一步停止以后，再输入下一个脉冲，则这种运行状态称为步进运行。步进运行特性也称步进矩角特性。图 6-10 表示第一步 U 相通电、第二步 V 相通电时的情况。显然，步进运行所能带动的最大负载取决于静态特性曲线 U 与 V 的交点所对应的转矩 T_s。只有负载转矩 $T_L < T_s$，电动机才能带动负载步进运行，因而 T_s 被称为步进转矩或启动转矩。它代表步进电动机单相励磁时所能带动的极限负载。步距角 θ_s 越小，则 T_s 越接近 T_{max}，即步进运行能带动的负载越大。

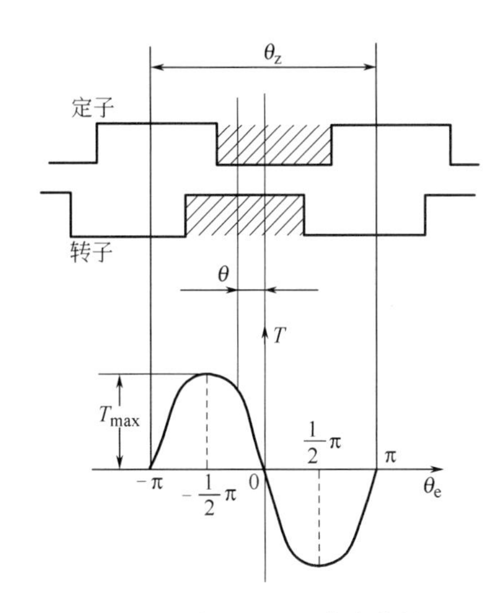

图 6-9　步进电机的静态特性

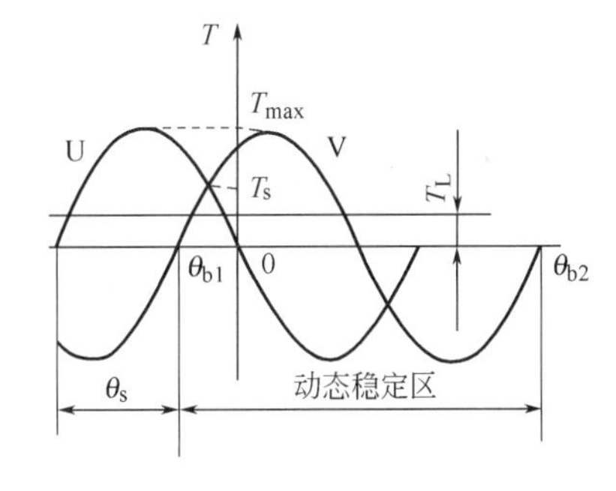

图 6-10　步进矩角特性

3. 启动频率

空载时，步进电动机由静止状态突然启动，并进入不失步的正常运行的最高频率称为启动频率。加给步进电动机的指令脉冲频率如大于启动频率，就不能正常工作。在有负载情况下，不失步启动所允许的最高频率将大大降低。

4. 连续运行频率

步进电动机带负载启动后，连续缓慢提高脉冲频率到不丢步运行的最高频率称为连续运行频率，它比启动频率大得多。它随电动机所带负载的性质和大小而异，与驱动电源也有很大关系。步进电动机采用升降速控制，启停时频率降低；正常运行时，频率升高。

二、步进电动机的驱动

(一) 脉冲分配

由步进电动机的工作原理知道，要使电动机正常的一步一步地运行，控制脉冲必须按一定的顺序分别供给电动机各相。给三相绕组轮流供电被称为脉冲分配，也叫环形脉冲分配。实现脉冲分配的方法有硬件法和软件法两种。硬件分配法由环形脉冲分配器来实现，软件分配法是由程序从计算机接口直接控制输出脉冲的速度和顺序。

1. 脉冲分配器

目前多使用专用集成电路来实现环形脉冲分配。已经有很多可靠性高、尺寸小、使用方便的集成脉冲分配器供选择。按其电路结构不同可分为 TTL 集成电路和 CMOS 集成电路。使用时只要按照一定的要求与电机绕组和控制信号相连即可。除此之外，目前在数控机床中还使用带脉冲分配和驱动功能的可编程序控制器，作为步进电动机的控制器，使数控机床的系统结构越来越紧凑。

2. 软件脉冲分配

CNC 装置中常采用软件的方法实现环形脉冲分配。图 6-11 为单片机控制的三相步进电动机单极驱动电路原理图。采用脉冲驱动型控制方式，即由控制电路向驱动电路发脉冲。采用单双拍的通电方式，即正转时为 U-UV-V-VW-W-WU-U，反转时为 WU-W-VW-V-UV-U-WU。环形分配如表 6-1 所示。

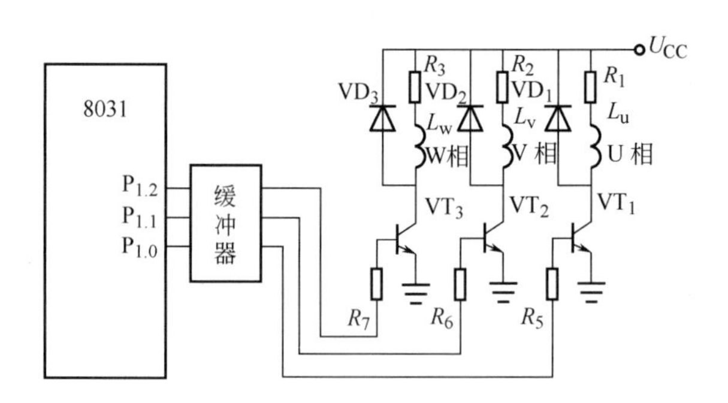

图 6-11　三相步进电动机驱动电路简图

表 6-1　三相六拍环形分配表

方向		导电相	工作状态			二进制数	十六进制数	数据表 DATA
正转	反转		W	V	U			
由上向下	由下向上	U	0	0	1	00000001	01H	$DATA_0$　DB01H
		U、V	0	1	1	00000011	03H	DB03H
		V	0	1	0	00000010	02H	DB02H
		V、W	1	1	0	00000110	06H	DB06H
		W	1	0	0	00000100	04H	DB04H
		W、U	1	0	1	00000101	05H	$DATA_5$　DB05H

软件实现脉冲分配常采用软件查表法，即将与通电方式相对应的控制状态字，按顺序存入内存中形成控制表。工作时，按顺序从内存控制表首址（表 6-1 中 $DATA_0$）开始取出状态字，通过输出端口（图 6-11 中的 P_1 口）输出脉冲，步进电机就能一步一步地转动。当送

完控制表末址（表 6-1 中的 $DATA_5$）的状态字时，再由程序控制返回到控制表首址。如此一直循环，步进电机就能均匀地转动。如若反转，只需按相反顺序取出控制表中的状态字即可。图 6-12 是实现环形脉冲分配子程序的框图。

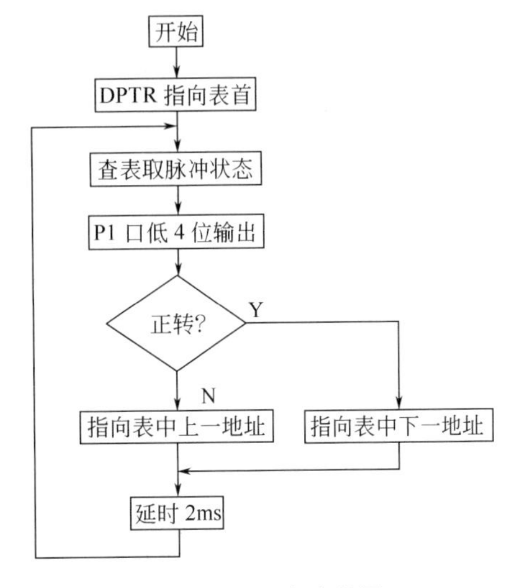

图 6-12　程序流程图

（二）功率放大电路

步进脉冲必须经过功率放大才能驱动步进电动机。功率放大驱动部件由功率晶体管为核心的放大电路组成。

1. 单电压功率放大电路

图 6-11 所示为一基本的单电压功率放大电路。以 U 相绕组为例，电路中 VT_1 是晶体管。L_u 是步进电动机绕组，R_1 是外接限流电阻，VD_1 是续流二极管。

$P_{1.0}$端输出的脉冲信号经缓冲器（实际电路中还应有光电耦合器），驱动 VT_1 导通，L_u 上有电流流过，电动机转动一步。当 VT_1、VT_2、VT_3 轮流导通时，三相绕组便有电流通过，使步进电动机一步步转动。

由于电机绕组呈电感性，故流经绕组的电流不能迅速上升到额定值。电流按指数规律上升，并将电源的部分能量转化成了磁能存储在绕组中。同样，当绕组断电时，存在于绕组中的磁能将通过放电回路释放，绕组中的电流也将按指数规律下降。电机绕组中的电流只能缓慢地增加和下降，即电流波形有不太陡的前沿和后沿。当脉冲频率较低时，每相绕组通电和断电的周期 T 较长，绕组电流能上升到稳定值和降低到最小值（零值），如图 6-13(a) 所示。当频率升高后，周期 T 缩短，电流 i 来不及上升到稳定值就开始下降，电流的幅值降低，各相绕组电流几乎同时存在，如图 6-13(b) 所示，致使负载能力下降和失步，严重时不能启动。

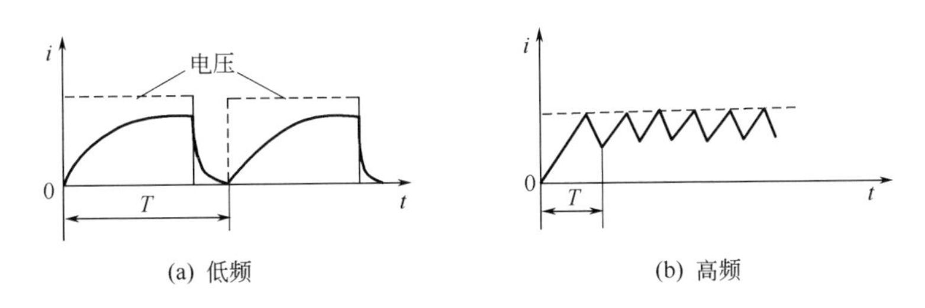

图 6-13　不同频率的电流波形

图 6-14 中，给绕组串联电阻 R_c，充电时间常数将减小，使电流上升的时间减小，步进电动机能得到较高的转换速度。但电阻 R_c 消耗了一部分功率，为了使电流波形更陡，在电阻 R_C 两端并联电容 C，由于电容端电压不能突变，绕组通电瞬间，电源电压全部加在绕组上，使电流迅速提高。二极管 VD 及电阻 R_D 形成放电回路，保护三极管 VT。这种驱动线路结构简单，功放元件少，成本低，但功耗大，只适用于驱动小功率的步进电动机。

2. 双电压功率放大电路

双电压功率放大电路就是采用两组高低压电源的驱动电路。图 6-15 为双电压功放电路

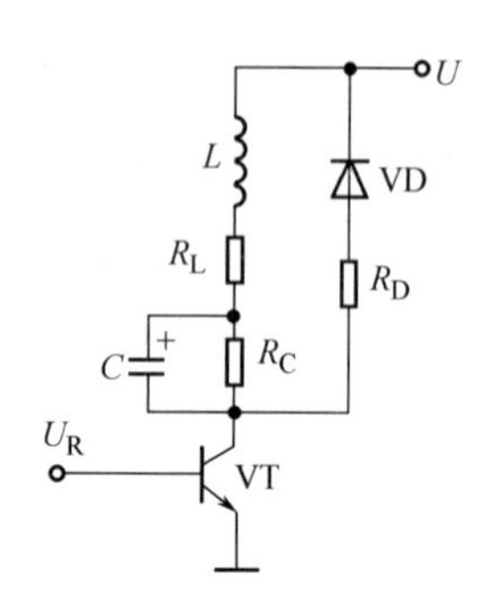

图 6-14 改进的单电源功放电路

的结构图。当输入控制信号，高压和低压控制回路分别产生与控制信号同步的脉冲信号 U_H 和 U_L，使 VT_1 和 VT_2 同时导通，二极管 VD_1 承受反向电压而截止，绕组由高压电源 U_1 供电，使绕组上的电流快速达到额定值。当绕组电流达到额定值后，V_H 转为低电平，VT_1 关断，低压电源 U_2 经二极管 VD_1 向绕组供电，保持额定电流，直到控制脉冲消失。通常高压为 80V，低压为几伏到十几伏。

由于采用高压驱动，使电流增长加快，脉冲前沿变陡，电机的转矩、启动及运行频率得到提高。额定电流由低电压维持，只需阻值较小的限流电阻，所以功放效率有所提高，该电路多用于中功率和大功率步进电机中。虽然高低压方式改善了脉冲前沿，但在高低压连接处出现较大的电流波动，引起转矩波动。

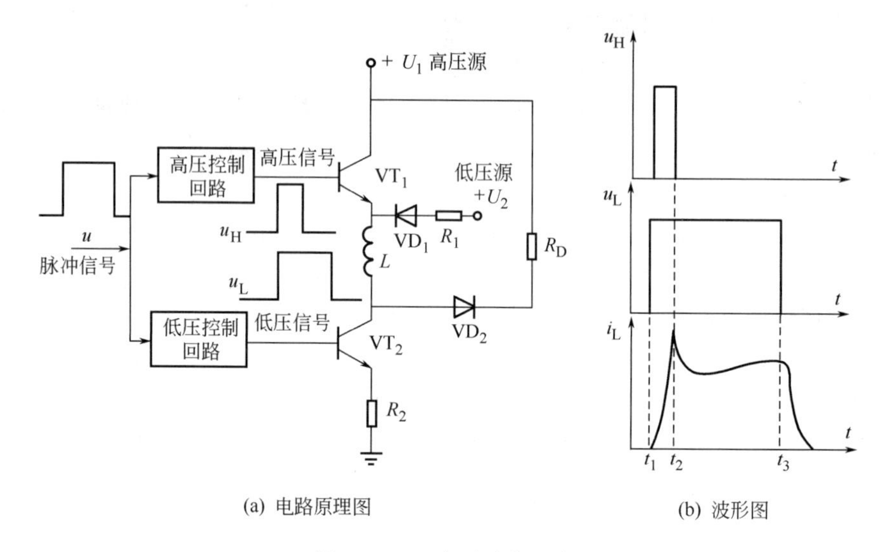

(a) 电路原理图 (b) 波形图

图 6-15 双电压功放电路

3. 恒流斩波功放电路

恒流斩波型功放电路可克服双电压功放电路在高低电源连接处出现的电流波动这一缺点，并提高步进电动机的效率和转矩。

图 6-16 为一种恒流斩波功放电路的原理图。控制脉冲信号 U_{in} 为“0”电平时，与门 N_2

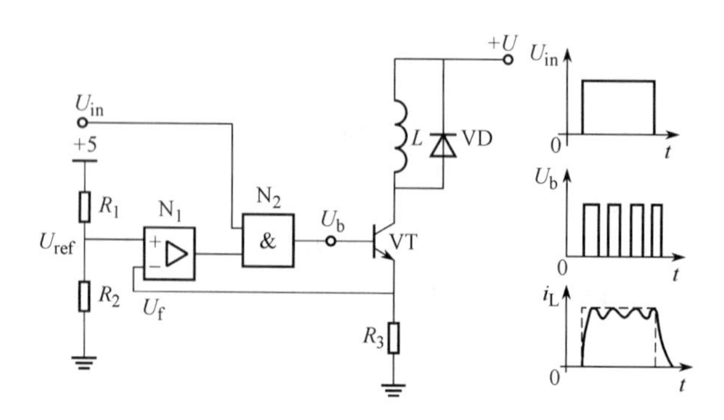

图 6-16 恒流斩波功放电路

输出“0”电平，功放管 VT 截止，绕组 L 上无电流，采样电阻 R_3 上无反馈电压，N_1 放大器输出“1”电平；U_{in}变为“1”电平后，N_2 输出“1”电平，功放管 VT 导通，绕组 L 上有电流，并在采样电阻 R_3 上产生反馈电压 U_f。当 $U_f<U_{ref}$时，N_1 和 N_2 维持“1”电平，功放管 VT 维持导通；当 $U_f>U_{ref}$时，N_1 输出“0”电平，N_2 的输出端也变为“0”电平，功放管 VT 截止，绕组上为释放电流；当电阻 R_3 上电流减小到出现 $U_f<U_{ref}$，N_1 又输出“1”电平，N_2 也输出“1”电平，功放管 VT 又导通，如此往复。在一个控制脉冲内，功放管多次通断，使绕组电流在设定值上下波动。这种方法无需外接电阻来限定额定电流和减少时间常数，提高了工作效率和电源效率。但电流的锯齿波形会产生较大的电磁噪声。

除了以上介绍的几种驱动电路之外，还有很多驱动电源形式，在此不再叙述。

第三节　直流伺服电动机驱动系统

步进电动机伺服系统多用于开环系统，系统精度较低。对于高精度的数控机床，必须采用闭环伺服驱动系统。目前，数控机床闭环伺服驱动大都采用直流伺服电动机或交流伺服电动机驱动。直流伺服系统就是控制直流电动机的系统。直流电动机以其灵活、方便、性能稳定等特点曾是数控机床的主要驱动执行元件。但由于其换向器和电刷较容易发生故障，体积较大，维修不便等因素，目前正越来越多地被交流伺服系统代替。

一、常用的直流伺服电动机

直流电动机是伺服机构中常用的驱动元件，但一般的直流电动机不能满足数控机床的要求，近年来，开发了多种大功率直流伺服电动机。

1. 小惯量直流电动机

小惯量直流电动机是由一般直流电动机发展而来的。这类电动机又分为无槽圆柱体电枢结构和带印刷绕组的盘形电枢结构两种。小惯量电动机转子长而细，最大限度地减少了电枢转动惯量，所以能获得最好的快速性；由于转子无槽，结构均衡性好，低速时稳定而均匀运转，无爬行现象。此外还具有换向性能好、过载能力强等特点。

2. 调速直流电动机

小惯量直流电动机是通过减少电动机转动惯量来改善工作特性的，但正由于其惯量小，转速高，而机床惯量大，必须经过齿轮传动，且电刷磨损较快。而宽调速直流电动机则是用提高转矩的方法来改善其性能，使之在闭环伺服系统中得到较为广泛的应用。

宽调速直流电动机按励磁方式分为电励磁和永久磁铁励磁两种。电励磁式具有励磁大小易于调整、便于安排补偿绕组和换向器等特点，所以电动机换向性能好、成本低、可在较宽的范围内实现恒转矩调速。永久磁铁励磁式一般无换向极和补偿绕组，其换向性能受到一定限制，但不消耗励磁功率，因此效率较高，低速时输出扭矩大、温升低、尺寸小，因而此种结构用得较多。

宽调速直流电动机具有下述特点。

（1）输出转矩大　低速时能输出较大的转矩，使电动机可以不经减速齿轮而直接驱动丝杠，从而避免了齿轮传动中的间隙所引起的噪声、振动及齿轮间隙造成的误差。同时也改善了电动机的加速性能和响应特性。

（2）过载能力强　由于转子热容量大，因此热时间常数大，又采用了耐高压的绝缘材料，所以允许过载转矩5～10倍。

（3）动态响应好　电动机定子采用高矫顽力的电磁材料，电动机的抗去磁能力大大提高，启动时能产生5～10倍的瞬时转矩，而不出现退磁现象，从而使动态响应性能大大改善。

（4）调速范围宽　由于电动机具有线性的机械特性和调节性能，低速时能输出较大的转矩，调速范围宽，运转平稳。

3. 无刷直流电动机

该电动机又叫无整流子电动机。它没有换向器，由同步电动机和逆变器组成。逆变器由装在转子上的转子位置传感器控制，因此它实质上是交流调速电动机的一种。由于这种电动机的性能达到直流电动机的水平，又取消了换向器及电刷部件，使电动机寿命提高了一个数量级，因此引起了人们很大的兴趣。

二、直流电动机的调速

速度控制单元的任务就是控制电动机的转速。对于他励直流电动机，其转速表达式为

$$n=\frac{U_a-I_a\sum R_a}{C_e\Phi} \tag{6-3}$$

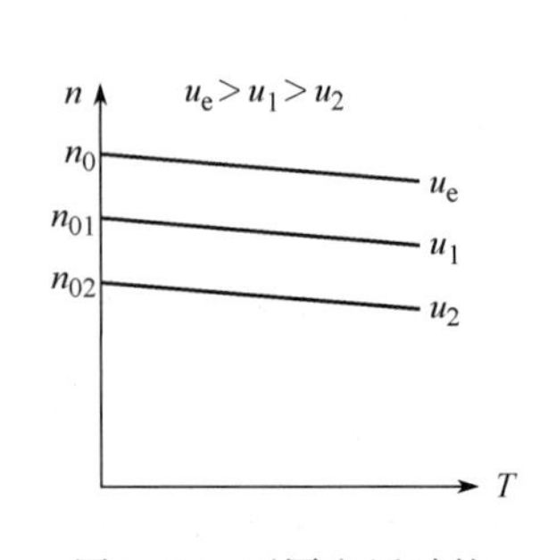

图6-17　不同电压时的机械特性

由式(6-3)可知，直流电动机调速的方法有：①改变电枢回路电阻（R_a）；②改变气隙磁通量（Φ）；③改变外加电压（U_a）。前两种方法的调速特性不能满足数控机床的要求。对于永磁式宽调速直流电动机，其磁场磁通是恒定的，只能按照第三种方法调速。

电压控制调速的机械特性如图6-17所示。这种调速方法具有恒转矩的调速特性，机械特性好。而且，因它是用减小输入功率来减小输出功率的，所以经济性能好。

对于电压控制方式调速，常用如下两种驱动方式：一种是晶闸管（SCR）驱动方式；另一种是晶体管脉宽调制方式（PWM）。

（一）晶闸管调速系统

1. 系统的组成

图6-18为晶闸管双闭环调速系统框图。该系统由内环——电流环、外环——速度环和晶闸管整流电路（SCR）等组成。图中U_s为设定参考电压的参考值，来自速度调节器的输出。U_i为电枢电压的反馈值，由电流传感器取自晶闸管整流的主回路，即电动机的电枢回

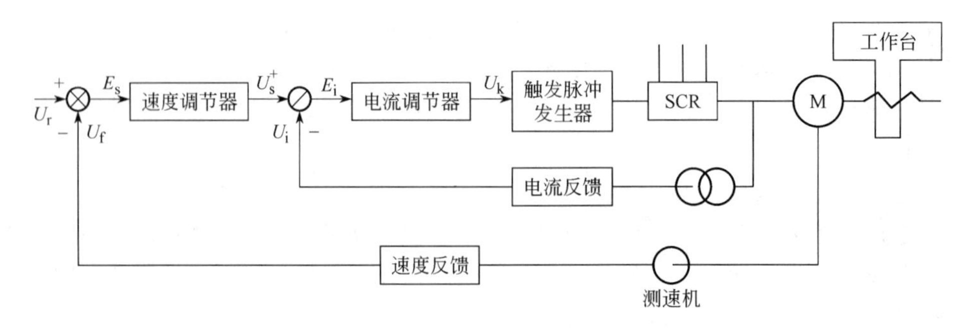

图6-18　晶闸管双闭环调速系统框图

路。U_r 为来自数控装置经 D/A 变换后的模拟量参考值，该值也就是速度的指令信号，一般取0～10V直流，正负极性对应于电动机的旋转方向。U_f 为反映电机速度的反馈值。速度调节器和电流调节器都是由线性运算放大器和阻容元件组成的校正网络构成。

功率放大由可控硅（SCR）功率放大器完成。它一方面将电网的交流变为直流；另一方面通过触发脉冲调节器产生合适的触发脉冲，将输入的速度控制信号进行功率放大；对于可逆调速系统，电动机制动时，将电动机运转的惯性能转变为电能并回馈电网。

2. 系统的工作原理

就速度调节器而言，当指令信号 U_r 增大时，则偏差信号 E_s 也将增大，从而使电流调节器的输出电压随之加大，触发器的触发脉冲前移（即减小 α 角），SCR 输出电压提高，电机转速相应上升。同时，测速发电机输出电压也逐渐增加，并不断与给定信号进行比较，当它等于或接近给定值时，系统达到新的动态平衡，电机就以要求的较高转速稳定旋转。如果系统受到外界干扰，如负载增加时，转速就要下降。此时，测速机输出电压下降，偏差信号 E_s 增大，导致 U_s 和 U_k 增加，触发脉冲前移，晶闸管整流器输出电压升高，电机转速上升直至恢复到外界干扰前的转速值。电流调节器的作用是对电机电枢回路引起滞后作用的某些时间常数进行补偿，使动态电流按所需的规律变化。电流调节器有两个输入信号：一个是由速度调节器输出的反映偏差大小的控制信号 U_s；另一个是反映主回路电流的反馈信号 U_i。如当电网电压突然降低时，整流器输出电压也随之降低。在电机转速由于惯性尚未变化之前，首先引起主回路电流减小，从而立即使电流调节器输出增加，触发脉冲前移，使整流器输出电压增加，主回路电流恢复到原来的值，因而抑制了主回路电流的变化。当速度给定信号是阶跃函数时，电流调节器有一个很大的输入值，但其输出值已整定在最大的饱和值。此时的电枢电流也在最大值（一般取额定值的 2～4 倍），从而使电动机在加速过程中始终保持在最大转矩和最大加速度状态，以使启动、制动过程最短。

具有速度外环、电流内环的双环调速系统具有良好的静态、动态指标，其启动过程很快，可最大限度地利用电动机的过载能力，使过渡过程最短。但在低速轻载时，电枢电流出现断续、机械特性变软、整流装置的外特性变陡、总放大倍数下降等缺点。

3. 主回路构成

晶闸管整流电路具有多种形式，如单向半控桥、单向全控桥、三相半波、三相半控桥、三相全控桥等。单向半控桥及单向全控桥虽然电路简单，但其输出波形差、容量有限，而较少采用。数控机床中，多采用三相全控桥反并联可逆整流电路，如图 6-19 所示。图中晶闸管分成两组（Ⅰ和Ⅱ），每组按三相桥式连接，两组反并联，分别实现正转和反转。

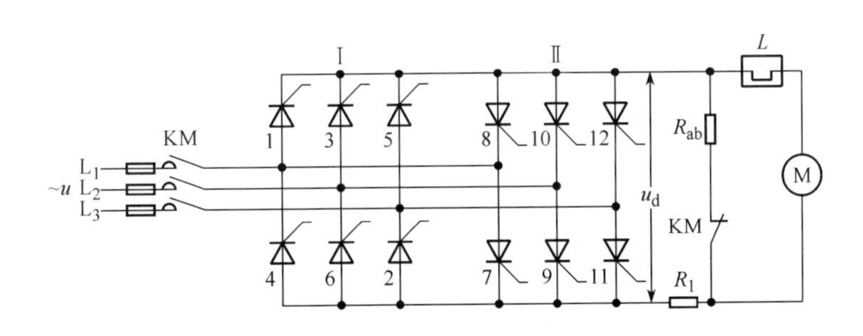

图 6-19 三相全控桥反并联可逆整流电路

（二）晶体管脉宽调制调速系统

随着大功率晶体管制造工艺上的成熟和微电子技术的发展以及高开关频率、高反压大电流功率晶体管模块的商品化，晶体管脉冲宽度调制型（PWM）直流伺服驱动系统得到了广泛应用。与可控硅相比，大功率晶体管控制简单，开关特性好，克服了可控硅调速系统的波形脉动，特别是轻载低速调速特性差的问题。

所谓脉宽调速，就是使功率放大器中的晶体管工作在开关状态下，通过控制晶体管导通时间，将直流电压转变成某一频率的电压脉冲，加到电机的电枢两端。脉宽的连续变化，使电枢电压的平均值也连续变化，因而使电动机的转速连续调整。

1. 概述

图 6-20 为 PWM 斩波器的原理电路及输出电压波形。图(a) 中，假定晶体管 VT_1 先导通 T_1s（忽略 VT_1 的管压降，电源电压全部加到电枢上），然后关断 T_2s（电枢端电压为零）。如此反复，则电枢端电压波形如图（b）所示。电枢端电压 U_o 的平均值为

$$U_o=\frac{T_1}{T_1+T_2}U_d=\frac{T_1}{T}U_d=\alpha U_d \tag{6-4}$$

式中

$$\alpha=\frac{T_1}{T_1+T_2}=\frac{T_1}{T}$$

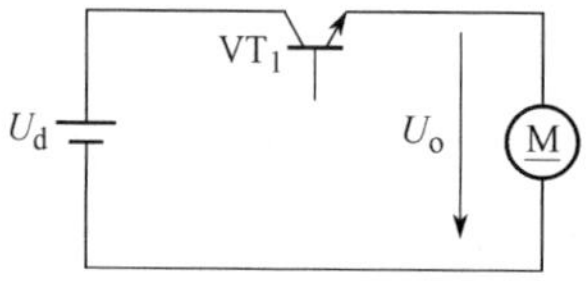

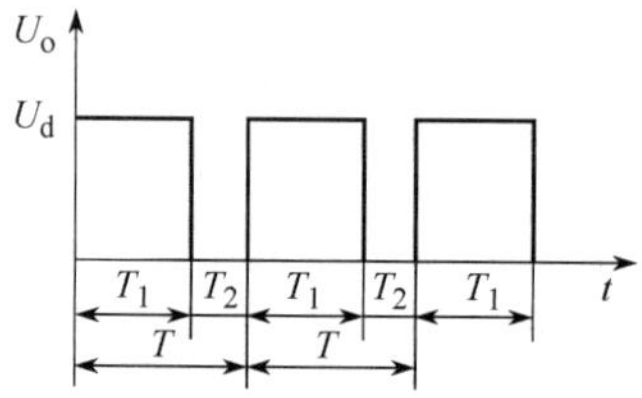

(a) 原理图　　(b) 波形

图 6-20　PWM 斩波器原理电路及输出波形

α 为一个周期 T 中，晶体管 VT_1 导通时间的比率，称为负载率或占空比。α 的变化范围为 $0\leqslant\alpha\leqslant1$，因而电枢电压平均值 U_o 的调节范围为 $0\sim U_d$。由此可见，改变晶体管开关的通断时间，即可实现对电动机转速的调节，这就是脉宽调制调速的基本原理。

2. 晶体管脉宽调制系统的构成及工作原理

图 6-21 为 PWM 系统的原理框图。该系统由控制部分、晶体管开关式放大器和功率整

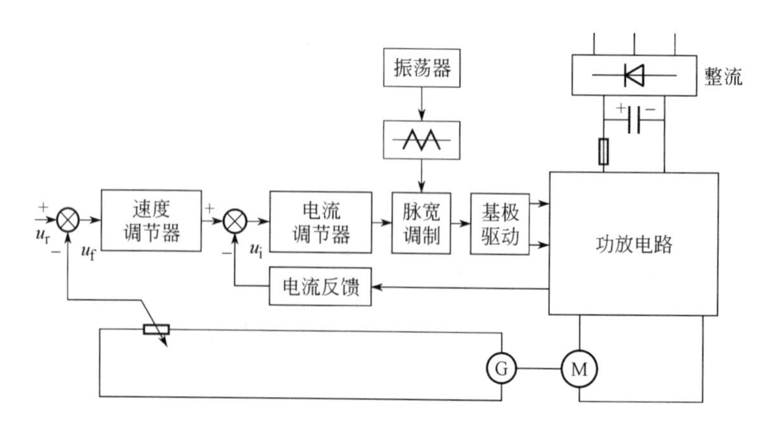

图 6-21　脉宽调制系统原理框图

流三部分组成。控制部分包括速度调节器、电流调节器、固定频率振荡器、三角波发生器、脉冲宽度调制器和基极驱动电路等。其中速度调节器和电流调节器与可控硅直流调速系统一样，同样采用双环控制。与可控硅调速系统不同的部分，一是主回路，即脉宽调制式的开关放大器；二是脉宽调制器，它是PWM调速系统的核心。

（1）脉宽调制器

脉宽调制器的作用是将电流调节器输出的直流电压与振荡器产生的确定频率三角波叠加，形成宽度可变的矩形脉冲。数控系统中，电流调节器输出的直流电压量，是由插补器输出的速度指令转化而来的信号，经过脉宽调制器变为周期固定但脉冲宽度可调的脉冲信号，脉冲宽度的变化跟随速度指令信号。

脉宽调制器的种类很多，但从其构成看，都是由调制信号发生器和比较放大器组成。调制信号发生器都是采用三角波发生器或锯齿波发生器。

① 三角波发生器　图6-22(a) 为一种三角波发生器。放大器 N_1 构成方波发生器，亦即多谐振荡器，输出端接上一个由运算放大器 N_2 构成的反相积分器，共同组成正反馈电路，形成自激振荡。

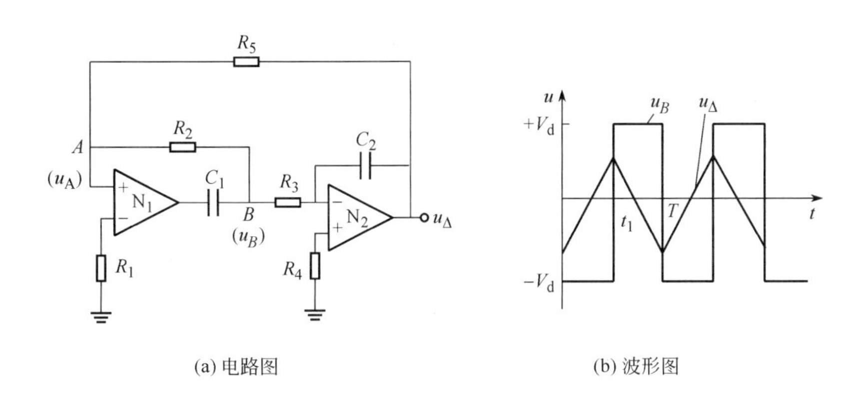

(a) 电路图　　(b) 波形图

图6-22　三角波发生器

工作过程：设在电源接通瞬间 N_1 的输出电压 u_B 为 $-V_d$（负电源电压），被送到 N_2 的反相输入端。由于 N_2 的反相作用，电容 C_2 被正向充电，输出电压 u_Δ 逐渐升高，同时又被反馈至 N_1 的输入端与 u_A 进行叠加。当 $u_A>0$ 时，比较器 N_1 就立即翻转（因为 N_1 由 R_2 接成正反馈电路），u_B 电位由 $-V_d$ 变为 $+V_d$。此时，$t=t_1$，$u_\Delta=(R_5/R_2)V_d$。而在 $t_1<t<T$ 的区间，N_2 的输出电压 u_Δ 线性下降。当 $t=T$ 时，u_A 略小于零，N_1 再次翻转。此时 $u_B=-V_d$ 而 $u_\Delta=-(R_5/R_2)V_d$。如此形成自激振荡，在 N_2 的输出端得到一串三角波电压，各点波形如图6-22(b) 所示。

② 比较放大器　比较放大器的作用是将控制电压与三角波进行叠加，形成脉冲宽度可调的脉冲信号。其电路如图6-23所示。三角波电压 u_Δ 与控制电压 u_{sr} 叠加后送入比较放大器的输入端，当 $u_{sr}=0$ 时，比较放大器输出电压的正负半波脉宽相等，输出平均电压为零。当 $u_{sr}>0$ 时，三角波过零时间提前，输出脉冲正半波宽度大于负半波宽度，输出平均电压大于零。而当 $u_{sr}<0$ 时，三角波过零时间后移，输出脉冲正半波宽度小于负半波宽度，输出平均电压小于零。如果三角波线性度好，则输出脉冲宽度正比于控制电压 u_{sr}，见波形图6-24。

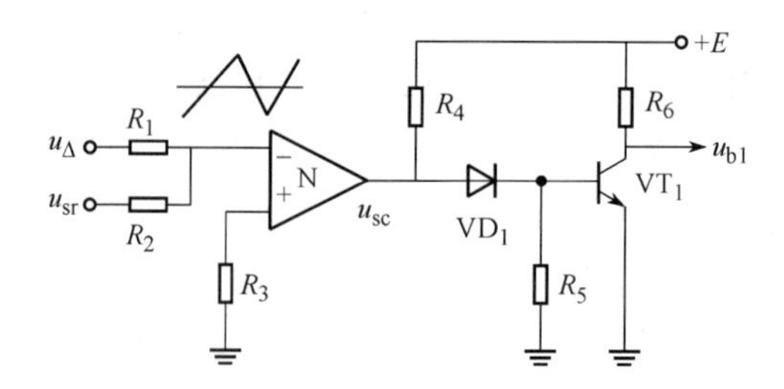

图 6-23 比较放大器

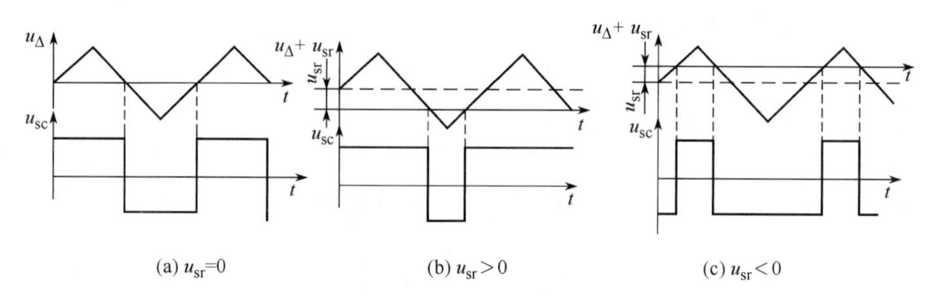

(a) $u_{sr}=0$ (b) $u_{sr}>0$ (c) $u_{sr}<0$

图 6-24 三角波脉冲宽度调制器工作波形图

（2）开关功率放大器 开关功率放大器是脉宽调速系统的主回路。总体上可分为单极性工作方式和双极性工作方式两种。各种不同的开关工作方式又可组成可逆开关放大电路和不可逆开关放大电路。

图 6-25(a) 为 H 型单极性开关电路。所有 H 形的开关电路都是由四个晶体管和四个续流二极管构成的桥式电路，形似英文字母 H。将两个相位相反的脉冲控制信号分别加在 VT_1 和 VT_2 的基极，而 VT_3 的基极施加截止控制信号，VT_4 的基极施加饱和导通的控制信号。在 $0 \leqslant t < t_1$ 区间内，VT_1 饱和导通，VT_2 截止，由于 VT_4 始终处于导通状态，所以在电动机电枢两端 AB 间的电压为 E_d。在 $t_1 \leqslant t < T$ 区间内，VT_1 截止而 VT_2 饱和导通，但由于 VT_3 始终处于截止状态，所以电动机处于无电源供电的状态，电枢电流靠 VT_4 和 VD_2 通道，将电枢电感能量释放而继续流通，电机只能产生一个方向的转动。如要电机反转，只有将 VT_3 基极加上饱和导通的控制电压，VT_4 基极加上截止控制电压才行。

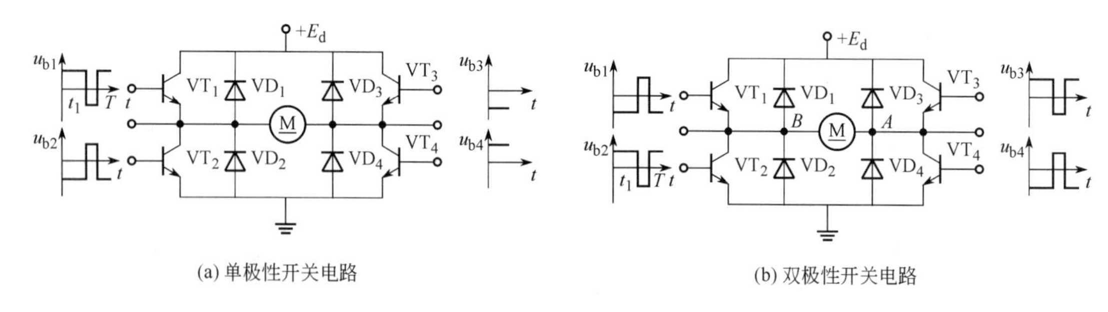

(a) 单极性开关电路 (b) 双极性开关电路

图 6-25 H 型开关电路

H 型双极性开关电路如图 6-25(b) 所示。比较图(a) 和图(b) 可见，两图的构成是一样的，只是控制信号不同。VT_1 和 VT_4 的脉冲信号相同，VT_2 和 VT_3 的脉冲信号同 VT_1 和 VT_4 的信号相位相反，在 $0 \leqslant t < t_1$ 的时间区间内，VT_2 和 VT_3 导通，电源 $+E_d$ 加在电枢的 AB 两端，(即 $U_{AB} = +E_d$)；而在 $t_1 \leqslant t < T$ 的时间区间内，VT_1 和 VT_4 导通，电

源$+E_d$加在BA两端（即$U_{AB}=-E_d$）。而当调制器输出的脉冲宽度满足$t_1>T/2$时，电枢两端平均电压$U_{AB}>0$，电机正转；反之，当$t_1<T/2$时，平均电压小于零，电动机反转；当$t_1=T/2$时，平均电压为零，电动机不转。

第四节　交流伺服电动机的驱动系统

交流伺服系统是最新发展起来的新型伺服系统，这一方面是因为交流电动机具有结构简单、价格低廉、无电刷、动态响应好、输出功率大等优点；另一方面近年来新型功率开关器件、专用集成电路和新的控制算法等的发展带动了交流驱动电源的发展，使其调速性能更能适应数控机床伺服系统的要求。

一、常用交流伺服电动机及其特点

交流伺服系统中常用的执行元件有交流感应式伺服电动机和交流永磁式伺服电动机。

感应式相当于交流感应异步电动机，与同容量的直流电机相比，具有结构简单，价格低廉，重量轻1/2等优点。但不能经济地实现范围较广的调速，必须从电网吸收滞后的励磁电流，因而使电网功率因素变坏。常用于主轴伺服系统。

永磁式相当于交流同步电动机，与感应电动机不同，同步电动机的转速与所接电源的频率之间存在着一种严格关系，即在电源频率固定不变时，它的转速是稳定不变的。若采用变频电源给同步电动机供电，可方便地获得与频率成正比的转速，同时，可获得非常硬的机械特性及较宽的调速范围。永磁式同步电动机具有结构简单、运行可靠、响应快速、效率较高的特点。多用于数控机床位置伺服系统中。

二、交流伺服电动机的调速

（一）概述

交流电动机的转速与电源频率、电机磁极对数及转差率之间的关系式为$n=n_0(1-s)=\frac{60f}{p}(1-s)$。对于异步电动机，$s\neq0$；对于同步电动机，则$s=0$。交流电动机的调速可通过改变转差率、改变磁极对数及变频三种方法实现。具体种类很多，常见的有：

① 降电压调速；

② 电磁转差离合器调速；

③ 绕线转子异步电动机串电阻调速；

④ 绕线转子电动机串级调速；

⑤ 变极对数调速；

⑥ 变频调速。

前四种方法均属于变转差调速，其中前三种全部转差功率都消耗掉了，靠消耗转差功率获得转速的降低，因而效率低。串级调速将大部分转差功率通过变流装置回馈电网或者予以利用，可以提高效率。变极调速是有级调速，应用受限制。变频调速，从高速到低速都可以保持有限的转差率，具有效率高、调速范围宽和高精度的调速性能，是数控机床中最广泛采用的一种调速方式。

变频调速技术近年发展很快，方法很多。变频调速的主要环节是为交流电动机提供变频电源的变频器。变频器可分为交-交变频器和交-直-交变频器两大类。交-交变频（图 6-26 所示）是用整流器直接将工频交流电变成频率可调的交流电源，正组输出正脉冲，反组输出负脉冲。由于无中间环节，故变换效率高，但连续可调的频率范围窄，一般为额定频率的 1/2 以下，交流电波动较大。交-直-交变频（图 6-27 所示）是先把固定频率的交流电整流成直流电，再把直流电逆变成频率连续可调的三相交流电。具有频率调节范围宽、交流电波动小、线性度好的优点。

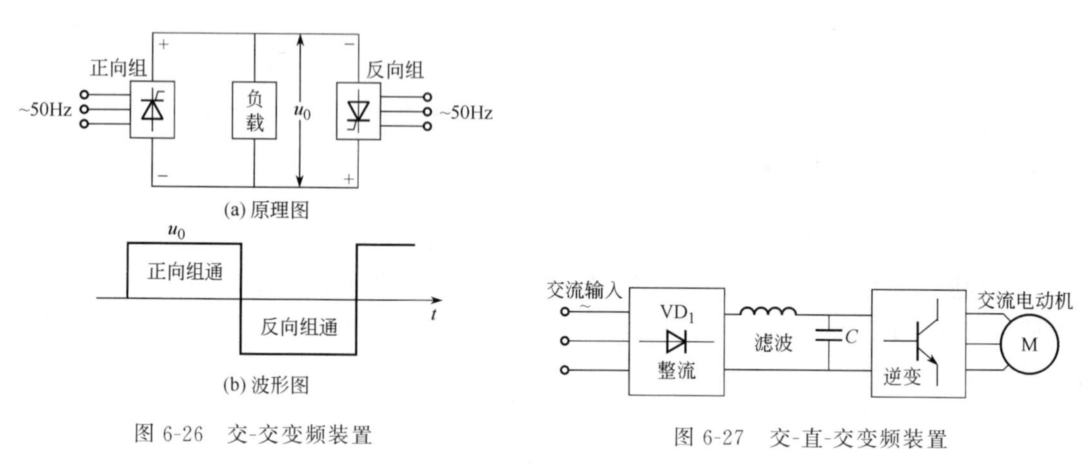

图 6-26　交-交变频装置

图 6-27　交-直-交变频装置

（二）交-直-交变频器的主电路

图 6-28 为交-直-交变频器的通用主电路。电路分成交-直部分和直-交部分。

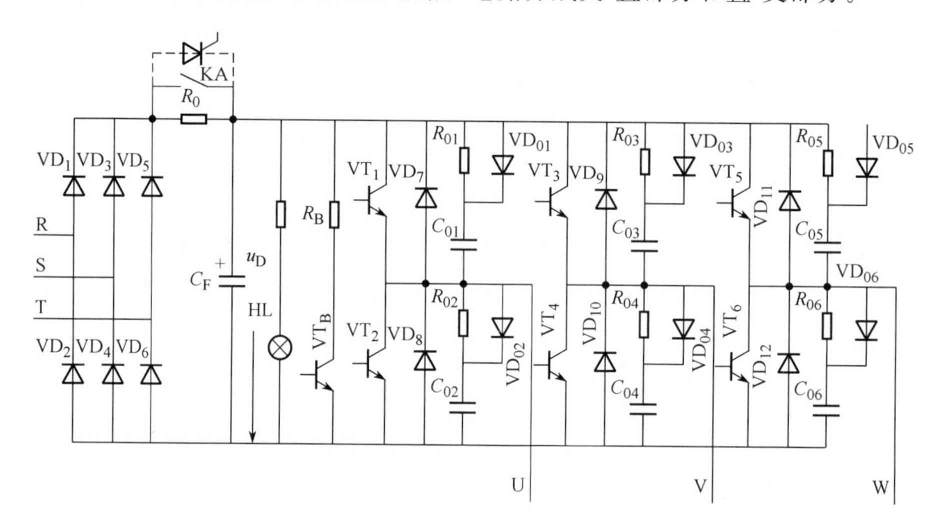

图 6-28　交-直-交变频器的主电路

1. 交-直部分

整流管 $VD_1 \sim VD_6$ 组成三相整流桥，将三相交流电全波整流成直流。滤波电容 C_F 的作用是滤除全波整流后的电压纹波，并在负载变化时，使直流电压保持平稳。限流电阻 R_0 是限制电源合上瞬间，电容 C_F 的充电电流。C_F 充电到一定程度时，触点 KA 接通，将 R_0 短路。触点 KA 也可由晶闸管代替，如图中虚线所示。

2. 直-交部分

晶体管 $VT_1 \sim VT_6$ 组成逆变桥，把 $VD_1 \sim VD_6$ 整流所得的直流电，再变成频率可调的交流电。$VD_7 \sim VD_{12}$为续流二极管，其主要作用是保护逆变管，同时也为工作电流提供通路。($R_{01} \sim R_{06}$、$VD_{01} \sim VD_{06}$、$C_{01} \sim C_{06}$) 构成缓冲电路，其中 $C_{01} \sim C_{06}$的作用是防止 $VT_1 \sim VT_6$ 由导通转为截止时，端电压由近乎零伏上升至直流电压 U_D 的过高电压增长率；$R_{01} \sim R_{06}$的作用是限制$VT_1 \sim VT_6$ 由截止转成导通时，$C_{01} \sim C_{06}$上所充的电压向 $VT_1 \sim VT_6$ 放电的电流；$VD_{01} \sim VD_{06}$的作用是在电容 $C_{01} \sim C_{06}$充电时将电阻$R_{01} \sim R_{06}$旁路，放电时放电电流必须流经 $R_{01} \sim R_{06}$。

(三) SPWM（正弦脉宽调制）调速系统

图 6-29 是一种典型的数字控制 SPWM 变频调速系统原理图。它包括主电路、驱动电路、控制电路、保护信号检测与处理电路，图中未画出吸收电路和其他辅助电路。

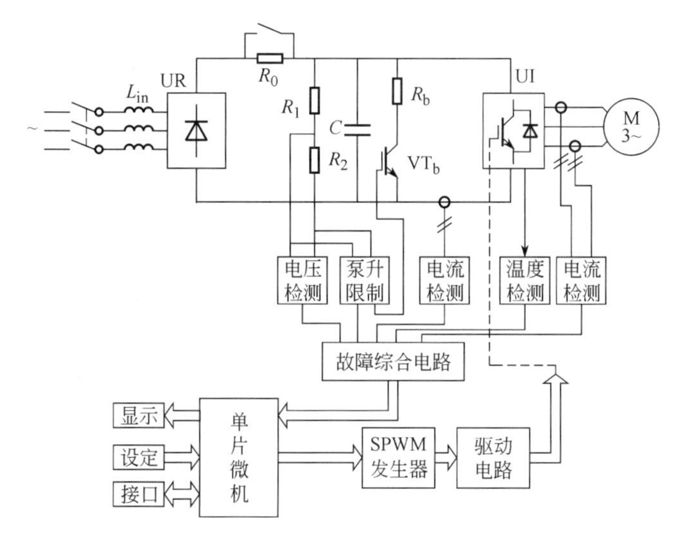

图 6-29 IGBT-SPWM 变频调速系统原理框图

SPWM 变频调速系统的主电路由不可控整流器 UR、SPWM 逆变器 UI 和中间直流电路三部分组成，采用大电容 C 滤波，同时当负载变化时使直流电压保持平稳。由于电容容量较大，电源接通瞬间相当于短路，势必产生很大的充电电流，容易损坏整流二极管。为了限制充电电流，在整流器和滤波电容之间串入限流电阻（或电抗）R_0，并用开关延时短路。

由于二极管整流器不能为异步电动机的再生制动提供反向电流的途径，所以除特殊情况外，通用变频器一般都用电阻（如图中的 R_b）吸收制动能量。制动时，异步电动机进入发电状态，首先通过逆变器的续流二极管向电容 C 充电，当中间直流回路电压（通称泵升电压）升高到一定限制值时，通过泵升限制电路使开关器件 VT_b 导通，将电动机释放的动能消耗在制动电阻 R_b 上。为了便于散热，制动电阻器常作为附件单独装在变频器机箱外边。

第五节 进给驱动器的接口与连接

进给驱动器根据来自 CNC 的指令，按照一定规律控制电动机的运行，以满足数控机床工作的要求。进给驱动器通常有电源接口、指令信号接口、以及控制电动机运行的接口，这些都是最基本的接口。此外，进给驱动器一般还应具有输出工作状态信息和报警信号的接口，有些进给驱动器还提供了通信接口等。本节重点介绍进给驱动器的常用接口以及与数控系统的连线等内容。图 6-30 为步进电动机驱动器（SH-50806A）与 CNC 的基本接线图。

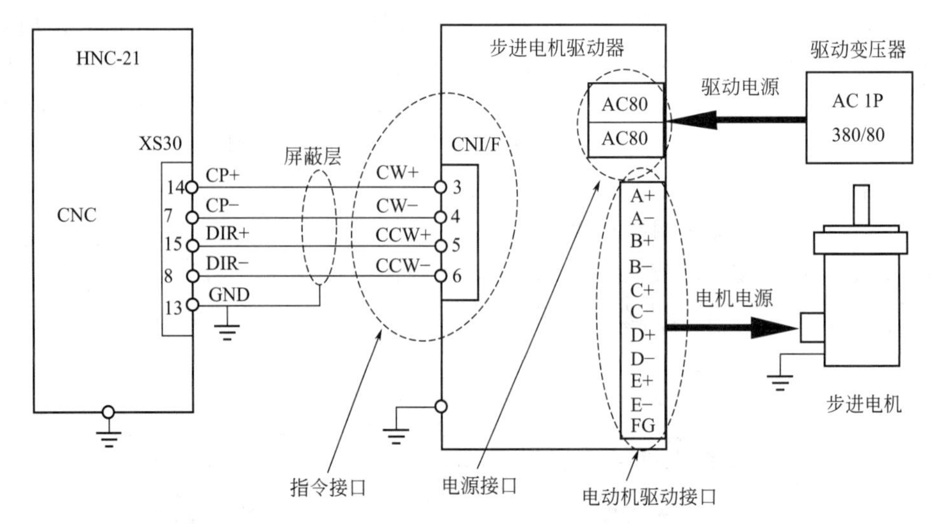

图 6-30　步进电机驱动器与 CNC 的基本连接

按连接对象的不同，可分为 CNC 及 PLC 接口、电动机接口、外部设备接口等。按功能的不同，可分为指令接口、控制接口、状态接口、安全互锁接口、通信接口、显示接口等。根据接口信号的电压高低，可分为高压电源接口、低压电源接口、无源接口。根据接口信号的类型，可分为开关量接口和模拟量接口。下面将按接口功能介绍进给驱动装置的常用接口。

一、电源接口

进给驱动器的电源一般有动力电源和逻辑电路电源，对于交流伺服进给驱动器还需要控制电源。动力电源是指进给驱动器用于驱动电动机运转的电源，逻辑电路电源是指进给驱动器的开关量、模拟量等逻辑接口电路工作或电平匹配所需的电源，一般为直流 24V，也有采用直流 12V 或 5V；控制电源是指进给驱动装置自身的控制板卡、面板显示等内部电路工作用的电源，一般为单相，对于步进驱动器，该部分电源与动力电源共用。图 6-31 所示为进给驱动器供电示例。

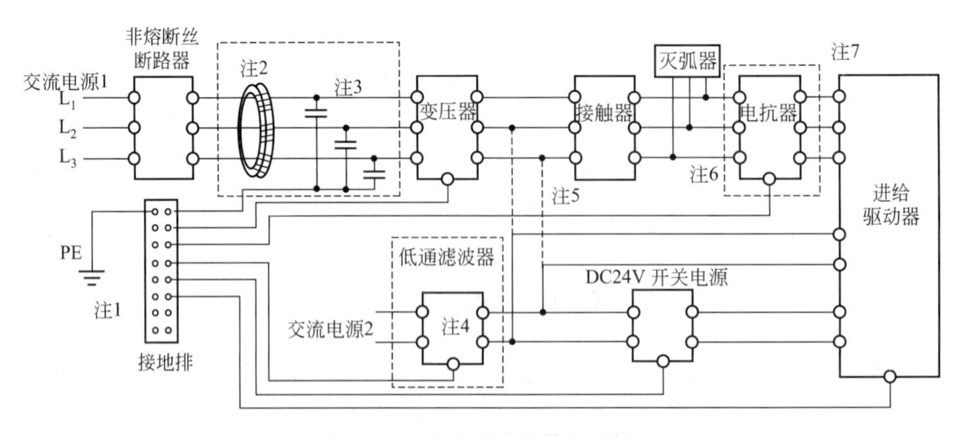

图 6-31　进给驱动器供电示例

习惯上进给驱动器的电源是指其动力电源。进给驱动器的动力电源种类很多，从三相交流 460V 到直流 24V 甚至更低，交流伺服驱动器典型的供电方式是三相交流 200V。步进电动机驱动器一般采用单相交流电源或直流电源，对于采用直流电源的步进电动机驱动器，允许的电源电压的范围都比较宽，步进电动机驱动器一般不推荐使用稳压电源和开关电源。伺服驱动器的电源一般允许在额定值的 15%的范围内变化。例如，对于采用三相交流 200V 的伺服驱动器，允许电源电压的范围是 200～230V。

注意事项：

（1）整机必须可靠接地，接地电阻小于 4Ω，并在控制柜内最近的位置接入 PE 接地排，各器件的接地端应单独接到接地排端子上；

（2）电源线在磁环上绕 3～5 圈；

（3）电源线进入变压器之前，相线与地之间接入高压瓷片电容，可有效减少电源线上的干扰信号；

（4）采用低通滤波器可有效减少电源中的高频干扰信号；

（5）进给驱动器的控制电源可以由另外的隔离变压器供电，也可从伺服变压器取一相电源供电；

（6）大电感负载（交流接触器线圈、电磁阀线圈等）要采用 RC 电路吸收因线圈断电而产生的高压反电动势，保护电子设备；

（7）虚线框内为非必须的抗干扰措施。

使用交流电源的进给驱动器一般由隔离变压器供电，以提高抗干扰能力和减小对其他设备的干扰，有时还需要增加电抗器以减小电动机启动/停止时对电源和电源控制器件的冲击，电源干扰较强时还要增加高压瓷片电容、磁环、低通滤波器等。进给驱动器典型供电线路如图 6-31 所示。

交流伺服驱动器具有电源模块和控制模块两部分，有些交流伺服驱动模块这两部分是集成在一起的，有些则采用分离的方式，即几个控制模块（有些产品还包括主轴控制模块）共用一个电源模块，此时也称控制模块为进给驱动器，这种方式对于坐标轴数较多的数控设备要经济些。根据电源模块和电动机功率的不同，一个电源模块可以连接 1 到 5 个控制模块，如图 6-32 所示。

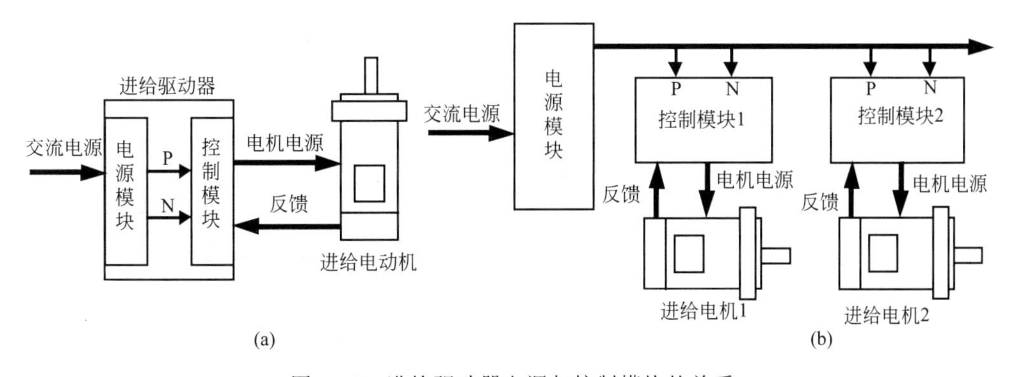

图 6-32　进给驱动器电源与控制模块的关系

二、指令接口

进给驱动器一般采用脉冲接口或模拟量接口作为接收 CNC 指令信号的接口，有些还提供通信或总线的方式作为指令接口。

1. 模拟量指令接口

模拟量指令一般用于交流伺服进给驱动器。采用模拟量指令时，进给驱动器工作在速度模式下，由CNC和电动机（半闭环控制）或机床（全闭环拉制）上的位置检测元件组成位置闭环系统，系统的连接框图如图6-33所示。图6-34和图6-35分别是华中HNC-21和西门子802C base line数控系统与驱动器模拟量指令接口连接形式。

模拟量指令分为模拟电压指令和模拟电流指令两种，一般电压指令的范围是－10～10V；电流指令的范围是－20～20mA。电压指令在远距离传输时衰减比较明显，因此，若

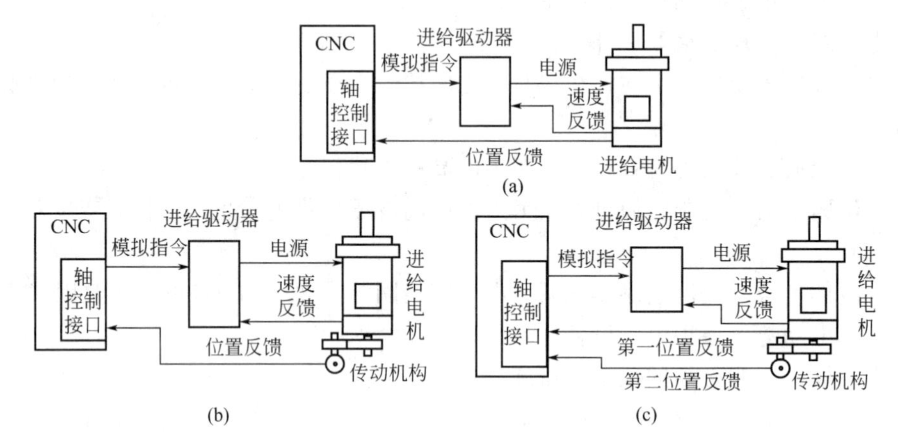

图6-33 模拟量指令接口数控装置连接框图

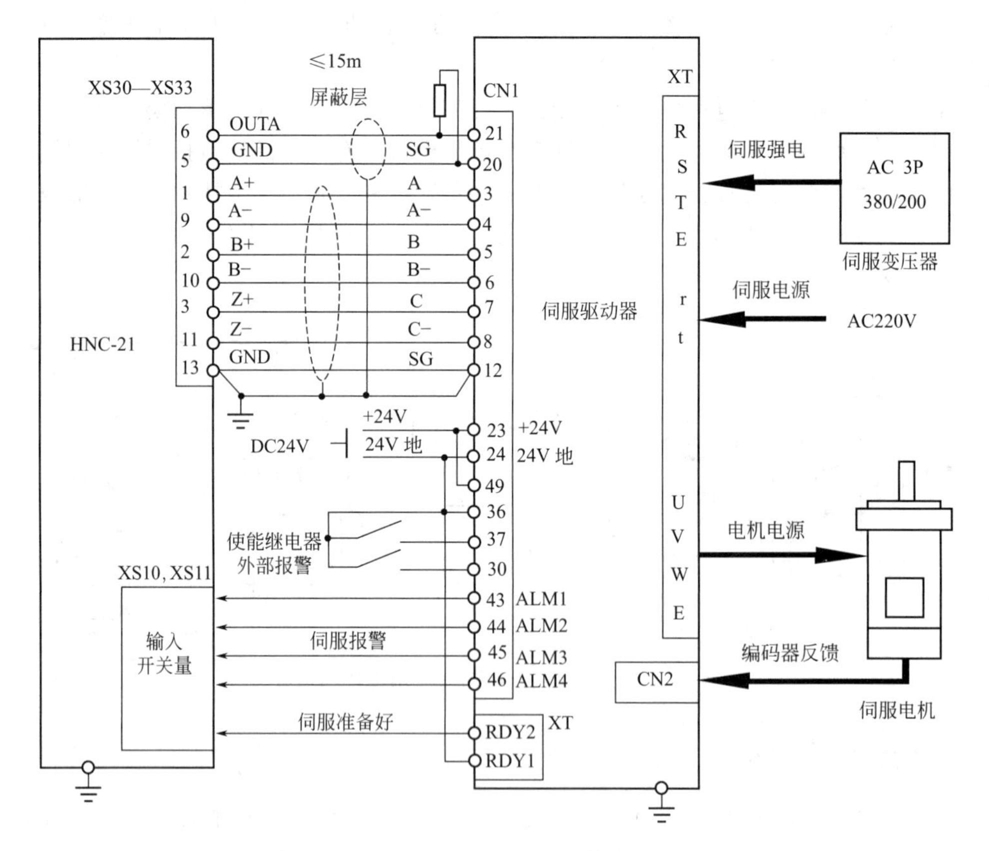

图6-34 华中HNC-21数控系统与驱动器模拟量指令接口连线

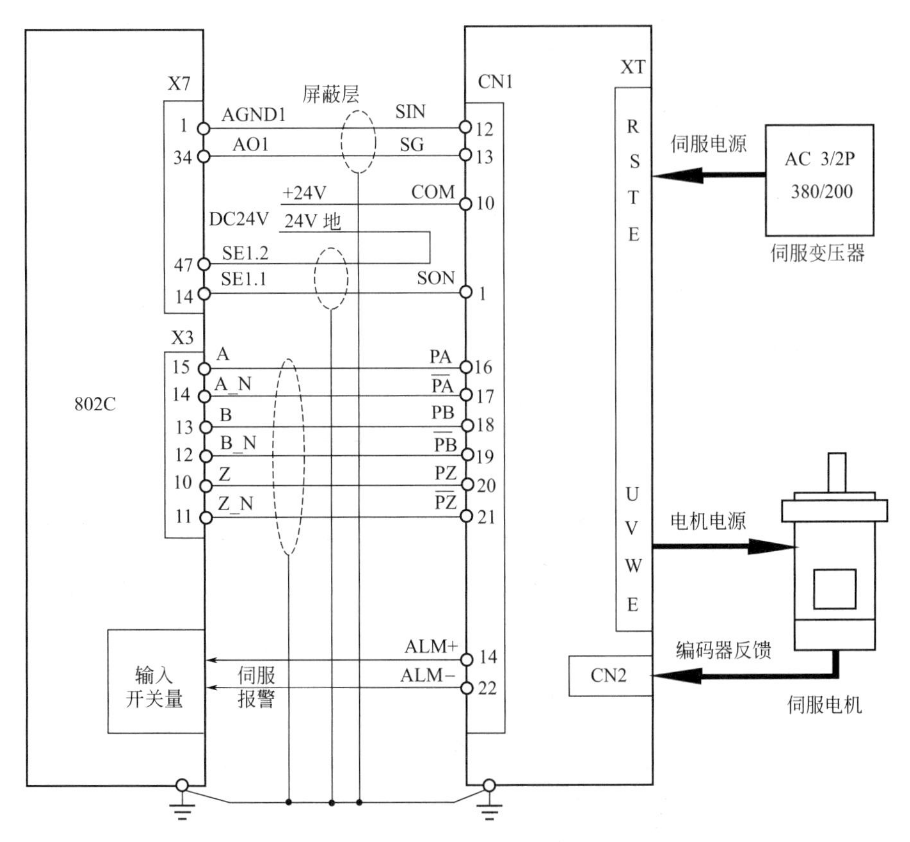

图 6-35 西门子 802C 数控系统与驱动器模拟量指令接口连线

驱动装置两种指令可选，则推荐使用或设定模拟电流指令接口。

2. 脉冲指令接口

脉冲指令接口最初被用于步进驱动装置器。目前，市场销售的通用交流伺服驱动器一般也都采用或提供脉冲指令接口。采用脉冲指令接口时，伺服驱动器一般工作在位置半闭环控制模式下，速度环和位置环的控制都由伺服驱动器完成。位置信息由伺服驱动器反馈给 CNC 做监控用，CNC 也可以不读取位置反馈信息，此时与控制步进电动机进给驱动器相同。

脉冲指令接口有 3 种类型：单脉冲（脉冲＋方向）方式，正交脉冲方式，正反向脉冲方式。步进电动机驱动器一般只提供单脉冲方式，伺服驱动器则三种方式都提供。假设 CP、DIR、CW、CCW 为驱动器的脉冲指令接口，则不同的工作模式下脉冲指令信号的类型见表 6-2。图 6-36 是采用脉冲指令接口的连接图。

表 6-2 脉冲指令的三种类型

序号	电机旋转方向		指令脉冲形式
	顺时针旋转	逆时针旋转	
1	CP DIR	CP DIR	正交脉冲[①]
2	CP DIR	CP DIR	单脉冲[②] （脉冲＋方向）

续表

序号	电机旋转方向		指令脉冲形式
	顺时针旋转	逆时针旋转	
3	CP DIR	CP DIR	正反向脉冲[3] （CP＋DIR）

① 正交脉冲 CP 与 DIR 的相位差为脉冲信号，CP 与 DIR 的相位超前和滞后决定电动机的旋转方向；

② 单脉冲 CP 为脉冲信号，DIR 为方向信号；

③ 正反相脉冲 CP 为正脉冲信号，DIR 为反脉冲信号。

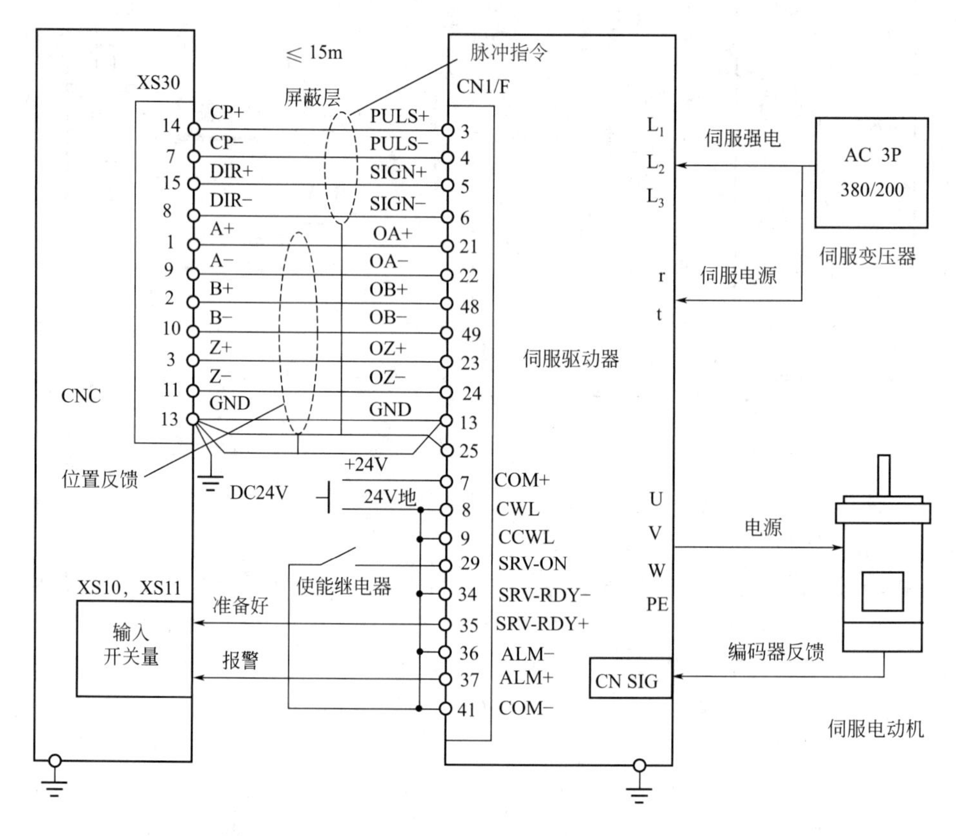

图 6-36 脉冲指令接口连接

3．通信指令接口

在图 6-36 中，CNC 通过内置式 PLC 的输入开关量接口可以获取进给驱动器“准备好”和“报警”两种状态，若要获得具体的报警内容等更多的信息，则需要占用更多的 PLC 输入接口。因此，为了增加 CNC 对进给驱动器的管理功能，以及其它一些特殊功能，有些进给驱动器提供了通信指令接口及相应的编程说明。常用的通信指令接口有 RS232C、RS422、RS485 等类型，采用该方式控制进给驱动器时，数控装置和进给驱动器之间只要一根通信线即可完成对进给驱动器的所有控制，还可以获得驱动器的工作状态信息、电动机实际位置反馈、报警信息。

这种方式的使用难度较大，一般与进给驱动器生产厂家的数控装置结合使用。

4. 总线式指令接口

总线式指令接口采用串联的方式连接，在数控装置侧只需一个总线即可，接线更加简单。总线指令接口有 PROFIBUS 总线、CAN 总线等。

三、控制接口

控制接口对进给驱动器而言是输入信号接口，用于接收 CNC、PLC 以及其他设备的控制指令，以便调整驱动器的工作状态、工作特性或对驱动器和电动机驱动的机床设备进行保护。控制接口常用的信号有：

（1）伺服 ON　允许进给驱动器接受指令开始工作；

（2）复位（清除报警）　进给驱动器恢复到初始状态（清除可自恢复性故障）；

（3）控制方式选择　允许进给驱动器在两种工作方式之间切换，这两种工作方式可以通过参数在位置控制模式、速度控制模式、转矩控制模式中任选两种；

（4）CCW 驱动禁止输入和 CW 驱动禁止输入　当机床的移动部分正/反向超程时，CCW 和 CW 信号与公共端断开，电机不产生转矩，可以应用于机床的限位保护；

（5）CCW 转矩限制输入和 CW 转矩限制输入　CCW 端子输入正电压（0～＋10V）可以限制电动机逆时针方向的电机转矩，CW 端子输入负电压（0～－10V）可以限制电动机顺时针方向的电机转矩。

在进给驱动器内，可以通过参数设置对控制接口的各位信号做如下设定：

① 设定某位控制接口信号是否有效；

② 设定某位控制接口信号是常闭有效还是常开有效；

③ 修改某位控制接口信号的含义。

因此这些接口又称为多功能输入接口。

四、状态与安全报警接口

状态与安全报警接口对进给驱动器而言是输出信号接口，用于向 CNC、PLC 以及其他设备输出驱动器的工作状态。状态与安全报警接口常用的信号有如下几种。

（1）伺服准备好：驱动器工作正常。

（2）伺服报警、故障：驱动器、电动机、位置检测元件等工作不正常。

（3）位置到达：位置指令完成。

（4）零速检测：电动机速度为零。

（5）速度到达：速度指令完成。

（6）速度监视：以与电动机速度线性对应的关系输出模拟电压。

（7）转矩监视：以与电动机转矩线性对应的关系输出模拟电压。

五、反馈接口

进给驱动装置的反馈接口包括以下两个。

（1）来自位置、速度检侧元件反馈接口。检测元件一般有增量式光电编码器、旋转变压器、光栅、绝对式光电编码器等。对于增置式光电编码器、旋转变压器和光栅一般采用直接连接的方式，进给驱动器提供检测元件的电源电压通常为＋5V，额定电流小于 500mA，若超过此电流值或距离太远，应采用外置电源。有闭环功能的驱动器具备两个反馈输入接口，例如驱动器分别采用电动机轴上的绝对式编码器和机床上的光栅，构成混合闭环控制。

（2）输出到CNC装置反馈接口。一般将来自检测元件的信号分频或倍频后用长线驱动器（差分）电路输出。

六、通信接口

常用的通信接口有RS232C、RS422、RS485、以太网接口以及厂家自定义接口等。利用通信接口可以实现如下功能：

（1）查看和设置驱动器的参数和运行方式；

（2）监视驱动装置的运行状态，包括端子状态、电流波形、电压波形、速度波形等；

（3）实现网络化远程监控和远程调试功能。

七、电动机电源接口

电动机电源接口一般采用端子的形式，小功率电动机也会采用插接件的形式。伺服电动机输出线号一般为U、V、W；步进电动机输出线号为A＋、A－、B＋、B－（两相电动机），A＋、A－、B＋、B－、C＋、C－（三相电动机），A、B、C、D、E（五相电动机）等。

第六节　主轴驱动器的接口与连接

数控机床使用的主轴驱动系统有直流主轴驱动系统和交流主轴驱动系统，目前主要采用交流主轴驱动系统，主轴交流电机采用变频器驱动。主轴驱动器的接口与进给驱动器有许多类似之处，主轴驱动器的特点是对电机转速的调节，不同厂家、不同等级的主轴驱动器所包含的接口类型不完全相同。

一、变频器基本接口

变频器单独不能运行，选择正确的外部设备，正确的连接以确保正确的操作。变频器与外部设备的接口端子一般包括主回路端子和控制回路端子，其中主回路端子有电源输入、变频器输出、连接制动单元等，控制回路端子有控制变频器正反转等工作状态的输入信号、速度设定信号、变频器运行状态的输出信号、以及通讯信号等。图6-37是主轴驱动器（变频器）最基本的接线图。

1．主回路部分

R、S、T为三相交流380V电源输入端子，U、V、W为变频器驱动电机的三相交流电源输出端子，P（＋）、PB为外接制动电阻接线端子。

2．控制回路部分

（1）速度指令输入端子　VCI端子接收模拟电压，CCI接收模拟电压或电流（由跳线开关选择输入信号形式）。在数控机床上一般由数控装置或PLC的模拟接口输出模拟量控制信号，指令信号范围为0～10V的电压信号或为0～20mA的电流信号。

（2）模拟输出端子　AO1、AO2可外接模拟表，指示多种物理量，指示的物理量由跳线开关选择。

（3）数字输入端子　FWD为电机正转运行命令端子；REV为电机反转运行端子；

X1～X5 为变频器多功能输入端子，可通过设置功能参数来定义其作用。X4～X5 除可作为普通多功能端子使用外，还可编程作为高速脉冲输入端子。

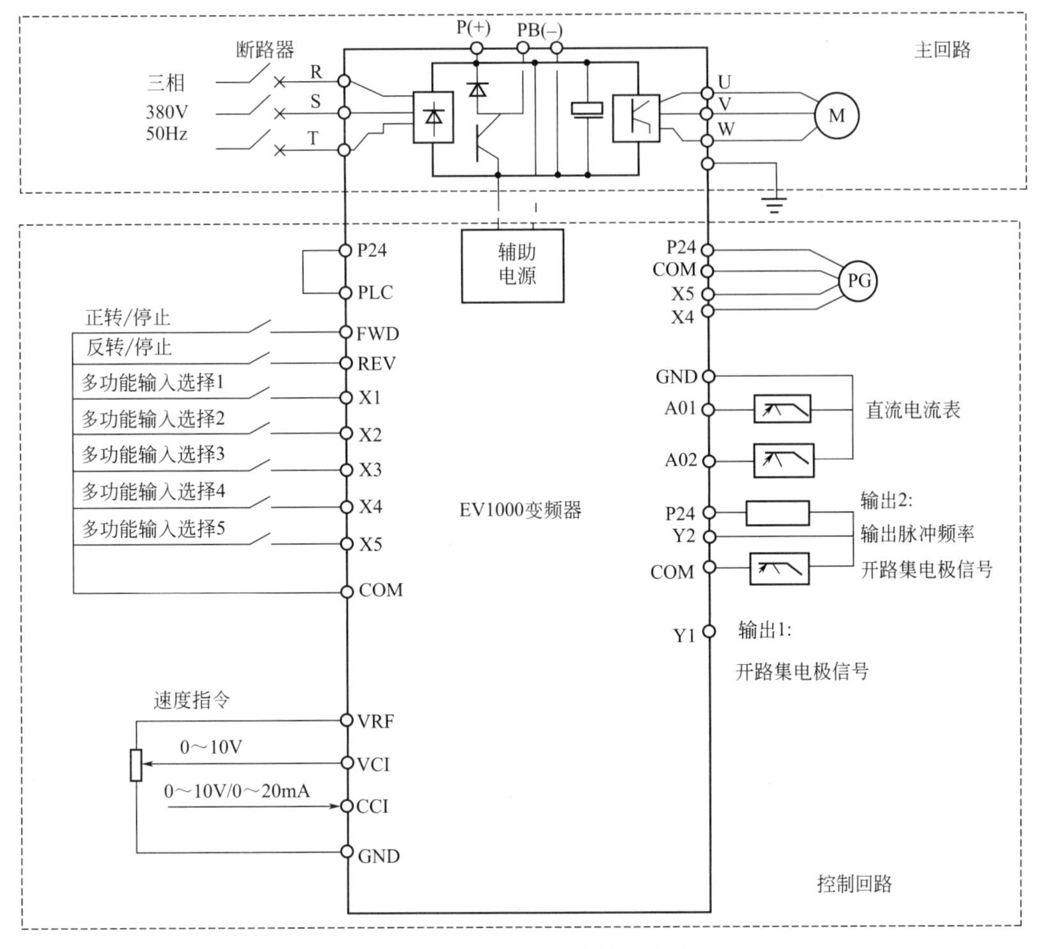

图 6-37 变频器的基本接口端子

二、数控装置与变频器的连接

1. 电动机运行指令

由于进给伺服电动机主要用于位置控制，因而进给驱动器一般采用脉冲信号作为指令输入，控制电动机的旋转速度和方向，不提供单独的开关量接口控制电动机的旋转方向。主轴电动机主要用于速度控制，因此主轴驱动器一般采用模拟电压/电流作为速度指令，由开关量信号控制旋转方向。

2. 反馈接口

由于主轴对位置控制精度的要求并不高，因此对与位置控制精度密切相关的反馈装置要求也不高，主轴电动机转速检测多采用 1000 线的编码器，而进给驱动电动机则至少采用 2000 线的编码器。

图 6-38 为华中 HNC-21 数控装置与主轴变频器的连接形式。XS9 为主轴控制接口，AOUT2 和 GND 端输出模拟电压，其电压值与编程指令 S 后的数值相关，设置主轴电机转速。XS20 为开关量输出端口，此处设为低电平有效，主轴正反转信号与编程指令 M03 或

M04 相关，当编程为 M03 时，Y1.0 端为低电平，所对应的 KA4 线圈通电，其常开触点闭合，控制变频器发出正转信号。XS10 为开关量输入端口，此处用于主轴变速器故障信号检测。

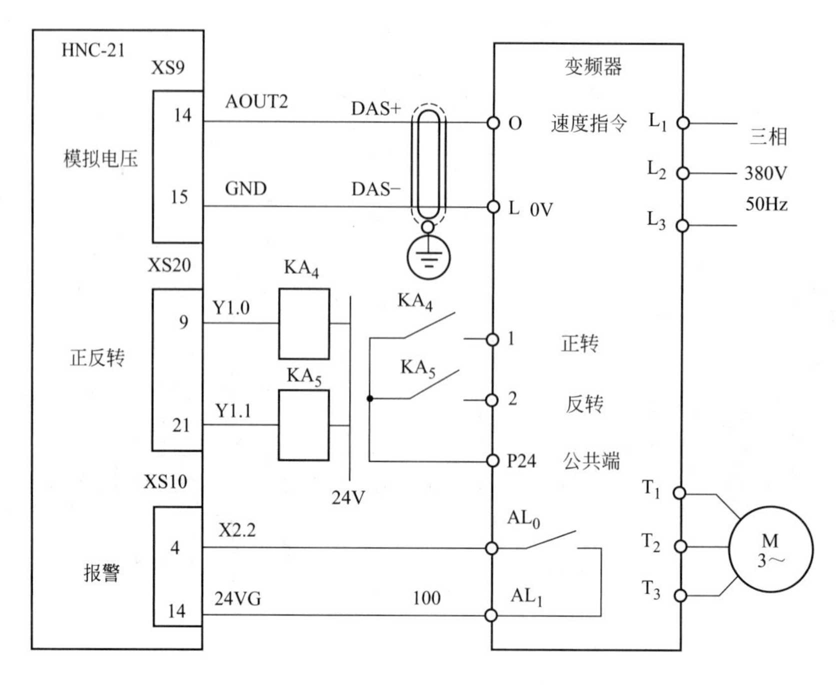

图 6-38　华中 HNC-21 数控装置与主轴变频器连线

图 6-39 为西门子 802C base line 数控装置与主轴变频器的连接形式。X7 为驱动器接口，A04 和 AGND4 端输出模拟电压，其电压值与编程指令 S 后的数值相关，设置主轴电机转速。X200 为开关量输出端口，此处设为高电平有效，主轴正反转信号与编程指令 M03 或 M04 相关，当编程为 M04 时，Q0.1 端为高电平，所对应的 KA_2 线圈通电，其常开触点闭合，控制变频器发出反转信号。

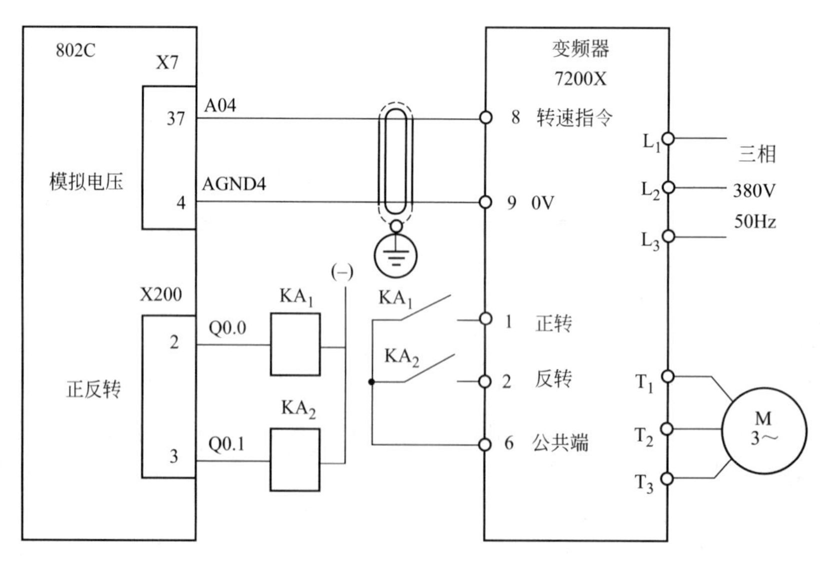

图 6-39　西门子 802C base line 数控装置与主轴变频器连线

第七节　位置检测元件

位置检测元件是数控机床伺服系统的重要组成部分。它的作用是检测位移，发送反馈信号，构成闭环控制。在闭环和半闭环系统中，位置伺服控制是以直线位移或转角位移为控制对象的自动控制，位置伺服的准确性决定加工精度。检测装置将机床的位移值反馈至数控系统，使伺服系统控制机床向减小偏差方向移动。位移检测系统能够测量的最小位移量称为分辨率。分辨率不仅取决于检测元件本身，也取决于测量线路。

数控机床对检测元件的要求有：①满足速度和精度要求；②高的可靠性和高抗干扰性；③使用维护方便，适合机床运行环境；④成本低。

数控机床和机床数字显示常用位置检测元件见表 6-3。

表 6-3　位置检测元件分类

类型	增　量　式	绝　对　式
回转型	脉冲编码器 旋转变压器 圆感应同步器 圆光栅、圆磁栅	多速旋转变压器 绝对脉冲编码器 三速圆感应同步器
直线型	直线感应同步器 计量光栅 磁尺激光干涉仪	三速感应同步器 绝对值式磁尺

对机床的直线位移采用直线型检测元件测量，叫做直接测量。其测量精度主要取决于测量元件的精度，不受机床传动精度的影响。

对机床的直线位移采用回转型检测元件测量，叫做间接测量。其测量精度取决于测量元件和机床传动链两者的精度。为了提高定位精度，常常需要对机床的传动误差进行补偿。

一、旋转变压器

(一) 旋转变压器的结构和工作原理

旋转变压器（又称同步分解器）是一种旋转式的小型交流电动机，由定子和转子组成。定子绕组为变压器的原边，转子绕组为变压器的副边分有刷与无刷两种。常用的无刷旋转变压器，因无滑环和电刷，因而可靠性高、寿命长，更适用于数控机床。图 6-40 所示的是一

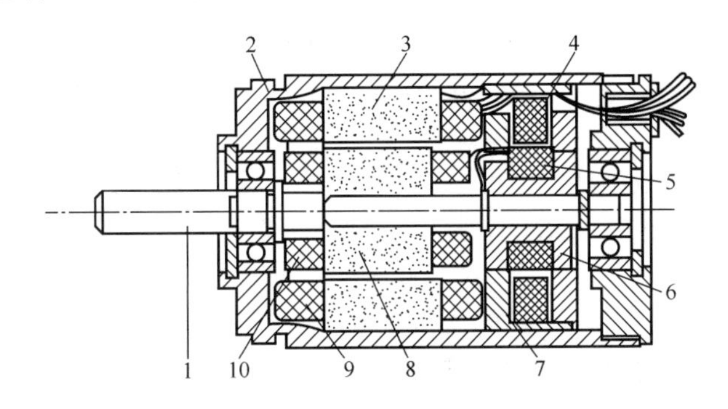

图 6-40　无刷旋转变压器的结构

1—转子轴；2—壳体；3—分解器定子；4—变压器定子绕组；5—变压器转子绕组；6—变压器转子；7—变压器定子；8—分解器转子；9—分解器定子绕组；10—分解器转子绕组

种无刷旋转变压器的结构，左边为分解器，右边为变压器。变压器的作用是将分解器转子绕组上的感应电动势传输出来，这样就省掉了电刷和滑环。变压器转子绕组5绕在与转子轴固定在一起的转子6（由高导磁钢做成）上，可与转子一起旋转；定子绕组4装在与转子同心的定子7（高导磁材料）上。分解器定子绕组外接激磁电源，其频率通常为400Hz、500Hz、1000Hz、5000Hz。分解器的转子绕组输出信号接到变压器转子绕组上，从变压器定子绕组上引出输出信号。

旋转变压器是根据互感原理工作的。其定子与转子之间的气隙内的磁通分布呈正弦规律，当定子绕组上加交流激磁电压时，通过互感在转子绕组中产生感应电动势，其输出电压的大小取决于定子与转子两个绕组轴线在空间的相对位置，如图6-41所示。两者平行时互感最大，副边的感应电动势也最大；两者垂直时互感为零，感应电动势也为零。当两者呈一定角度 θ 时，副边绕组中的感应电压为：

$$u_2 = Ku_1\cos\theta = KU_m\sin\omega t\cos\theta \tag{6-5}$$

式中　K ——变压比，即两个绕组匝数比 N_1/N_2；

U_m ——定子的最大瞬时电压；

θ ——两绕组轴线间夹角；

ω ——激磁电压角频率。

（二）旋转变压器的工作方式

实际使用中，通常采用的是正弦、余弦旋转变压器，其定子和转子绕组中各有互相垂直的两个绕组（图6-42），转子的一相绕组常作为补偿电枢反应，并将该绕组短接。

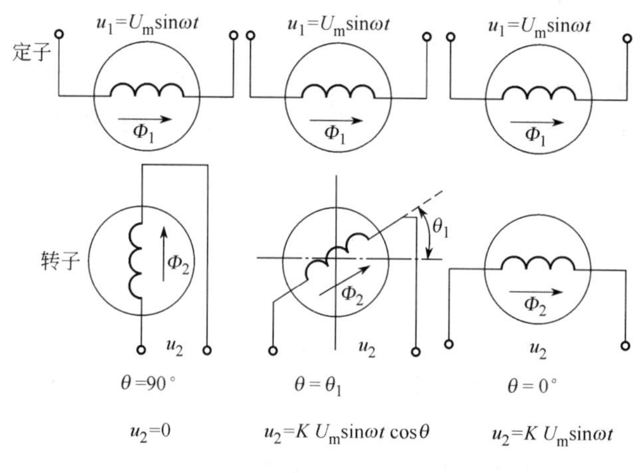

图6-41　旋转变压器工作原理

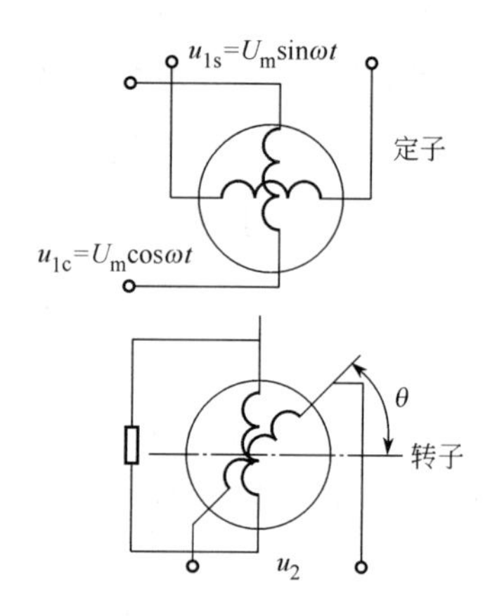

图6-42　定子和转子两相绕组

应用旋转变压器作位置检测元件，有两种方式：监相型工作方式和监幅型工作方式。

1. 监相型工作方式

在此状态下，旋转变压器的定子两相正交绕组即正弦绕组 S 和余弦绕组 C 上分别加上幅值相等、频率相同而相位相差90°的正弦交流电压即

$$u_{1s} = U_m\sin\omega t$$

$$u_{1c} = U_m\cos\omega t = U_m\sin(\omega t + 90°)$$

若起始时，正弦绕组与转子感应绕组轴线重合。当转子绕组旋转后，其轴线与正弦绕组轴线成 θ 角时，在转子绕组中的感应电压为

$$u_{21}=Ku_{1s}\cos\theta=KU_m\sin\omega t\cos\theta$$

由于余弦绕组与正弦绕组空间相差90°电角度，故在转子绕组上产生的感应电压为

$$u_{22}=Ku_{1c}\cos(\theta+90°)=-KU_m\cos\omega t\sin\theta$$

应用叠加原理，转子绕组中总感应电压为

$$\begin{aligned}u_2&=u_{21}+u_{22}=KU_m(\sin\omega t\cos\theta-\cos\omega t\sin\theta)\\&=KU_m\sin(\omega t-\theta)\end{aligned}\tag{6-6}$$

测量转子绕组输出电压的相位角，即可测得转子相对于定子的空间转角位置。在实际应用时，把对定子正弦绕组激磁的交流电压相位作为基准相位，与转子绕组输出电压相位作比较，来确定转子转角的位移。

2. 监幅型工作方式

给定子两相绕组分别通以频率相同、相位相同，而幅值分别按正弦、余弦变化的交流励磁电压，即

$$u_{1s}=u_{sm}\sin\omega t \qquad u_{1c}=u_{cm}\sin\omega t$$

其幅值分别为正弦、余弦函数

$$u_{sm}=U_m\sin\alpha \qquad u_{cm}=U_m\cos\alpha$$

定子激磁信号产生的合成磁通在转子绕组中产生的叠加感应电动势 u_2 为

$$\begin{aligned}u_2&=Ku_{1s}\cos\theta+Ku_{1c}\cos(\theta+90°)\\&=KU_m\sin\alpha\sin\omega t\cos\theta-KU_m\cos\alpha\sin\omega t\sin\theta\\&=KU_m\sin(\alpha-\theta)\sin\omega t\end{aligned}\tag{6-7}$$

由式（6-7）可以看出，若 $\alpha=\theta$，则 $u_2=0$。从物理概念上理解，表示定子绕组合成磁通 Φ 与转子绕组的线圈平面平行，即没有磁力线穿过转子绕组线圈，故感应电动势为零。当 Φ 垂直于转子绕组线圈平面时。即 $\theta=\alpha\pm90°$时，转子绕组中感应电动势最大。

根据转子误差电压的大小，不断修改定子激磁信号的 α（即激磁幅值），使其跟踪 θ 的变化。当感应电动势 u_2 的幅值为零时，说明 α 角的大小就是被测角位移 θ 的大小。

旋转变压器的工作原理及使用方法和感应同步器相似。采取测量旋转变压器副边感应电压的幅值或相位的方法，作为间接测量转子转角 θ 的变化。但利用它只能测量转角，因此在数控机床的伺服系统中往往用来测量丝杆的转角，也可用齿条、齿轮转化来间接测量工作台的位移。

二、感应同步器

（一）感应同步器的结构

感应同步器是从旋转变压器发展而来的。感应同步器分旋转式和直线式两种，分别用于角度测量和长度测量（图 6-43 所示）。直线式传感器相当于一个展开的多极旋转变压器。它是利用滑尺上的激磁绕组和定尺上的感应绕组之间相对位置变化而产生电磁耦合的变化，从而发出相应的位置电信号来实现位移检测。

直线式感应同步器由相对平行移动的定尺和滑尺组成，定尺安装在机床床身上，滑尺安装于移动部件上，随工作台一起移动，两者平行放置，保持 0.25mm±0.05mm 的均匀气隙，其安装方式如图 6-44 所示。

标准的感应同步器，定尺长 250mm，尺上是单向、均匀、连续的感应绕组；滑尺长 100mm，尺上有两组励磁绕组，一组叫正弦励磁绕组，一组叫余弦励磁绕组，如图 6-43(a)

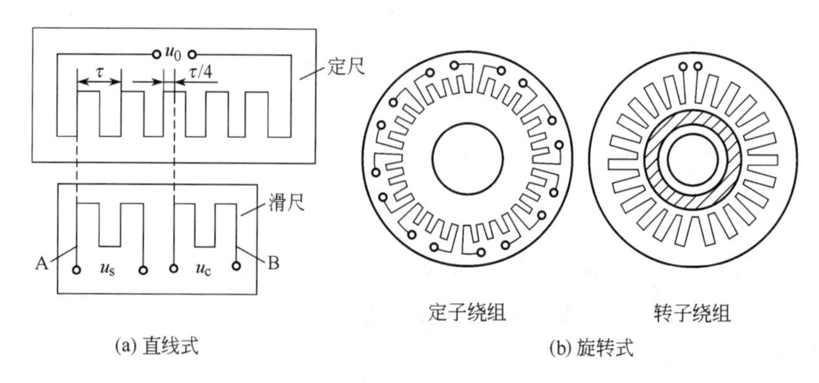

图 6-43　感应同步器的结构图

A—正弦激磁绕组；B—余弦激磁绕组

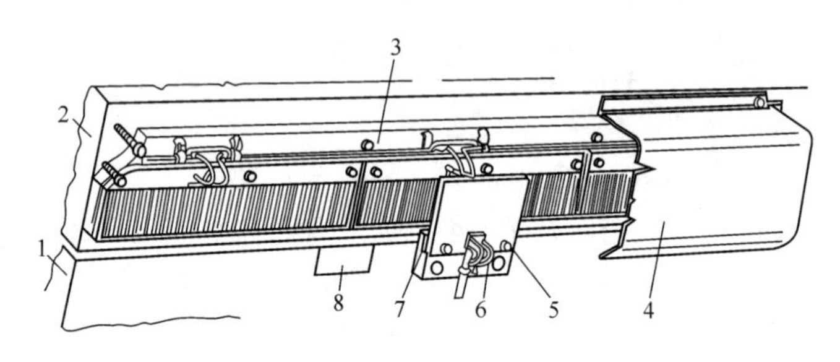

图 6-44　感应同步器安装图

1—机床不动部件；2—机床移动部件；3—定尺座；4—护罩；5—滑尺；6—滑尺座；7—调整板；8—定尺

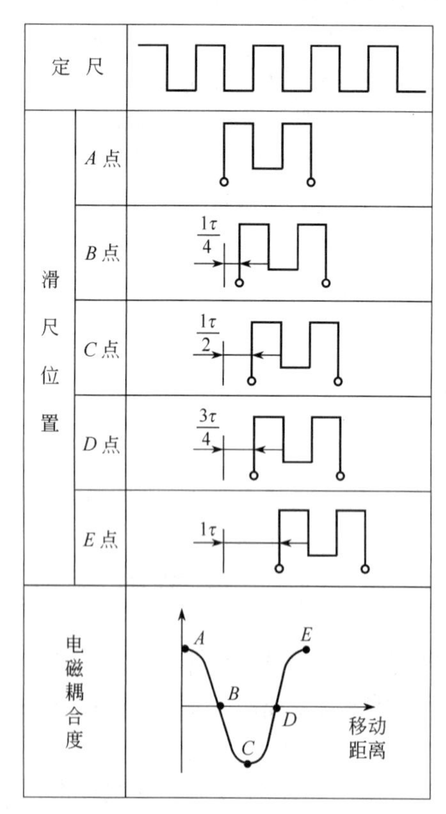

图 6-45　感应同步器的工作原理

所示。绕组的节距与定尺上绕组的节距相同，均为2mm，用 τ 表示。当正弦励磁绕组与定尺绕组对齐时，余弦励磁绕组与定尺绕组相差 1/4 节距（90°相位角）。

（二）感应同步器的工作原理

感应同步器的工作原理与旋转变压器基本相同。当滑尺相对定尺移动时，定尺上感应电压的幅值和相位也将变化（图 6-45）。若向正弦绕组通以交流励磁电压，则在绕组周围产生了旋转磁场。当滑尺处于图中 A 点位置，即滑尺绕组与定尺绕组完全重合时，定尺上的感应电压最大。当滑尺相对定尺向右平行移动，感应电压逐渐减小。当滑尺移至图中 B 点位置，与定尺绕组刚好错开 1/4 节距时，定尺上合成磁通为零，感应电压也为零。再继续移至 1/2 节距处，图中 C 点位置时，为最大的负值电压。再移至 3/4 节距，图中 D 点位置时，感应电压又变为零。当移动到一个节距位置，图中 E 点时，与 A 点情况相同。显然，在定尺和滑尺的相对位移中，感应电压呈周期性变化，其波形为余弦函数。滑尺移动一个节距，感应电压变化了一个周期。

同样，若在滑尺的余弦绕组中通以交流励磁电压，也能得出定尺绕组中感应电压与两尺相对位移的关系曲线，它们之间为正弦函数关系。

根据励磁供电方式的不同，感应同步器工作状态可分为相位工作方式和幅值工作方式。

1. 相位工作方式

给绕组 S 和 C 分别通以幅值、频率相同但相位相差 90°的交流电压，即

$$u_s = U_m \sin\omega t$$

$$u_c = U_m \sin(\omega t + 90°) = U_m \cos\omega t$$

若起始时正弦绕组与定尺的感应绕组对应重合，当滑尺移动时，滑尺与定尺的绕组不重合，则定尺绕组中产生的感应电压 u_{21} 为

$$u_{21} = k u_s \cos\theta = k U_m \sin\omega t \cos\theta \tag{6-8}$$

式中 k ——耦合系数；

θ ——滑尺绕组相对于定尺绕组的空间相位角，$\theta = 2\pi \frac{x}{\tau} = \frac{2\pi x}{\tau}$；

x ——滑尺直线位移值。

可见，在一个节距内 θ 与 x 是一一对应的。

同理，由于余弦绕组与定尺绕组相差 1/4 节距，故在定尺绕组中的感应电压 u_{22} 为

$$u_{22} = k u_c \cos(\theta + 90°) = -k U_m \sin\theta \cos\omega t$$

则在定尺的绕组上产生合成电压 u_2 为

$$\begin{aligned} u_2 &= u_{21} + u_{22} = k U_m \sin\omega t \cos\theta - k U_m \cos\omega t \sin\theta \\ &= k U_m \sin(\omega t - \theta) \end{aligned} \tag{6-9}$$

在相位工作方式中，由于耦合系数、励磁电压幅值以及频率均是常数，所以定尺的感应电压 u_2 就随着空间相位角 θ 的变化而变化了。通过测量定尺感应电压的相位 θ，即可测量定尺相对于滑尺的移动量 x。

2. 幅值工作方式

给滑尺的正弦绕组和余弦绕组分别通以相位相同、频率相同但幅值不同且能由指令角 α 调节的交流励磁电压，即

$$u_s = U_m \sin\alpha \sin\omega t$$

$$u_c = U_m \cos\alpha \sin\omega t$$

若滑尺相对于定尺移动一个距离 x，对应的相移为 θ，定尺上的叠加感应电压为

$$\begin{aligned} u_2 &= k U_m \sin\alpha \sin\omega t \cos\theta - k U_m \cos\alpha \sin\omega t \sin\theta \\ &= k \sin\omega t (U_m \sin\alpha \cos\theta - U_m \cos\alpha \sin\theta) \\ &= k U_m \sin\omega t \sin(\alpha - \theta) \end{aligned} \tag{6-10}$$

若 $\alpha = \theta$，则 $u_2 = 0$。在滑尺移动中，一个节距内的任一 $u_2 = 0$、$\alpha = \theta$ 点称为节距零点。若改变滑尺位置，使 $\alpha \neq \theta$，且令 $\alpha = \theta + \Delta\theta$，则在定尺上出现的感应电压为

$$u_2 = k U_m \sin\omega t \sin(\alpha - \theta) = k U_m \sin\omega t \sin\Delta\theta \tag{6-11}$$

则当 $\Delta\theta$ 很小时，$\sin\Delta\theta = \Delta\theta$，定尺上的感应电压可近似表示为

$$u_2 = k U_m \sin\omega t \, \Delta\theta \tag{6-12}$$

又因为
$$\Delta\theta=\frac{2\pi}{\tau}\Delta x$$

所以
$$u_2=kU_m\Delta x\ \frac{2\pi}{\tau}\sin\omega t \tag{6-13}$$

由式(6-13) 可以看出，定尺感应电压 u_2 实际上是误差电压。当位移增量 Δx 很小时，u_2 的幅值和 Δx 成正比，这是对位移增量进行高精度细分的依据。例如，当 $\Delta x=0.01$mm 时，使 u_2 超过某一预先整定的门槛电平，并产生脉冲信号，用此脉冲来修正励磁信号 u_s 和 u_c，使误差信号重新降低到门槛电平以下，这样就把位移量转化为数字量，实现了对位移的测量。

(三) 感应同步器的测量系统

由于工作方式的不同，因而也存在鉴相和鉴幅两种测量系统。图 6-46 为感应同步器鉴相测量系统的原理框图，包括时钟脉冲发生器，脉冲相位变换器，励磁供电线路，测量信号放大器和鉴相器等。感应同步器将工作台机械位移变为电压信号的相位变化，通过测量定尺电压 u_2，经放大滤波整形后作为实际相位 θ 送鉴相器。

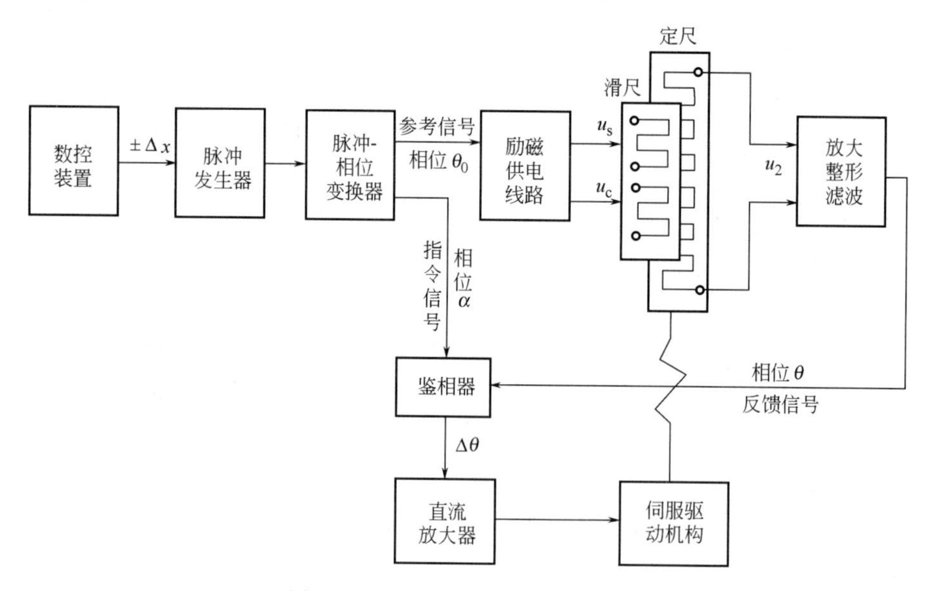

图 6-46　鉴相测量系统的原理框图

脉冲-相位变换器输出两路方波信号。一路与基准脉冲信号有确定的相位关系 θ_0，称之为参考信号；另一路与基准脉冲信号相位关系为 α，称之为指令信号。α 的大小取决于微机数控系统将位移量 $\pm\Delta x$ 经时钟脉冲发生器转换成的指令脉冲数，即表示位移量的指令是以相位差角度值给定的；α 相对于 θ_0 的超前与滞后，则取决于指令方向（正向或反向）。

脉冲相位变换器输出的参考信号，经励磁供电线路变为幅值相等、频率相同、相位相差 90°的正弦、余弦信号通过功放给正弦、余弦绕组励磁。由上述可知，定尺绕组上所取的感应电压 u_2 的相位 θ 反映出定尺和滑尺间的相对位置；由于是同一个基准相位 θ_0，所以将指令信号相位 α 和实际信号相位 θ 在鉴相器中进行比较，其相位差和定尺滑尺间的位移量是一一对应的。若两者相位一致，即 $\alpha=\theta$，则表示感应同步器的实际位置与给定指令位置相同。反之，若两者位置不一致，则利用其产生的相位差作为伺服驱动机构的控制信号，控制执行机构带动工作台向减小相位差的方向移动。

三、脉冲编码器

脉冲编码器是一种旋转式脉冲发生器。它把机械角变成电脉冲，是一种常用的角位移传感器。按其工作原理可分为光电式、接触式和电磁感应式三种。就其精度与可靠性来说光电编码器最好，是数控机床中广泛采用的位置检测装置。也可用于速度检测。

（一）增量式编码器

所谓增量式就是每转过一个角度就有数个脉冲发出，但轴的坐标位置并不确知，只能记录出从现在起，得到了多少个脉冲，换算出转过多大的角度。

图 6-47 所示为增量式光电脉冲编码器的结构示意图。最初编码器的结构就是一个光电盘，在一个与工作轴一起旋转的圆盘的圆周上刻成间距相等的透光与不透光部分，其中相邻的透光与不透光线纹构成一个节距，用 τ 表示。还有一个固定不转的圆盘（指示光栅）和这个旋转的圆盘平行放置，其上开有相等角距的狭缝。当光线透过旋转的圆盘，射到狭缝后的光电元件时，光通量的明暗变化引起光电元件产生一个近似正弦的信号。此信号经放大，整形电路的处理，再经变换得脉冲信号。通过记录脉冲的数目，就可以测出转角。测出脉冲的变化率，即单位时间脉冲的数目，就可求出速度。

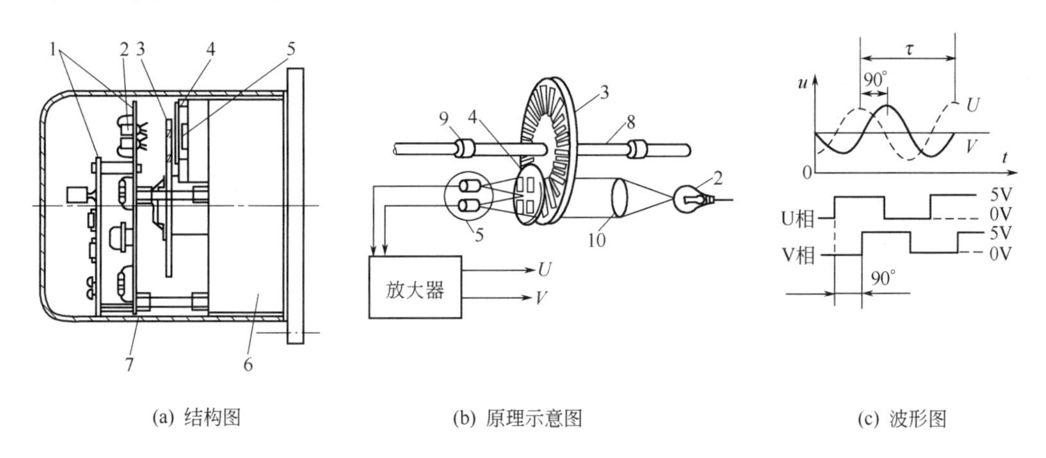

(a) 结构图　　(b) 原理示意图　　(c) 波形图

图 6-47　增量式光电脉冲编码器

1—电路板；2—光源；3—圆光栅；4—指示光栅；5—光电元件；6—底座；7—护罩；8—轴；9—轴承；10—聚光镜

光电编码盘的测量精度取决于它所能分辨的最小角度，而这与码盘圆周所分的狭缝条数有关，即

$$分辨角=\frac{360°}{狭缝数} \tag{6-14}$$

$$分辨率=\frac{1}{狭缝数} \tag{6-15}$$

为了判断旋转方向，在指示光栅狭缝群中做出两个相邻的狭缝并错开 1/4 节距，如图 6-47(b) 所示。这两个狭缝同光电元件相对应，得到两组不同的光电脉冲，分别称之为 U 与 V 相脉冲。它们在相位上相差 1/4 周期，即相差 90°电角度。用 U 与 V 相的辨向原理示于图 6-47(c)。正转时，U 相超前于 V 相 90°；反转时，V 相超前于 U 相 90°。

通常在圆盘的里圈不透光圆环上还刻有一条透光条纹，这是用来产生一转脉冲的信号，即每转过一转就发出一个脉冲，称之为 Z 脉冲，用于找机床的基准点。

（二）绝对值式编码器

与增量式脉冲编码器不同，绝对值式编码器是通过读取编码盘上的图案来表示轴的位置。编码盘的编码类型有多种：二进制编码、二进制循环码（格雷码）、二-十进制码等等。码盘的读取方式有接触式、光电式和电磁式等几种。

图 6-48 所示是接触式编码盘。在一个不导电基体上做成许多金属导电区，其中涂黑部分为导电区，用“1”表示；白的部分为绝缘区，用“0”表示。图中从外向内共有 5 圈码道。最里一圈是公用的，它和各码道所有导电部分连在一起，经电刷和电阻接电源正极。其余四圈码道上也都装有电刷，电刷经电阻接地。码盘与被测转轴一起转动，电刷位置固定。若电刷接触的是导电区域，则经电刷、码盘、电阻和电源形成回路，电刷上为高电位，记为“1”；反之，若电刷接触的是绝缘区域，电刷悬空，经电阻与电源负极相连，电刷上为低电位，记为“0”。由此电刷上将依转盘转角不同而出现由“1”“0”组成的 4 位不同二进制代码，且高位在内，低位在外。图（a）中如码盘顺时针转动，将依次得到 0000，0001，0010，…，1111 二进制输出。

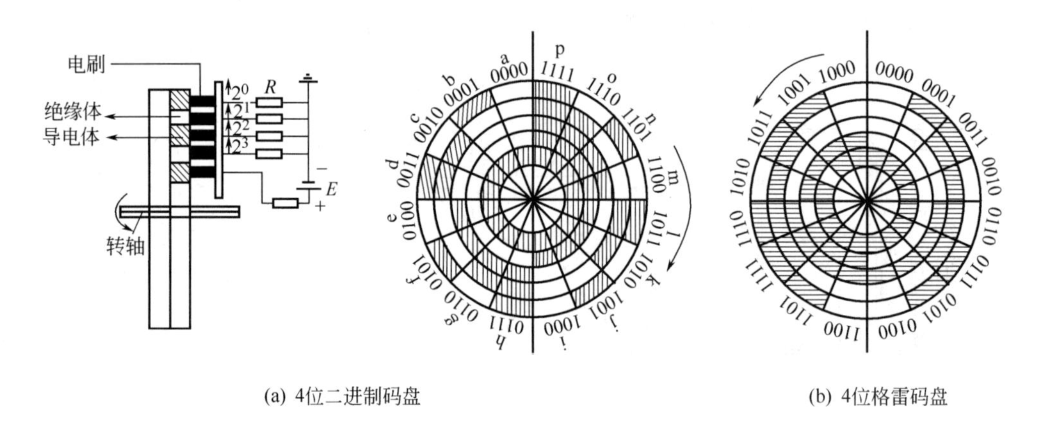

(a) 4位二进制码盘　　(b) 4位格雷码盘

图 6-48　接触式码盘

不难看出，码道的圈数就是二进制的位数。若是 n 位二进制码盘，就有 n 圈码道，且圆周均分 2^n 等份，即共有 2^n 个数据来分别表示其不同位置，所能分辨的角度为

$$\alpha=\frac{360^\circ}{2^n} \tag{6-16}$$

$$分辨率=\frac{1}{2^n} \tag{6-17}$$

二进制码盘简单，但码盘的制造和元件的安装要求十分严格，否则易引起阅读错误。如当电刷由 0011 向位置 0100 过渡时，若电刷不严格保持在一直线上或接触不良，就可能得到 0000，0001，0010，…，0111 等多个码值。为此常采用循环码（格雷码），如表 6-4 所示。循环码是非加权码，其特点为相邻两个代码间只有一位数不同。因此，由于电刷安装质量及其他原因引起电刷错位时所产生的读数误差，最多不超过“1”。

将二进制码转换成格雷码的法则是：将二进制码与其本身右移一位后并舍去末位的数码作不进位加法，得结果即为格雷码（循环码）。

例如　二进制码 1000（8）所对应的循环码为 1100，即

　　　1000　二进制码
⊕　　 100　右移一位并舍去末数

　　　1100　循环码

接触式码盘结构简单、体积小、输出信号强。缺点是有电刷磨损，因而寿命不长，转速较低。光电式码盘由光电元件接收相应的编码信号。具有无触点磨损，寿命长，允许转速高等特点，目前用得较多。但其结构复杂，价格较高。

表 6-4　十进制数、二进制数及四位循环码对照表

十进制数	二进制数 (C)	循环码 (R)
0	0000	0000
1	0001	00001
2	0010	0011
3	0011	0010
4	0100	0110
5	0101	0111
6	0110	0101
7	0111	0100
8	1000	1100
9	1001	1101
10	1010	1111
11	1011	1110
12	1100	1010
13	1101	1011
14	1110	1001
15	1111	1000

四、磁栅

磁尺（又称磁栅）是一种电磁检测装置。它利用磁记录原理，将一定波长的电信号，通过录磁磁头记录在磁性标尺的磁膜上，作为测量位移量的基准尺。检测时，读取磁头（即拾磁磁头），将磁性标尺上的磁化信号转化为电信号，并通过检测电路将磁头相对于磁性标尺的位置或位移量用数字显示出来或传送给数控机床。磁栅与光栅、感应同步器相比，测量精度略低一些；但具有制作简单，安装、调试方便，成本低，环境要求低等特点。

（一）磁栅结构

磁栅按其结构可分为线型、尺型和旋转型三种。

图 6-49 所示为磁栅结构框图，它由磁性标尺、拾磁磁头和测量电路组成。

1. 磁性标尺

磁性标尺是在非导磁材料的基体上，涂敷或镀上一层 10～20μm 厚的高导磁材料，形成均匀磁膜。然后用录磁方法将镀层磁化成相等节距的周期性磁化信号。磁化信号可以是方波，也可以是正弦波，它的节距一般取 0.05mm，0.10mm，0.20mm，1mm 等几种。

2. 拾磁磁头

拾磁磁头是进行磁电转换的器件。它将磁性标尺上的磁信号转化成电信号送给测量电路，拾磁磁头包括静态磁头和动态磁头。

动态磁头又称速度响应型磁头，见图 6-50 所示。它只有一组输出线圈，所以只有当磁头和磁尺有一定的相对运动时，才能检测出磁化信号，这种磁头只能用于动态测量。

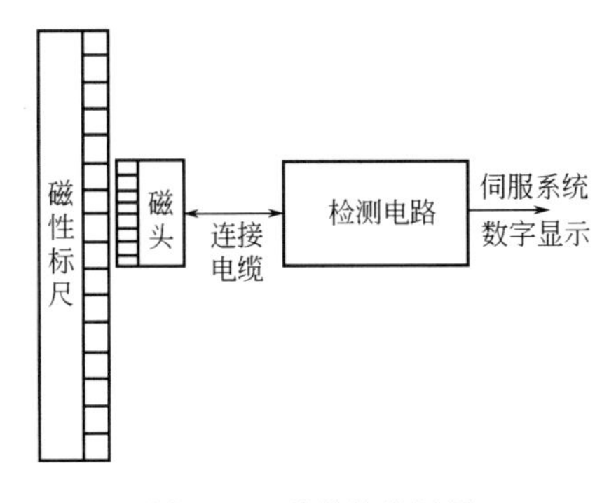

图 6-49　磁栅结构框图

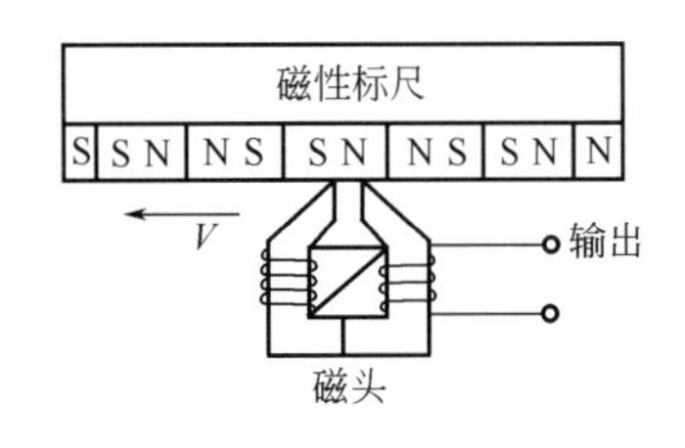

图 6-50　速度响应型磁头

静态磁头又称磁通响应型磁头，它在普通磁头的铁芯回路中，加入带有激磁线圈的饱和铁芯，在激磁线圈中通以高频激磁电流，使读取线圈的输出信号振幅受到调制。数控机床要求磁尺与磁头相对运动速度很低甚至静止时也能进行测量，所以应采用静态磁头。

（二）磁栅的工作原理

图 6-51 为磁通响应型拾磁头。磁栅是通过它的漏磁通变化来感应电动势的。磁栅漏磁通 Φ_0 的一部分 Φ_2 通过磁头铁芯，另一部分通过气隙，则

$$\Phi_2=\Phi_0\frac{R_\delta}{R_\delta+R_T} \tag{6-18}$$

式中 R_δ——气隙磁阻；

R_T——铁芯磁阻。

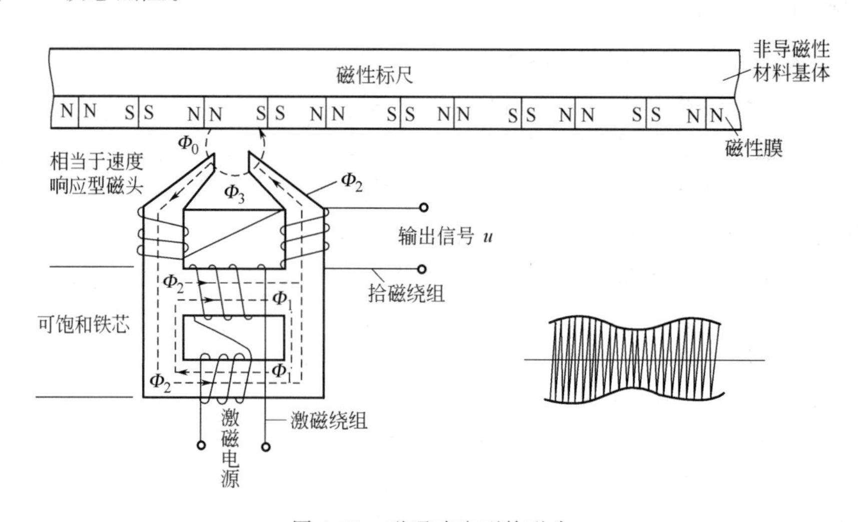

图 6-51 磁通响应型拾磁头

其中 R_δ 可认为不变，而 R_T 与激磁线圈所产生的磁通 Φ_1 有关。励磁绕组中的高频的交变励磁信号，使铁芯产生周期性正反向饱和磁化。当激磁回路的铁芯处在磁饱和状态时，铁芯磁阻无穷大，无论磁尺上的漏磁有多大，输出绕组的铁芯上都无磁力线通过，输出信号为零。激磁电流每周期内有两次峰值，故铁芯两次处于饱和状态，输出电压两次为零。激磁电流从峰值变到零时，读取回路能检测到磁尺上的漏磁，故输出信号的频率是激磁信号频率的两倍。输出信号为励磁电流的二次调制谐波，其包络线同磁尺上磁场分布一致，电压为

$$u=E_0\sin\frac{2\pi x}{\lambda}\cos2\omega t \tag{6-19}$$

式中 E_0——系数；

λ——磁尺上磁信号的节距；

x——磁头在磁尺上的位移量；

ω——励磁电流的角频率。

由式(6-19) 可知，输出电压 u 的幅值按位移量 x 周期性变化，因此可检测位移量。实际上，上式由两部分构成：如果磁头不动，那么由于可饱和铁芯上有一交流励磁信号，使拾磁线圈磁路是一个变化磁阻的磁路，因而磁路磁通会产生相应变化，这一部分就是 $\cos\omega t$；第二部分就是录在磁尺上的磁动势是以正弦函数变化的，当 $\lambda=x$ 时，u 为 0 ，因而只要测量输出信号过零次数，就可知道 x 的大小。

为辨别磁头在磁性标尺上的移动方向，常采用间距为 $(m \pm 1/4)\lambda$ 的两组磁头，m 为任意整数，如图 6-52 所示。其输出分别为

$$u_1 = E_0 \sin \frac{2\pi x}{\lambda} \cos 2\omega t$$

$$u_2 = E_0 \cos \frac{2\pi x}{\lambda} \cos 2\omega t$$

u_1 同 u_2 相位相差 90°。根据两个磁头输出信号的超前或滞后，可确定其移动方向。

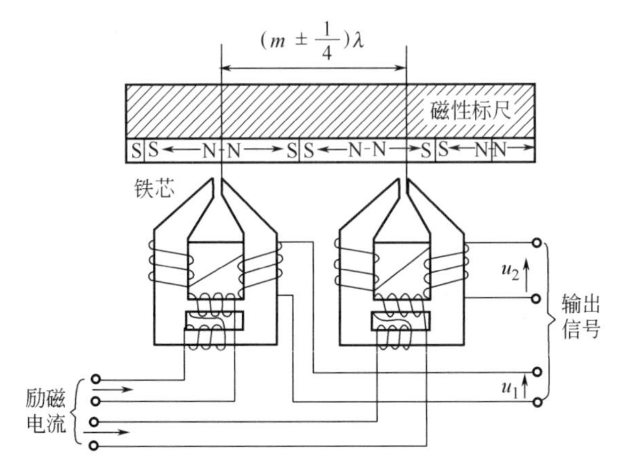

图 6-52 磁头的配置

五、光栅

高精度数控机床上，使用光栅作为位置检测装置，将位移转变为数字信号反馈给 CNC 装置，实现闭环位置控制。在玻璃的表面上制成透明与不透明间隔相等的线纹，称之为透射光栅；在金属的镜面上制成全反射与漫反射间隔相等的线纹，称之为反射光栅。从形状上看，又可分为圆光栅和长光栅。圆光栅用于测量转角位移，长光栅用于检测直线位移。

(一) 光栅的结构

光栅是由光栅尺和光栅读数头两部分组成。

1. 光栅尺

光栅尺是指标尺光栅和指示光栅，它们是用真空镀膜的方法光刻上均匀密集线纹的透明玻璃片或长条形金属镜面。光栅的线纹相互平行，线纹之间的距离（栅距）相等。在光栅测量中，通常由一长一短两块光栅尺配套使用，其中长的一块称为主光栅或标尺光栅，随运动部件移动，要求与行程等长。短的一块称为指示光栅，固定在机床相应部件上。图 6-53 所示为一光栅尺的简单示意图。两个光栅尺上均匀刻有很多条纹，从其局部放大部分来看，白的部分 b 为透光宽度，黑的部分 a 为不透光宽度，设 τ 为栅距，则 $\tau = a + b$。

2. 光栅读数头

光栅读数头又叫光电转换器，它把光栅莫尔条纹变成电信号。图 6-54 为直射式光栅读数头。读数头都是由光源、透镜、指示光栅、光敏元件和驱动电路组成。图中的标尺光栅不属于光栅读数头，但它要穿过光栅读数头。读数头还有分光式和反射式等几种。

设标尺光栅固定不动，指示光栅沿着与线纹垂直的方向移动，当指示光栅的不透明部分与标尺光栅透明间隔完全重合时，光电元件接收的光通最小，理论上等于 0；当指示光栅的

线纹部分与标尺光栅的线纹部分完全重合时，光电元件接收的光通量最大。因此，指示光栅沿标尺光栅连续移动时，光电元件产生光电流变化也是连续的，近似于正弦波。指示光栅每移动一个栅距，光电流变化一个周期。

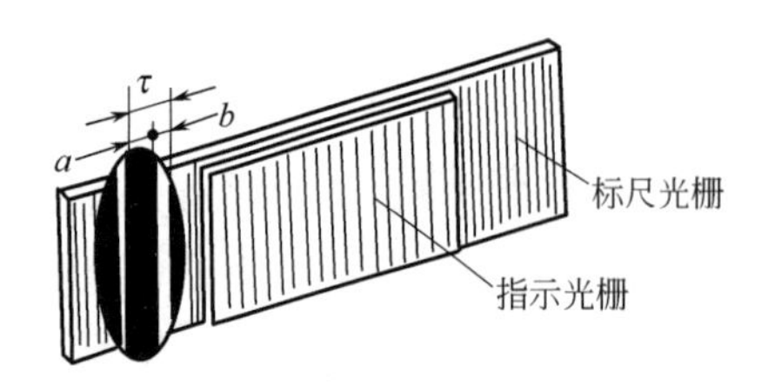

图 6-53　光栅尺

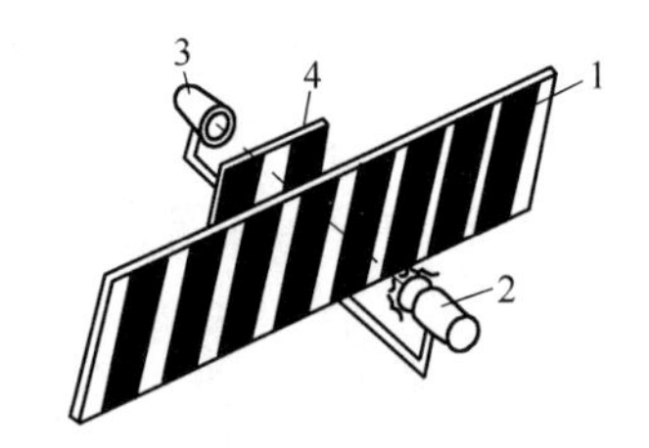

图 6-54　光栅读数头

1—光栅尺；2—光源；3—光电二极管；4—指示光栅

（二）光栅测量的基本原理

1. 莫尔条纹

将两块栅距相同、黑白宽度相同（$a=b=\tau/2$）的标尺光栅和指示光栅保持一定间隔平行放置，将指示光栅在其自身平面内倾斜一很小的角度，以便使它的刻线与标尺光栅的刻线保持一个很小的夹角 θ。这样，在光源的照射下，就形成了与光栅刻线几乎垂直的横向明暗相间的宽条纹，即莫尔条纹（图 6-55）。两个亮带间的距离称为莫尔条纹的节距 W，它与两光栅尺刻线间夹角 θ 有关。

从图 6-56 可得各参数间关系如下。

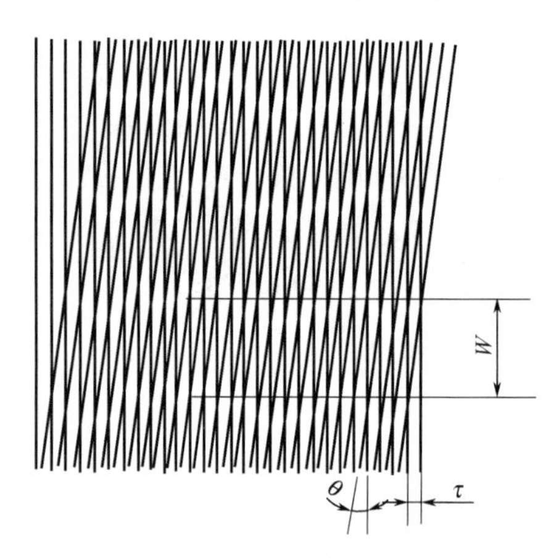

图 6-55　莫尔条纹

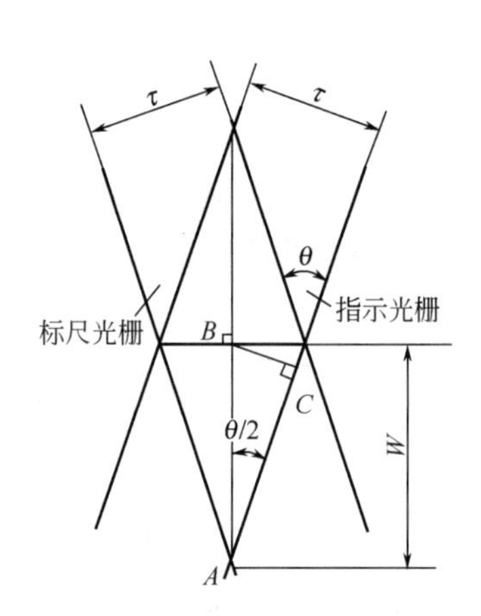

图 6-56　莫尔条纹参数

$$BC=AB\sin\frac{\theta}{2}$$

其中

$$BC=\frac{\tau}{2}\quad AB=W$$

因而

$$W=\frac{\tau}{2\sin\frac{\theta}{2}}$$

由于 θ 值很小，上式可简化成

$$W=\frac{\tau}{\theta} \tag{6-20}$$

2. 莫尔条纹的特点

（1）起放大作用　由式(6-20）可知，莫尔条纹的节距 W 将光栅栅距 τ 放大了若干倍。若设 $\tau=0.01$mm，把莫尔条纹调成 10 mm，则放大倍数相当于 1000 倍，即是利用光学的方法将光栅间距放大了 1000 倍，因而大大减轻了电子线路的负担。

（2）莫尔条纹的移动与栅距的移动成比例　当光栅尺沿与刻线垂直方向相对移动时，莫尔条纹沿刻线方向移动。光栅尺移动一个栅距 τ，莫尔条纹恰恰移动了一个节距 W。如图 6-57所示光通量分布曲线 7 变化一个周期，光电元件 5 输出的电信号变化一个周期，若光栅尺移动方向改变，莫尔条纹的移动方向也改变。光栅尺每移动一个栅距，莫尔条纹的光强也经历了由亮到暗、由暗到亮的一个变化周期，莫尔条纹的位移反映了光栅的栅距位移。

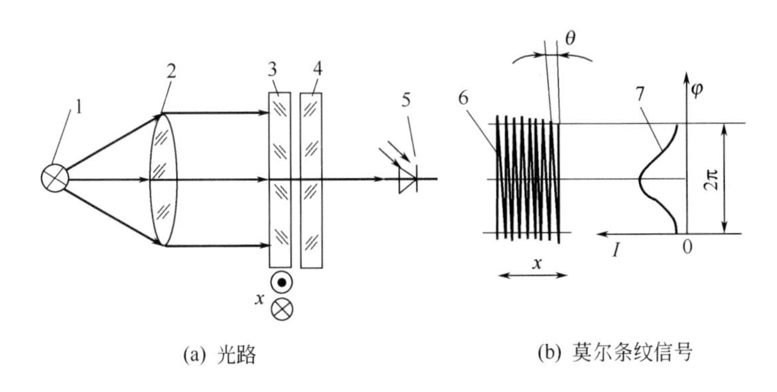

(a) 光路　　(b) 莫尔条纹信号

图 6-57　光栅测量原理图

1—光源；2—聚光镜；3—主光栅；4—指示光栅；5—光电元件；6—莫尔条纹；7—光通量分布曲线

思考题与习题

1. 当负载转矩大于启动转矩时，步进电机还能运转吗？为什么？
2. 常用的步进电机功放电路有哪几种？各有何特点？
3. 简述环型脉冲分配的方法，并用计算机语言编制步进电机单三拍环型脉冲分配程序。
4. 简述 PWM 调速方法，说明其主回路及脉宽调制器的基本工作原理。
5. 说明交-直-交变频器的主回路中各元件的作用是什么。
6. 进给驱动器主要有哪些指令接口类型？
7. 数控装置与步进电机驱动器之间常用连接信号有哪些？其作用是什么？
8. 脉冲指令的方式有哪些？
9. 数控装置与主轴变频器常用连接信号有哪些？其作用是什么？

第七章

典型数控机床电气控制系统分析

生产中使用的数控机床种类繁多，其控制线路和拖动控制方式各不相同。本章通过分析典型数控机床的电气控制系统，一方面进一步学习掌握数控机床电气控制系统的组成以及基本控制电路在机床中的应用，掌握分析数控机床电气控制线路的方法与步骤；另一方面通过几种有代表性的机床控制线路分析，使读者了解电气控制系统的总体结构、控制要求等，为电气控制的设计、安装、调试、维护打下基础。分析数控机床电气控制系统，除了第三章中所叙述的分析主回路、控制电路、辅助电路、互锁和保护环节等基本方法外，还应根据数控机床的具体构成掌握以下几点。

（1）分析数控机床的电气控制系统构成。要根据数控系统的类型，分析电气控制系统的构成、数控系统的接口连接、外部信号及外部设备类型，分析它们的控制内容。

（2）分析电源电路及控制电路。由于有伺服驱动器、数控系统、控制回路等需求，数控机床电气控制系统有多种交直流电源，按电源不同划分成若干个局部线路来进行分析，逐一分析电源回路的构成、抗干扰措施。对于控制回路，要分析数控系统的I/O地址定义、信号类型等。根据主回路中各伺服电动机、辅助机构电动机和电磁阀等执行电器的控制要求，找出控制电路中的控制环节，而分析控制电路的最基本方法是查线读图法。

（3）分析伺服驱动电路。进给驱动系统是数控机床的重要组成部分，要根据伺服电动机及伺服驱动器的类型、分析数控系统与驱动装置的信号连接，分析它们的控制内容，控制内容包括启动、方向控制、位置反馈、调速、故障报警等。

（4）分析保护及报警信号电路。数控机床对于安全性和可靠性有很高的要求，实现这些要求，除了合理地选择元器件和控制方案以外，在控制线路中还设置了一系列电气保护和必要的电气互锁。包括电源显示、工作状态显示、故障报警等部分，它们大多由控制电路中的元件来控制的，所以在分析时，还要回头来对照控制电路进行分析。

第一节　TK1640数控车床电气控制系统分析

本节通过对TK1640数控车床的电气控制线路分析，进一步阐述电气控制系统的分析方法，使读者掌握 TK1640 机床电气控制线路的原理，了解电气部分在整个设备所处的地位和作用，为进一步学习数控车床电气控制系统的相关知识打下一定的基础。

一、机床的运动及控制要求

TK1640 数控车床采用主轴变频调速和华中 HNC-21T 车床数控系统，机床为两轴联动，配有四工位刀架。

主轴的旋转运动由 5.5kW 变频主轴电动机实现，与机械变速配合得到低速、中速和高速三段范围的无级变速。

Z 轴、X 轴的运动由交流伺服电动机带动滚珠丝杠实现，两轴的联动由数控系统控制。

加工螺纹由光电编码器与交流伺服电动机配合实现。

除了上述运动外，还有电动刀架的转位，冷却电动机的启、停等。

图 7-1 为典型车床数控系统的配置框图。

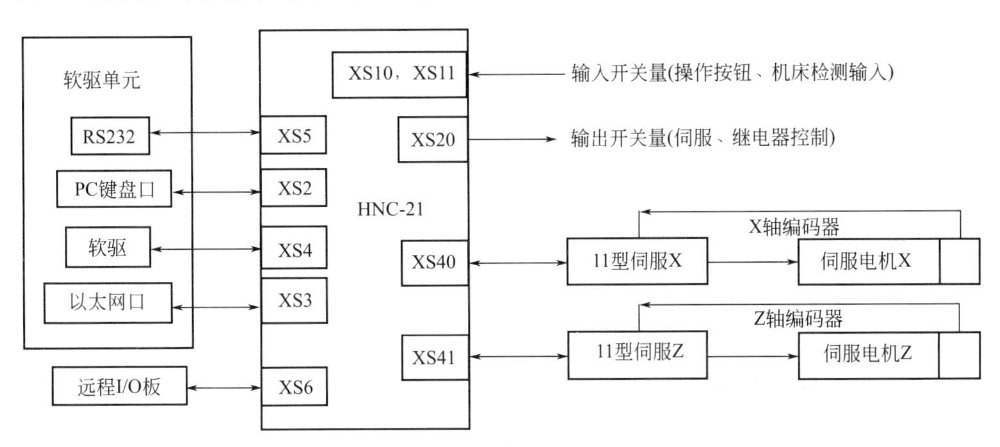

图 7-1　典型车床数控系统配置框图

二、电气控制线路分析

1. 主电路分析

图 7-2 是 TK1640 数控车床电气控制中的 380V 强电回路。图中 QF_1 为电源总开关，QF_2、QF_3、QF_4、QF_5 分别为伺服强电、主轴强电、冷却电动机、刀架电动机的电源开关，其作用是接通相关回路电源及短路、过流时起保护作用。KM_1、KM_3、KM_4 分别为伺服驱动器、主轴变频器、冷却电动机交流接触器，由它们的主触点控制相应回路；KM_5、KM_6 为刀架正反转交流接触器，用于控制刀架的正反转。TC_1 为三相伺服变压器，将交流 380V 变为交流 200V，供给伺服电源模块。RC_1、RC_3、RC_4 为阻容吸收，当相应的电路断开后，吸收伺服电源模块、冷却电动机、刀架电动机中的能量，避免产生过电压而损坏电器。

2. 电源电路分析

图 7-3 为 TK1640 数控车床电气控制中的电源回路图。图中 TC_2 为控制变压器，初级为 AC380V，次级为 AC110V、AC220V、AC24V，其中 AC110V 给交流接触器线圈和控制柜风扇提供电源；AC24V 给电柜门指示灯、工作灯提供电源；AC220V 通过低通滤波器滤波给伺服驱动器、DC24V 电源提供交流电源；VC_1 将 AC220V 转换为 DC24V 电源，给世纪

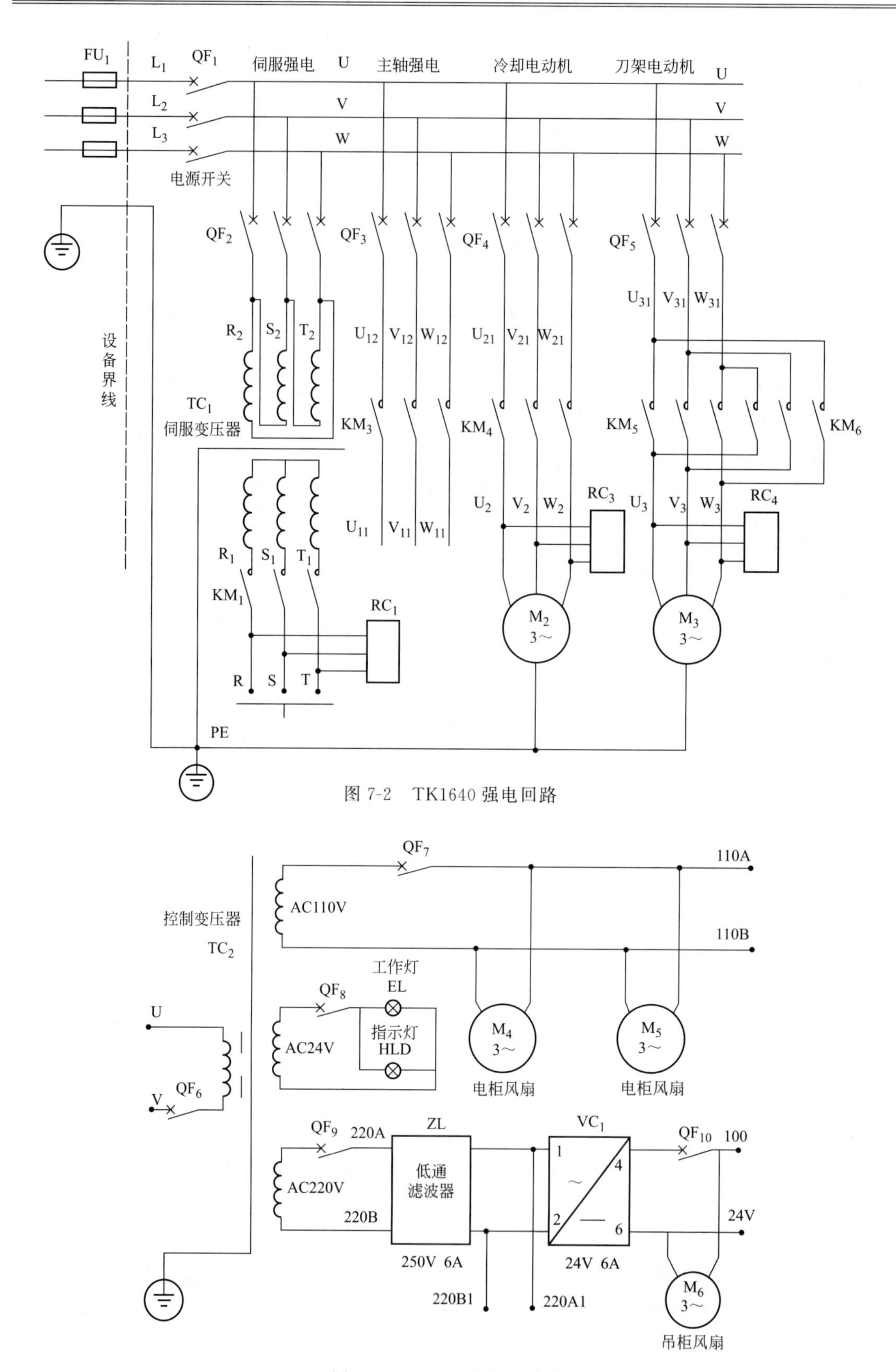

图 7-2 TK1640 强电回路

图 7-3 TK1640 电源回路图

星数控系统、PLC 输入/输出模块、24V 继电器线圈、伺服模块、电源模块、吊挂风扇提供电源；QF_6、QF_7、QF_8、QF_9、QF_{10}空气开关用于电路的过载保护。

3. 控制电路分析

（1）输入输出开关量定义。输入开关量主要是进给驱动、主轴变频器、机床电气等部分的状态及控制信息，输出开关量则是用于控制继电器等。图 7-4 和图 7-5 分别是典型车床数控系统的输入输出开关量信号连线。

图 7-4 中，SQX-1、SQX-3 分别为 X 轴的正、负限位开关的常闭触点，SQZ-1、SQZ-3 分别为 Z 轴的正、负限位开关的常闭触点。

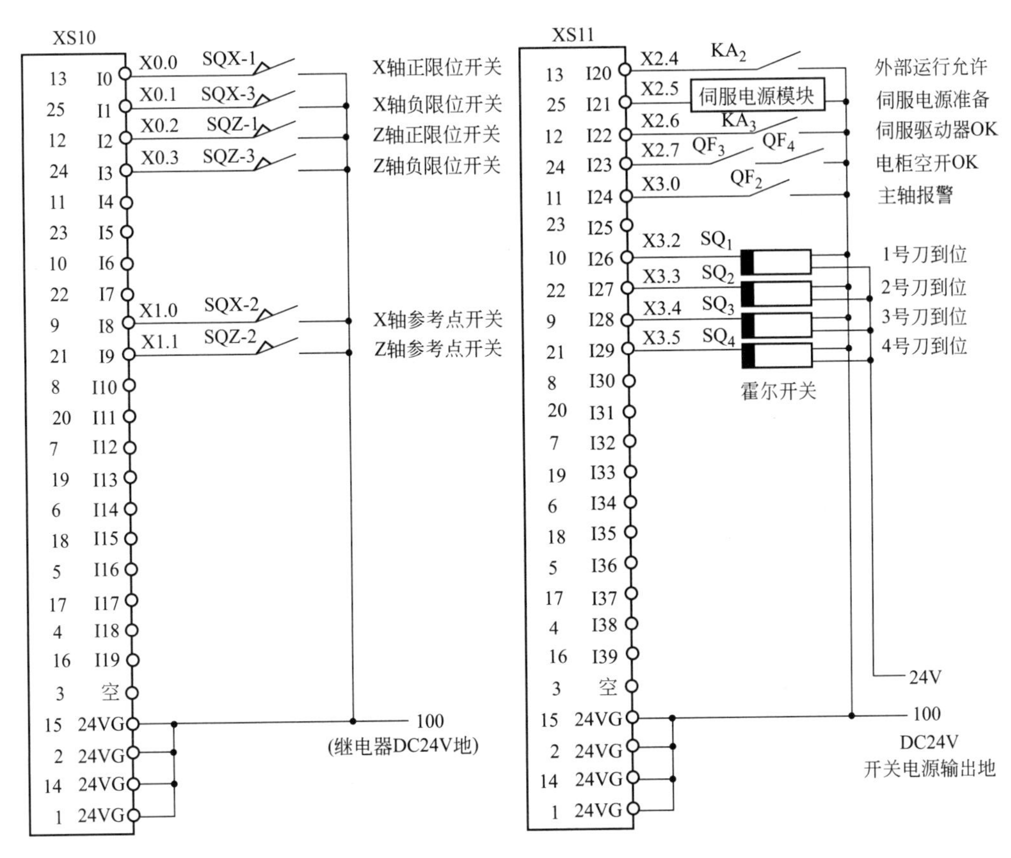

图 7-4　输入开关量信号连线

（2）主轴电动机的控制。图 7-6、图 7-7 分别为交流控制回路图和直流控制回路图。

在图 7-2 中，先将 QF_2、QF_3 空气开关合上，在图 7-7 中，当机床 X、Y 轴未压限位开关、急停未压下、伺服驱动器和主轴变频器未报警时（420 来自故障联锁信号），KA_2、KA_3 继电器线圈通电，继电器触点吸合，并且 PLC 输出点 Y00 发出伺服允许信号，KA_1 继电器线圈通电。在图 7-6 中，KA_1 继电器触点吸合，KM_1 交流接触器线圈通电，交流接触器触点吸合，KM_3 主轴交流接触器线圈通电。在图 7-2 中 KM_3 交流接触器主触点吸合，主轴变频器加上 AC380V 电压，若有主轴正转或主轴反转及主轴转速指令时（手动或自动），在图 7-7 中，PLC 输出主轴正转 Y1.0 或主轴反转 Y1.1 有效，主轴转速指令输出对应于主轴转速的直流电压值（0～10V）至主轴变频器上，主轴按指令值的转速正转或反转；当主轴速度到达指令值时，主轴变频器输出主轴速度到达信号给 PLC，主轴转动指令完成。

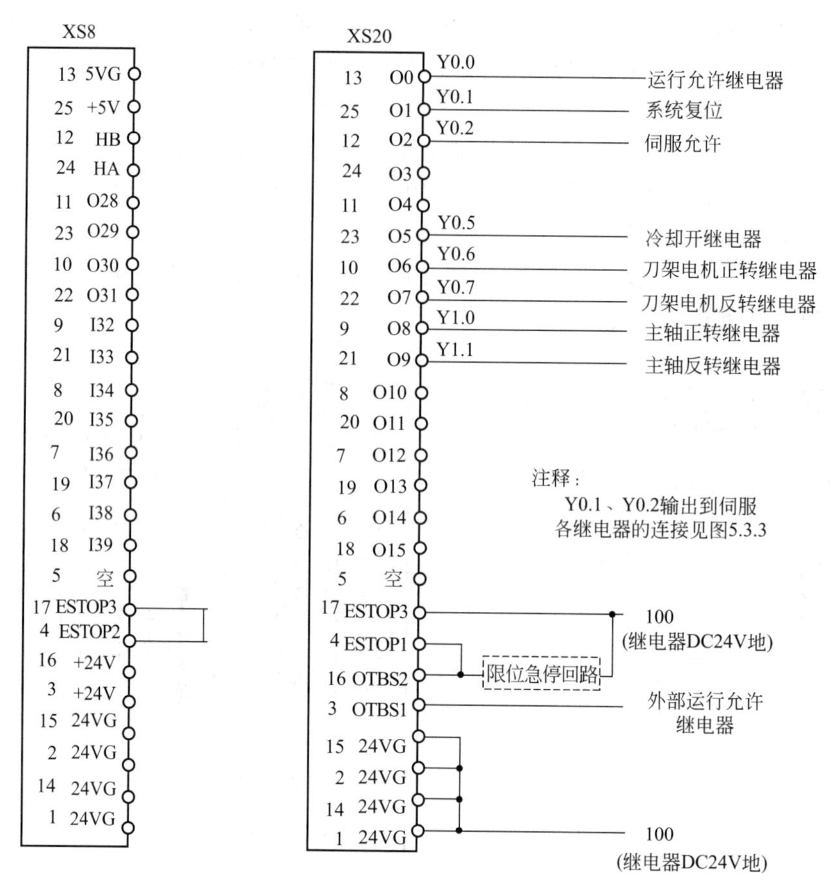

图 7-5 输出开关量信号连线

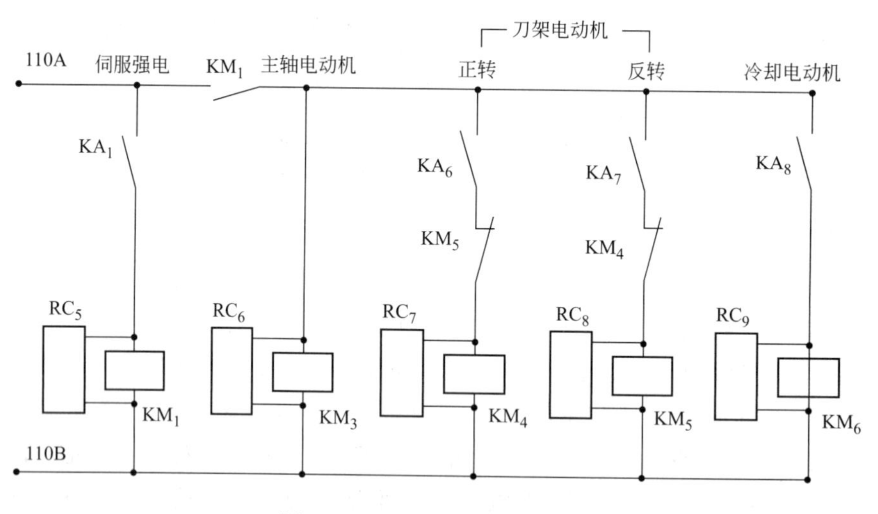

图 7-6 TK1640 交流控制回路

变频器与数控系统的连接见第六章相关内容。主轴的启动时间、制动时间由主轴变频器内部参数设定。

(3) 刀架电动机的控制。当有手动换刀或自动换刀指令时，经过系统处理转变为刀位信号，这时在图 7-7 中，PLC 输出 Y0.6 有效，KA_6 继电器线圈通电，继电器触点闭合，在图

7-6 中，KM_4 交流接触器线圈通电，交流接触器主触点吸合，刀架电动机正转，当 PLC 输入点检测到指令刀具所对应的刀位信号时，PLC 输出 Y0.6 有效撤销，刀架电动机正转停止；接着 PLC 输出 Y0.7 有效，KA_7 继电器线圈通电，继电器触点闭合，在图 7-6 中 KM_5 交流接触器线圈通电，交流接触器主触点吸合，刀架电动机反转，延时一定时间后（该时间由参数设定，并根据现场情况作调整），PLC 输出 Y0.7 有效撤销，KM_5 交流接触器主触点断开，刀架电动机反转停止，换刀过程完成。为了防止电源短路，采用了电气互锁，在刀架电动机正转继电器线圈、接触器线圈回路中串入了反转继电器、接触器常闭触点，反转继电器、接触器线圈回路中串入了正转继电器、接触器常闭触点，见图 7-6 和图 7-7。刀架转位选刀电动机只能一个方向转动，取刀架电动机正转；刀架电动机反转时，实现刀架锁紧定位。

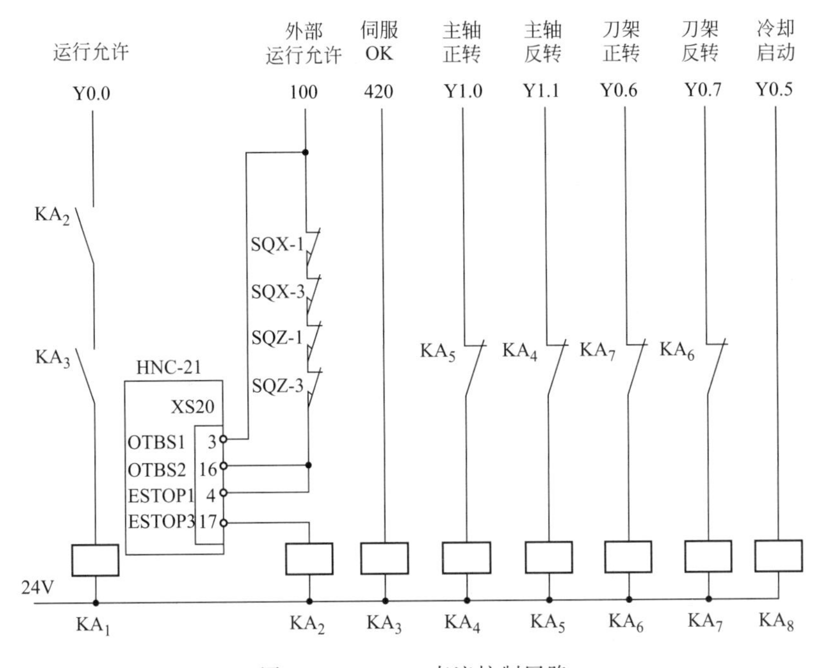

图 7-7　TK1640 直流控制回路

（4）冷却电动机控制。当有手动或自动冷却指令时，这时在图 7-7 中 PLC 输出 Y0.5 有效，KA_8 继电器线圈通电，继电器触点闭合，在图 7-6 中 KM_6 交流接触器线圈通电，交流接触器主触点吸合，冷却电动机旋转，带动冷却泵工作。

伺服电动机的控制见第六章数控机床进给驱动系统相关内容。

第二节　XK713 数控铣床电气控制系统分析

本节通过对 XK713 数控铣床的电气控制线路分析，进一步阐述电气控制系统的分析方法，使读者掌握 XK713 机床电气控制线路的原理，了解电气部分在整个设备所处的地位和作用，为进一步学习数控铣床电气控制系统的相关知识打下一定的基础。

一、机床的运动及控制要求

XK713 数控铣床采用主轴变频调速和西门子 SINUMERIK 802C base line 数控系统、

SIMODRIVE 611U 驱动控制单元及 1FK7 交流伺服电机。

主轴的旋转运动由 5.5kW 变频主轴电动机实现，与机械变速配合得到低速和高速二挡范围的无级变速。

X 轴、Y 轴和 Z 轴的运动由交流伺服电动机带动滚珠丝杠实现，三轴的联动由数控系统控制。

机床有刀具松/紧电磁阀，以实现换刀、冷却电动机的启停、润滑电动机的启停等控制。

除了上述运动外，还有坐标轴极限运动、门关闭、电动机过载等保护功能。

二、电气控制线路分析

1. 主电路分析

图 7-8 是 XK713 数控铣床电气控制中的 380V 强电回路，图中 QF_{10} 为电源总开关，QF_{11}、QF_{12}、QF_{13}、QF_{14} 分别为伺服强电、主轴强电、冷却电动机、润滑电动机的电源开关，其作用是接通相关回路电源及短路保护作用。KM_{10}、KM_{20} 分别为冷却电动机和润滑电动机交流接触器，由它们的主触点控制相应回路；FR_{10}、FR_{20} 为热继电器，用于冷却电动机和润滑电动机的过载保护。RC_1、RC_2 为阻容吸收回路，当相应的电路断开后，吸收冷却电动机和润滑电动机中的能量，避免产生过电压而损坏电器。

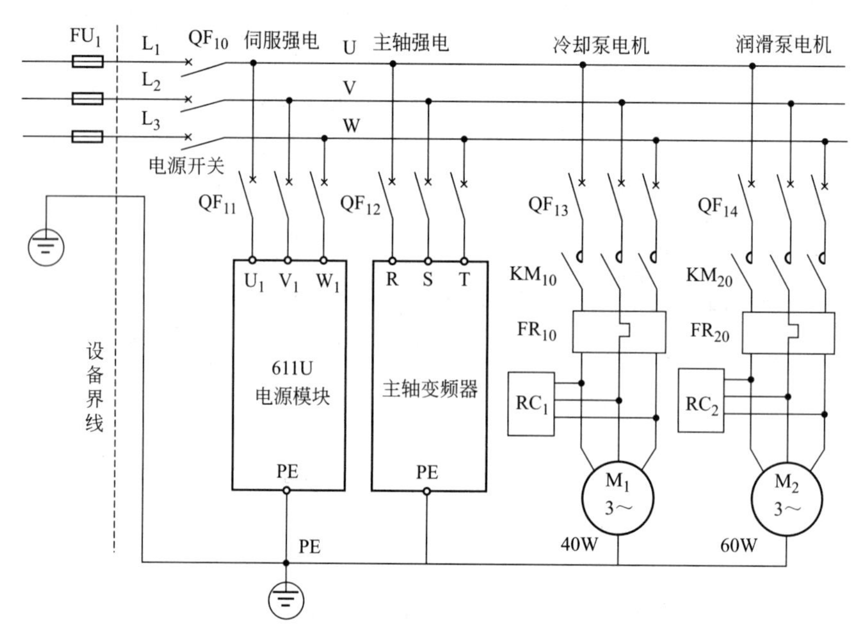

图 7-8　XK713 强电回路

2. 电源电路分析

图 7-9 为 XK713 数控铣床电气控制中的电源回路图。图 7-9 中，TC20 为控制变压器，初级为 AC380V，次级为 AC110V、AC220V、AC24V、AC27V。其中 AC220V 给直流稳压器 VC12 提供交流电源，VC_{12} 将 AC220V 转换为 DC24V 电源，给数控系统、PLC 输入/输出提供电源；AC110V 给交流接触器线圈和控制柜风扇提供电源；AC24V 给工作灯提供电源；AC27V 分别给整流器 VC_{10} 和 VC_{11} 提供交流电源，VC_{10} 和 VC_{11} 将 AC27V 转换为直流电源，分别给 Z 轴制动器线圈和主轴松刀电磁阀线圈提供电源；QF_{15}、QF_{16}、QF_{17}、

QF_{18}、QF_{21}、QF_{20}、QF_{22}、QF_{23}、QF_{24}、QF_{25}空气开关用于接通相关电路及过载保护。

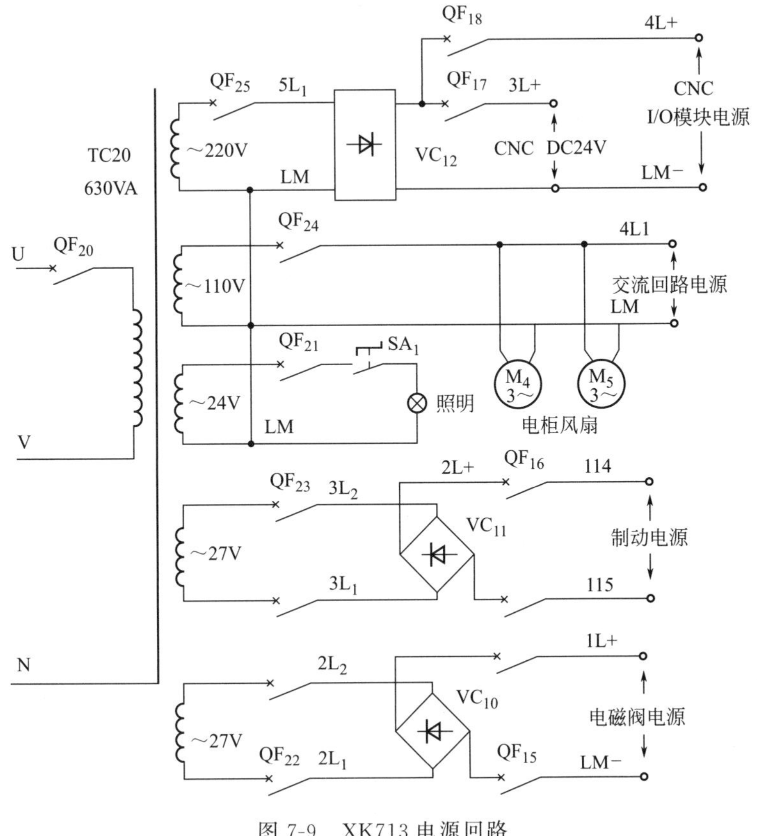

图 7-9　XK713 电源回路

3. 进给轴驱动电路分析

图 7-10 为 XK713 数控铣床电气控制中的西门子 SINUMERIK 802C base line 数控系统与 SIMODRIVE 611U 驱动控制单元连接电源回路图。

SIMODRIVE 611U 是用于联动而且具有高动态响应的运动控制系统，是一种模块化晶体管脉冲变频器，可以实现多轴以及组合驱动解决方案。SIMODRIVE 611U 伺服驱动器分为电源馈入模块、闭环速度控制和功率模块两部分，模块之间通过控制总线和直流母线相连。对于铣床 X、Y、Z 进给轴，需要 1 个电源模块和 2 个闭环速度控制和功率模块。

SINUMERIK 802C base line 连接 SIMODRIVE 611U 伺服驱动，分为速度给定值电缆、电机编码器电缆、位置反馈电缆和电机动力电缆。

（1）速度给定信号。连接 CNC 控制器 X7 接口到 SIMODRIVE 611U 的 X451/X452 接口。AGND1、AO1，AGND2、AO2 和 AGND3、AO3 分别为 X、Y、Z 轴的进给速度给定信号，SE1. 1、SE1. 2，SE2. 1、SE2. 2 和 SE3. 1、SE3. 2 分别为 X、Y、Z 轴的使能信号。

（2）电机编码器信号。连接 1FK7 电机到 SIMODRIVE 611U 的 X411/X412 接口。

（3）位置反馈信号。连接 CNC 的 X3、X4、X5、X6 到 SIMODRIVE 611U 的 X461/X462 接口。

（4）电机动力信号。连接 1FK7 电机的动力接口到 SIMODRIVE 611U 的功率模块 A1/

A2 的 U_2、V_2、W_2 接线端子。

（5）使能信号。PLC 程序对电源模块的使能端子 T48、T63 和 T64 进行控制。上电时，端子 T48 与 T9 接通，直流母线开始充电，延时后 T63 与 T9 接通，最后 T64 与 T9 接通；关电时，端子 T64 与 T9 断开，延时后（主轴和进给轴停止）T63 与 T9 断开，最后 T48 与 T9 断开。它们分别由 KA_{10}、KA_{30} 和 KA_{31} 的触点进行控制。

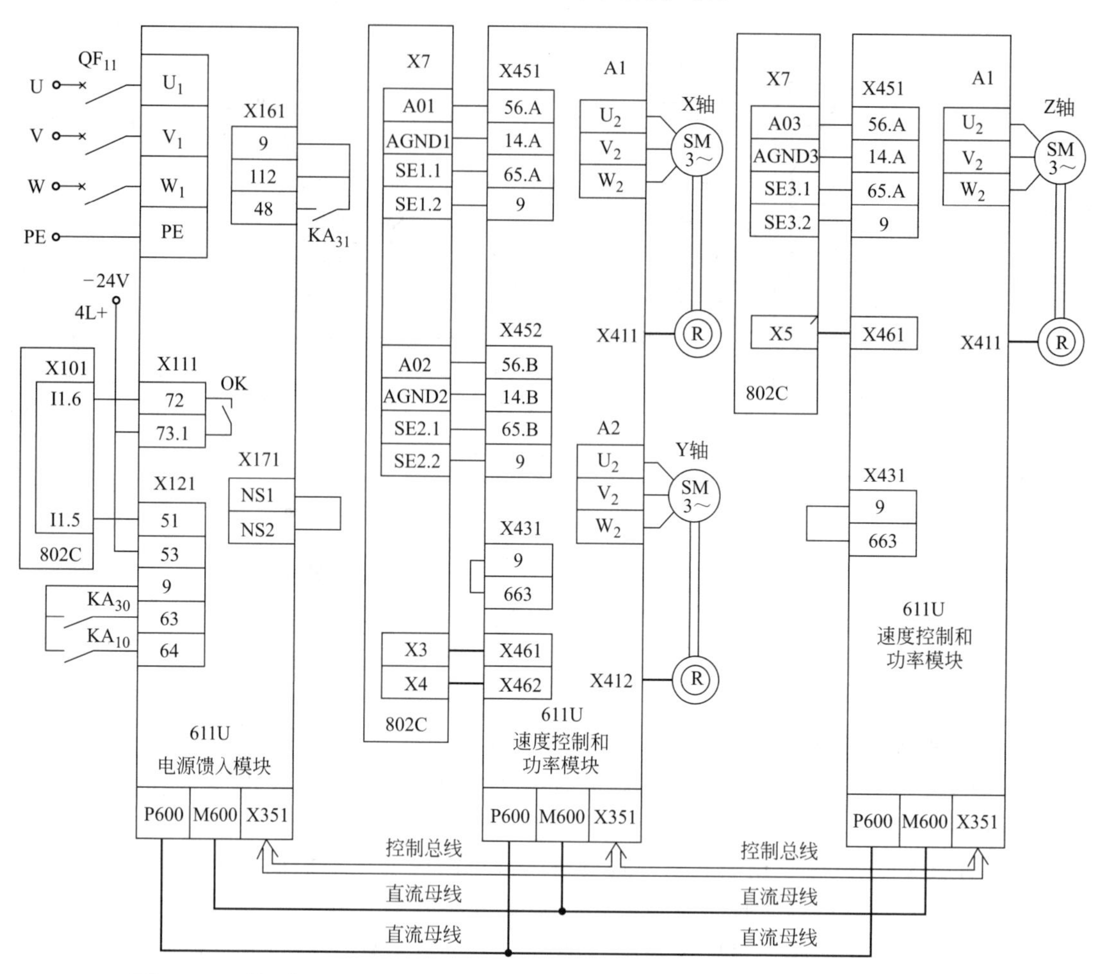

图 7-10　西门子 802C base line 数控系统与 SIMODRIVE 611U 驱动控制单元连接

（6）报警信号。51 和 53 为温度检测信号，72 和 73.1 为电源模块运行正常信号，它们分别与 802C 的 X101 引脚 I1.5 和 I1.6 相连。

4. PLC I/O 控制电路分析

图 7-11 为 XK713 数控铣床电气控制中的 PLC I/O 控制回路图。

图 7-11 中，Q 代表输出信号，I 代表输入信号。X100、X101、X102、X103、X104、X105 为数字输入端口，X200 和 X201 为数字输出端口。

输出端口定义为高电平有效，当某位端口为高电平信号时，相应的继电器线圈得电，由其常开触点接通相应控制回路。Q0.0、Q0.1 为主轴正反转信号，Q0.2 为换刀时主轴松刀信号，Q0.3 为冷却泵电机控制信号，Q0.4 为 Z 轴抱闸制动信号，Q0.5 和 Q0.6 为控制 611U 电源模块上电运行信号。并联于线圈两端的二极管作用是当相应的电路断开后，给线圈中的电流提供续流回路以吸收能量，避免产生过电压而损坏电器。

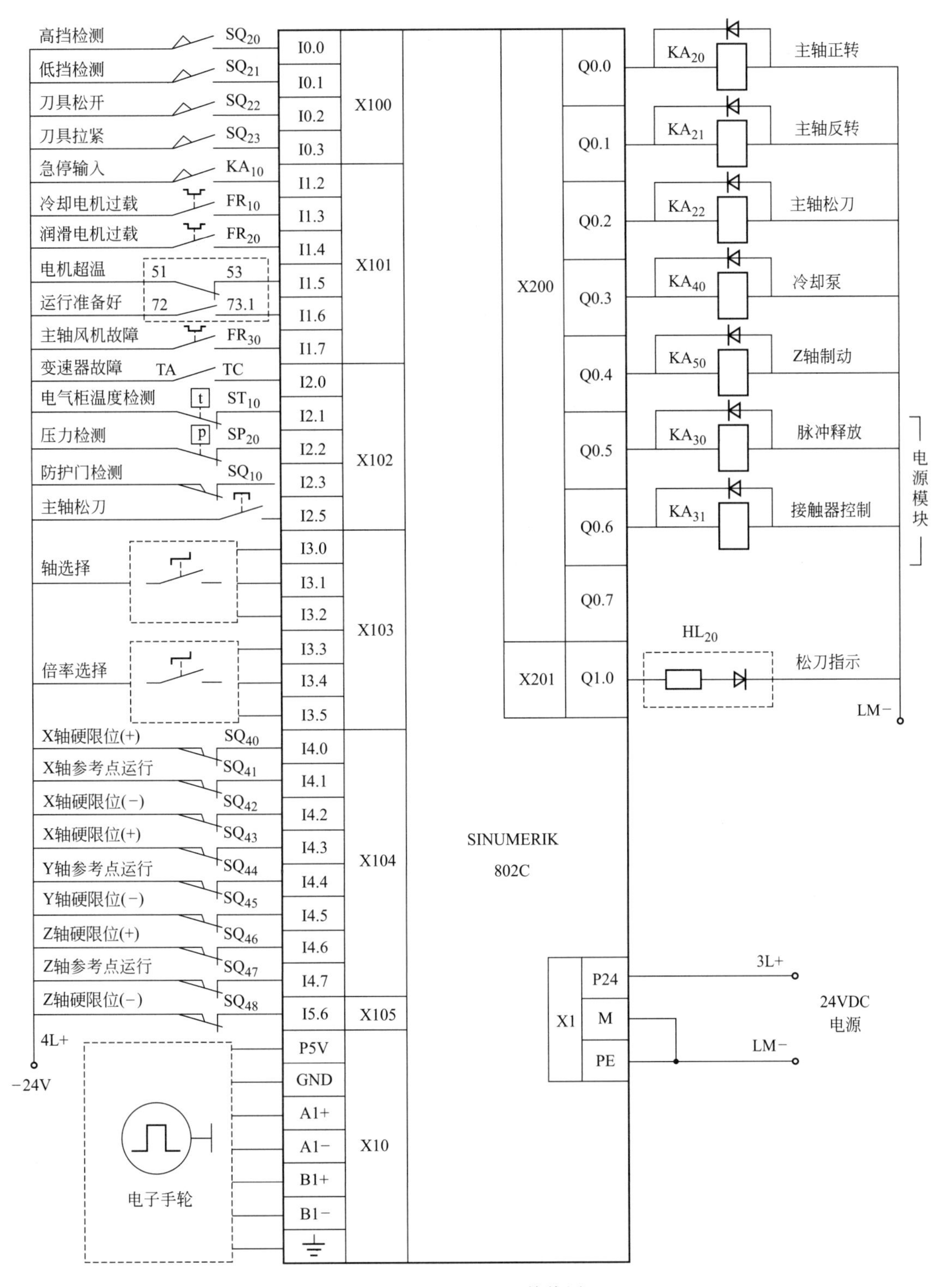

图 7-11 PLC I/O 接线图

输入端口定义为常闭连接，其中，I0.0、I0.1 为主轴转速挡位检测信号，I0.2 和 I0.3 为刀具松开拉紧信号，I2.3 为机床门关闭否检测信号，I4.0、I4.3、I4.6 分别为 X 轴、Y 轴、Z 轴正行程硬限位检测信号，I4.2、I4.5、I5.6 分别为 X 轴、Y 轴、Z 轴负行程硬限位检测信号，I4.1、II4.4、I4.7 分别为 X 轴、Y 轴、Z 轴参考点检测信号，这些检测信号均来自限位开关的常开或常闭触点；I1.3、I1.4、I1.7 为电机过载信号，由热继电器检测；I1.5、I1.6 为来自 611U 电源模块的电机过载和伺服 OK 信号；I3.0、I3.1、I3.2 为手动方式下进给轴选择开关，I3.3、I3.4、I3.5 进给速率选择开关；I2.0 为来自主轴变频器的故障信号；I2.1、I2.2 分别为电气柜温度和压缩空气压力检测信号。

第三节　数控线切割机床电气控制系统分析

计算机数字控制线切割机床是数控机床中最常见、应用最广泛的一种。它是把工件和工具作为电极，利用两者间瞬时火花放电所产生的高温去除金属材料。该机床广泛用于加工各种形状复杂的金属冲模和精密零件模具加工，具有加工效率高、精度高和光洁度高等优点。线切割机床一般由主机、工作液循环系统、脉冲电源和自动调节进给装置等四部分组成。

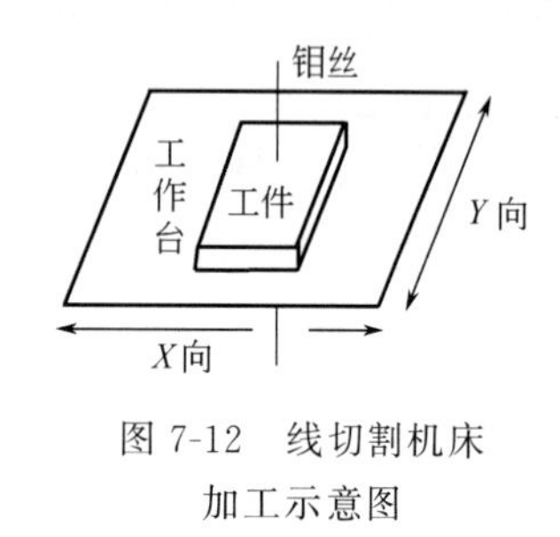

图 7-12　线切割机床加工示意图

一、线切割机床的工作原理

线切割机床的加工原理如图 7-12 所示。把被加工的工件固定在工作台上，钼丝与工件间加上高频电压，产生高频电火花腐蚀金属，即可对工件实现切割加工。工作台由水平及垂直两方向的步进电动机带动，从而切割出所需的形状。钼丝作上下垂直运动，排泄切割屑末。

二、线切割机床的组成

图 7-13 为线切割机床的组成框图。主要有微机控制系统、接口电路、伺服驱动电路、脉冲电源、驱动电源等组成。

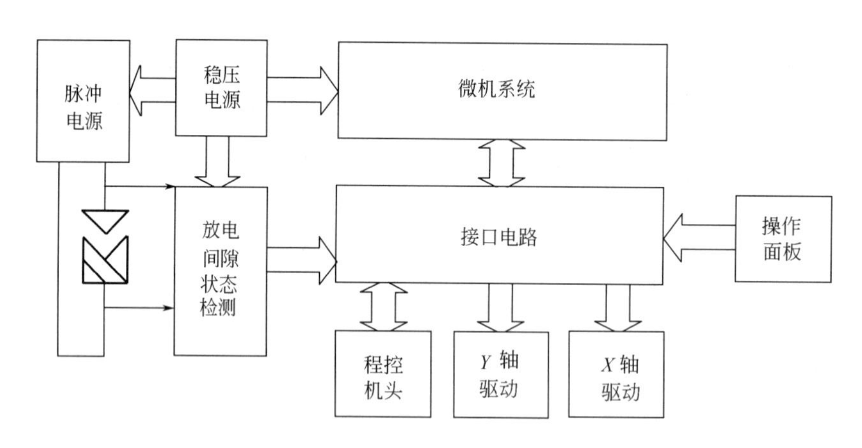

图 7-13　线切割机床结构框图

微机系统是线切割机床电气控制系统的核心部分。其作用：①从纸带或从键盘上输入事先编制好的加工程序。②根据加工指令，通过“插补”计算的方法，求得每次 X 或 Y 方向步进电机的进给方向并送出控制命令，带动工作台做相应移动。③根据钼丝与工件间隙调整步进电机的转速。

稳压电源提供微机系统、脉冲电源、接口电路、驱动电路等所需的直流电源。

驱动电路完成将微机系统经接口电路输出的环形脉冲分配信号进行放大，驱动 X 轴和 Y 轴步进电动机按一定转速旋转，带动工作台移动。

放电状态间隙检测环节的作用是对工件和钼丝之间的放电间隙进行检测，并经信号滤波和电平转换电路，得到与放电间隙成正比的电压信号，输送到微机系统。

为不使放电成连续的电弧，施加于放电间隙的电压为脉冲电源，然后间隙产生很强的电场，局部产生高温，蚀除金属，达到仿形加工的目的。脉冲电源的作用是把50Hz、220V或380V的交流电转换成频率较高的单向电脉冲，使工具电极和工件间能产生火花放电。

接口电路的作用是完成输入输出信号的隔离、放大、电平转换等。

三、脉冲电源

脉冲电源对电火花加工的生产率、稳定性、工件表面光洁度和工具电极的损耗等技术经济指标有极大的影响。电火花加工用脉冲电源的发展很快，种类也很多。最早使用的是RC脉冲电源，20世纪60年代初出现了闸流管和电子管脉冲电源，随后出现了可控硅和晶体管脉冲电源。近年来，由于电力电子技术和大规模集成电路的发展，脉冲电源的性能得到了进一步发展。

（一）RC脉冲电源

这类脉冲电源虽有各种不同的线路，但工作原理都是利用电容器充电以储存电能，而后使之瞬时放电，以形成电火花放电来蚀除金属。因为电容器时而充电、时而放电，一弛一张，故又称为弛张式脉冲电源。

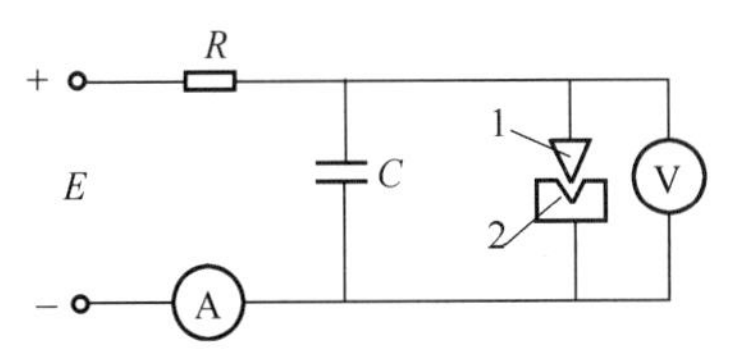

图 7-14　RC脉冲电源
1—工具电极；2—工件

RC脉冲电源是弛张式脉冲电源中最简单、最基本的一种。图7-14是它的工作原理图。它由两个回路组成：一个是充电回路，由直流电源 E、限流电阻 R（既可用来调节充电速度，又用来防止电流过大及出现电弧放电）和电容器 C 组成；另一个是放电回路，由电容器 C、工具电极和工件及其间的放电间隙（又称极间间隙）组成。当接通电源后，电源经电阻向电容器充电，使其两端的电压逐步上升。当电容器两端的电压上升到等于工具电极和工件之间的工作液的击穿电压 U_d 时，间隙被击穿，电容器上储存的电能通过工具电极、液压介质和工件放电，在工具电极和工件之间的间隙中形成火花而产生蚀除金属的作用。

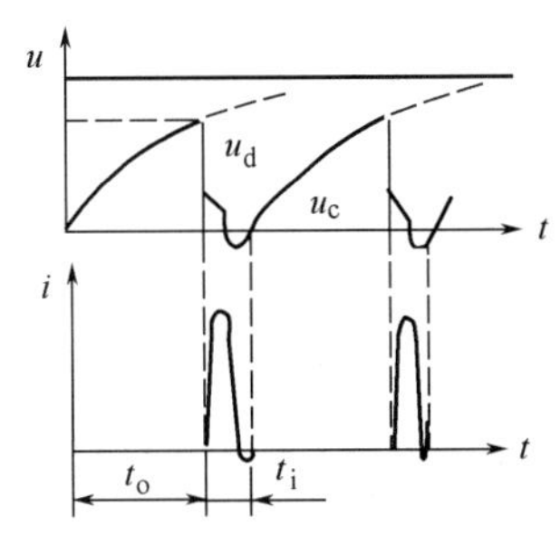

图 7-15　RC脉冲电源的电压和电流波形

由于放电回路中存在寄生电感，从而使电容器在放电完毕之后，又反向充电，因此在放电间隙两端形成反向电压和电流，如图7-15所示。脉冲电流的负半波所形成的“反极性”加工，增加了工具电极的损耗，因此在实用中往往要尽可能地削弱它的影响。

RC脉冲电源结构简单、维修方便、成本低，但存在电能利用率不高、生产效率低、工艺参数不稳定等缺点。

（二）RLC脉冲电源

为了改进RC脉冲电源的性能，可在充电回路中加入一个电感 L 代替部分限流电阻，组成RLC脉冲电源，如图7-16所示。电感虽然对直流电流的阻力很小，但对交流或脉冲电流

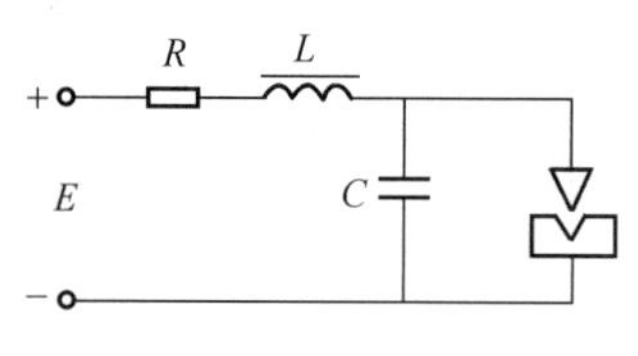

图 7-16　RLC 脉冲电源

却具有感抗阻力，能起限流作用，却又不引起发热而消耗电能，所以 RLC 脉冲电源的电能利用率比 RC 线路高，最大可达 80%～90%。

此外，加入电感 L，还可缩短电容器的充电时间，以及使充电过程成为振荡充电过程，从而提高电容器上的充电电压。这就从脉冲频率和单个脉冲能量两个方面提高了平均功率，所以 RLC 线路比 RC 线路的生产率高。

（三）晶体管脉冲电源

生产率低、工具电极的损耗大、稳定性差始终是弛张式脉冲电源的缺点。晶体管脉冲电源由于其脉冲参数的可调范围广、脉冲波形容易调节、易于实现多回路加工和自适应控制，故目前应用非常广泛。图 7-17 为最基本的晶体管脉冲电源原理框图。其主要组成部分有主振级、前置放大级、功率输出级和直流电源等。

1. 主振级

主振级为脉冲电源的主要组成部分，用以产生脉冲信号。电源的脉冲参数，如脉冲宽度、脉冲间隔、频率等都是由它决定的。根据电火花加工工艺的特点，对主振级的要求是振荡稳定、脉冲参数调节范围大、抗干扰能力强。

图 7-18 为多谐振荡器型晶体管脉冲电源的主振级线路图。晶体管 VT_1、VT_2 为振荡管，VT_3、VT_4 为射极输出管。当 VT_1、VT_4 导通时，VT_2、VT_3 截止。这时，VT_1 基极电流为电容器 C_b 的充电电流，其方向由电源(+)→VT_4→C_b→VT_1→电源(−)；C_a 的放电回路为 C_a→R_2→电源→R_5→C_a。放电刚开始时，电容 C_a 和 VT_2 基极相连一端电位较低，从而维持 VT_2 截止。随着 C_a 的放电（反向充电）该端电位逐渐升高，也即 VT_2 的基极电位逐渐升高，从而促使 VT_2 导通。VT_2 管一旦导通，VT_1 和 VT_4 迅速截止，振荡器翻转。这时电容 C_a 充电，充电回路为电源(+)→VT_3→C_a→VT_2→电源(−)；C_b 的放电回路为 C_b→R_3→电源→R_6→C_b，C_b 放电（反向充电）的结果使 VT_1 的基极电位逐渐升高而导通，于是振荡器又翻转，恢复初始状态而完成一个脉冲周期。这样，C_a 的放电时间决定了脉冲宽度，C_b 的放电时间决定了脉冲间隔，而改变 C_a、C_b 的电容量即可调节脉冲宽度和脉冲间隔。线路中 VT_3 和 VT_4 管是为了改善脉冲波形的前沿而设置的。

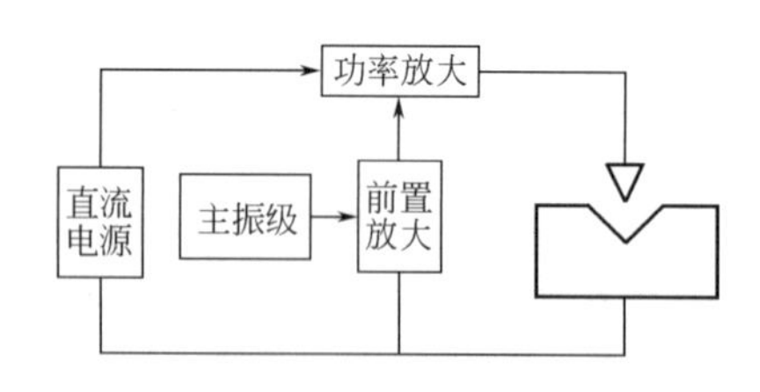

图 7-17　晶体管脉冲电源的原理框图

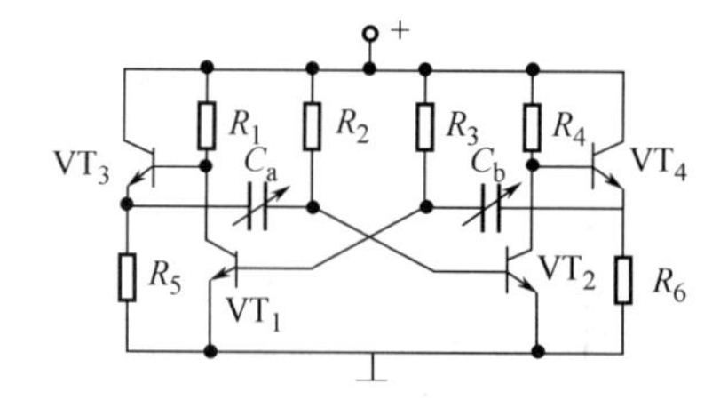

图 7-18　晶体管脉冲电源主振级线路图

2. 前置放大器

主振级输出的脉冲信号比较弱，不能直接推动功率放大管，因此要用前置放大级将主振级产生的脉冲信号放大。可采用一般的三极管放大电路。

3. 功率放大级

功率放大级在脉冲电源中起着向放电间隙输出脉冲能量的功能。它是通过调节输出功率管的数量来改变输出电流的大小。一般采用共发射极耦合脉冲放大电路（即反相放大电路），也可采用射极输出（即共集电极）电路，目前多采用MOS管电路。

图7-19所示为和间隙串联的晶体管电路，在此电路中，晶体管VT_1、VT_2、VT_3作为开关管。当开关管导通后，工件和钼丝间隙间即加上电压，形成电火花。图中R_1、R_2、R_3起均流作用。脉冲信号由脉冲发生器提供。

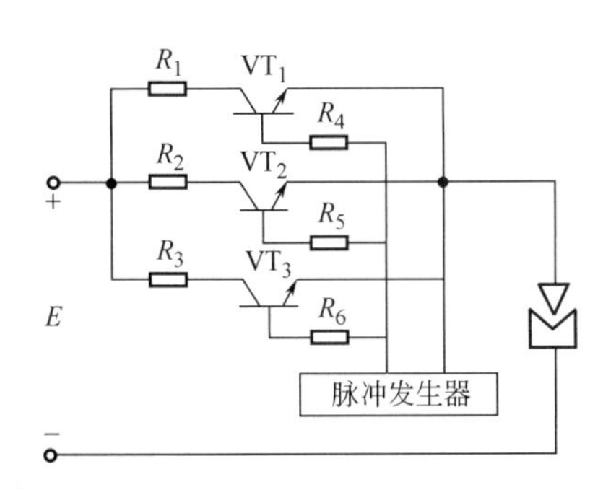

图7-19　和间隙串联的晶体管电路

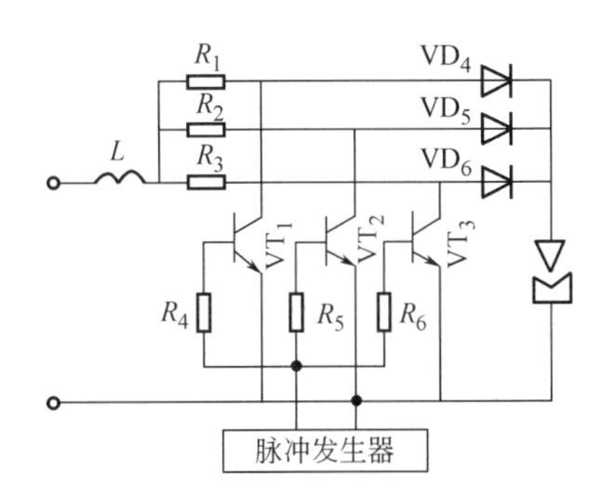

图7-20　和间隙并联的晶体管电路

图7-20所示为和间隙并联的晶体管电路，这个电路的波形有利于火花间隙的击穿，波形利用率较高，和串联电路一样也一定要有限流电阻。

图7-21为DK7725线切割机床的脉冲电源功率放大电路。由图可见，开关管和加工间隙串联，并采用了MOS管作为功率放大管。由于MOS管具有驱动功率小、工作频率高、无二次击穿问题、功率损耗小、导通压降低等特点，不仅使电路结构得到简化，也改善了脉冲电源的工艺参数。

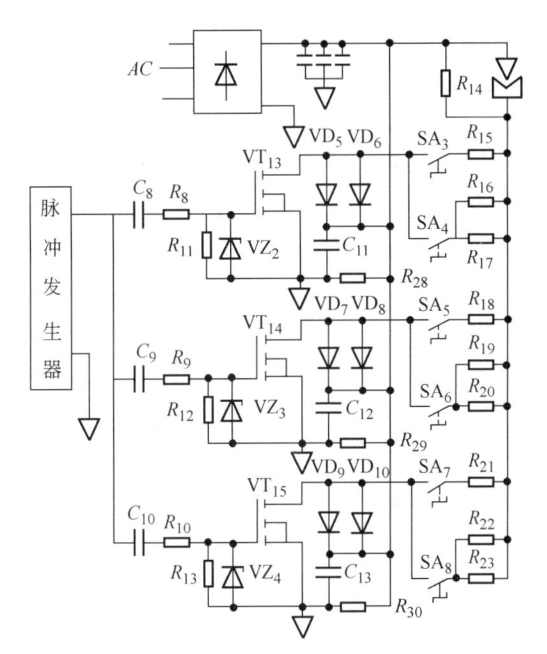

图7-21　DK7725线切割脉冲电源功放电路

SA_3～SA_8用于选择投入工作的开关数量，可根据不同的工艺要求和工件材料，选择MOS管数量和串联电阻值大小。显然并联多只MOS管，可获得的脉冲电流越大，加工速度越快，但加工工件的光洁度较差。实际使用中应根据工艺要求，合理选择脉冲宽度和加工电流大小。R_{14}为放电间隙间的并联电阻，用于防止放电间隙间产生的过高电压而损坏开关器件；VD_5～VD_{10}，C_{11}～C_{13}、R_{28}～R_{30}、VZ_2～VZ_4组成MOS管的保护电路。

四、放电间隙状态检测

电火花加工过程中，不仅要使工具电极和工件随着工件材料被不断蚀除而相对进给，以形成一定形状和尺寸的工件，而且还要不断地调节进给速度甚至停止进给或回退，以保持恰当的放电间隙。当工具电极和工件间的间隙过大时，不可能产生火花放电，过小时会引起拉弧烧伤以至短路；同时瞬时蚀除量和放电间隙的物理状态又是变化无常的，放电间隙又很

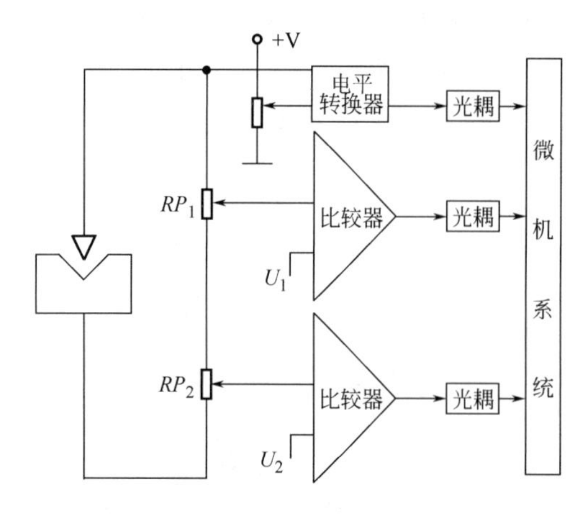

图 7-22　放电间隙状态检测原理框图

小，且位于工作液中而无法观察和直接测量，因此必须通过放电间隙状态检测，实现自动调节进给装置来保持恰当的放电间隙。

图 7-22 所示为放电间隙状态检测环节工作原理框图。检测信号包括电流和电压信号的检测。电流信号分有、无两种信号，经电平转换器转换为 0V 低电平和 5V 高电平的电平信号输入微机系统。间隙电压信号取两个门槛值，高电位门槛值 U_2 和低电位门槛值 U_1。当有加工电流信号，而所测到的加工电压在门槛值 U_1 和 U_2 之间时，微机判断为正常放电状态，步进电动机停止进给；当所测到的加工电压低于低电位门槛值 U_1，且有电流信号时，微机判断为偏短路状态，或为电弧放电状态，工作台迅速退回，使工件迅速离开工具电极；当测到的加工电压高于高电位门槛值 U_2 时，微机判断为偏开路状态，工作台微步距伺服进给。这一判断由电压比较器 LM318 芯片来完成，在检测电路板和微机系统之间采用光电隔离，防止检测信号对微机控制系统的干扰。

1. 间隙测量环节

由于电火花加工过程中的放电间隙很小，而且不断地变化，所以直接测量间隙值是很困难的，因此采用测量与放电间隙成线性关系的电参数的方法来间接反映放电间隙的大小。当应用弛张式脉冲电源时，经常采用的检测方法有平均间隙电压检测法，见图 7-23(a)，平均工作电流检测法，见图 7-23(b)，此外，也可同时取电压电流两种信号，见图 7-23(c)。其中以最后一种方法比较完善，因为它本身包含有比较信号，而在采用前两种方法时必须要加比较电压，才能有足够的灵敏度。

当应用独立式脉冲电源时，工具电极和工件不像弛张式电源时那样经常有电压，所以空载电压较低，加工时极间电压的平均值以及在加工过程中由于间隙变化而引起的平均值变化就更小，因而一般采用峰值测量法。如图 7-24 所示，间隙电压信号经二极管截去负波后，通过一积分电路，只要积分电路的时间常数合适，由电位器 RP 上取出的信号就能基本上反映出间隙信号的幅值。

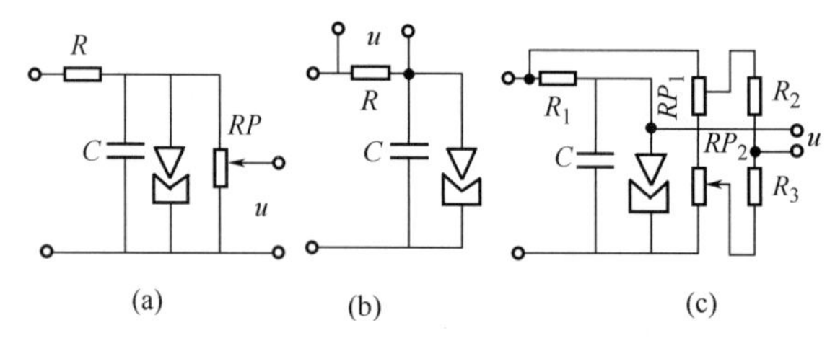

图 7-23　测量环节的形式

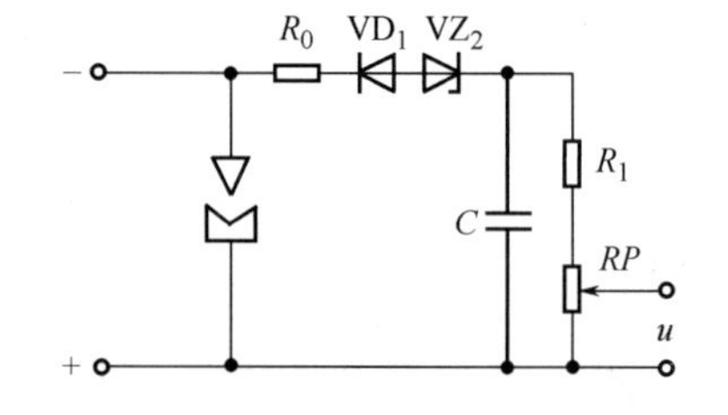

图 7-24　峰值信号测量环节

2. 比较环节

比较环节的功用是把从测量环节得来的信号和给定值的信号进行比较，再按其差值来调节进给速度。

五、接口电路

接口电路的主要作用为一是将外部信号经信号处理电路和光耦隔离电路传送到微机控制系统，输入信号有进给、高频、加工、暂停、点动等加工控制信号和放电间隙状态、断丝保护等进给调节信号；另一作用是将微机控制装置经处理和运算得到的控制信号经光耦隔离电路和信号处理电路传送给外部设备，输出信号有步进电动机的步进脉冲信号，程控机头的编程信号等。

图 7-25 为 DK7725 数控线切割机床的环型脉冲分配信号接口电路和 X 轴步进电机的驱动电路原理图。以 L_a 相绕组为例，微机系统 PA_1 口发出的步进电机环型分配脉冲，在接口电路中，首先经与非门 N_3 放大，然后经光电耦合管 $3VT_2$ 进行信号隔离，再由推动管 $3VT_1$ 输出信号给驱动电路。

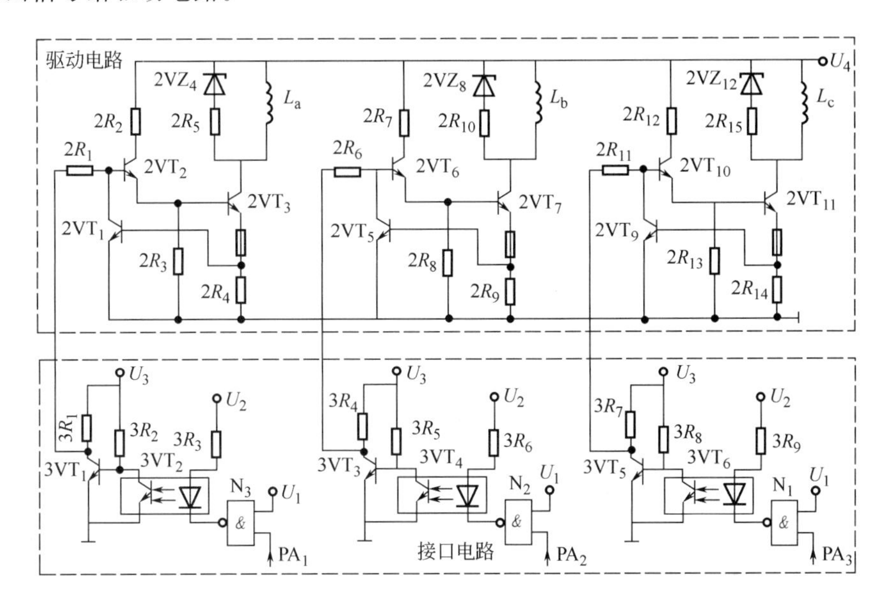

图 7-25　接口和驱动电路图

六、伺服驱动电路

微机系统输出的脉冲信号，还需经驱动电路放大后才能驱动步进电机。图 7-25 中，功率放大电路是一种简单的恒流斩波功放电路。以步进电动机 U 相绕组为例，当 PA_1 端为高电平时，则与非门 N_3 输出低电平信号，光电耦合管中的发光二极管有电流流过，因而光电接收管输出低电平，使 $3VT_1$ 截止，则在 $3VT_1$ 集电极输出高电平脉冲。经接口电路初步放大的高电平信号使 $2VT_2$、$2VT_3$ 导通，绕组中有电流流过，步进电动机转动，直至高电平信号消失，电动机转动一个步距角。在整个脉冲期间，当绕组中电流达到电流上限时，电阻 $2R_4$ 上的压降使 $2VT_1$ 导通，$2VT_2$、$2VT_3$ 截止，电动机绕组中流过的是续流；当 $2R_4$ 上的电压下降到一定值时，$2VT_1$ 截止，$2VT_2$、$2VT_3$ 又恢复导通。有关恒流斩波的详细内容参见第六章步进电动机功放电路部分。

思考题与习题

1. 以 TK1640 数控车床为例，分析 M03 S800 指令对于主轴电动机的控制过程。

2. 分析 TK1640 数控车床电气控制电路中采用了哪些电气保护措施。
3. 以 XK713 数控铣床为例，说明数控系统与伺服驱动 611U 有哪些连接信号。
4. 说明 XK713 数控铣床电气控制电路中 KA10、KA30 和 KA31 三个器件的名称及其工作过程。
5. 简述线切割机床的加工原理。
6. 脉冲电源的种类有哪些？各有何特点？
7. 线切割机床加工中，为何要不间断检测钼丝与工件间的放电间隙？
8. 接口电路的作用都有哪些？并结合具体电路说明。

第八章

实训项目

实训项目一　熔断器、低压开关的认识

一、实训目的及要求

（一）实训目的

（1）进一步巩固熔断器、低压开关的类型、基本结构、工作原理、主要技术性能、适用场合及使用方法等理论知识。

（2）通过实训加深对熔断器、低压开关的认识。

（3）通过对组合开关拆装修理训练，增强动手能力，积累实践经验。

（二）实训要求

（1）熟悉常用熔断器、低压开关的类型及结构。

（2）清楚常用熔断器、低压开关的适用场合及使用方法。

（3）掌握常用熔断器、低压开关的技术数据及选用原则。

（4）能够分析、排除常用熔断器、低压开关的常见故障。

二、技术数据及常见故障

（一）熔断器的技术数据及常见故障

1. 技术数据

表 8-1 为几种常用熔断器的技术数据。

表 8-1　常用熔断器的技术数据

型号	额定电压/V	额定电流/A	熔体额定电流等级/A
RC1A-5	380	5	1、2、3、5
RC1A-10		10	2、4、6、8、10
RC1A-15		15	6、10、12、15
RC1A-30		30	15、20、25、30
RC1A-60		60	30、40、50、60
RC1A-100		100	60、80、100
RC1A-200		200	100、120、150、200

续表

型号	额定电压/V	额定电流/A	熔体额定电流等级/A
RL1-15	500	15	2、4、5、6、10、15
RL1-60		60	20、25、30、35、40、50、60
RL1-100		100	60、80、100
RL1-200		200	100、125、150、200
RM10-15	交流 220、380、500 直流 220、440	15	6、10、15
RM10-60		60	15、20、25、35、45、60
RM10-100		100	60、80、100
RM10-200		200	100、125、160、200
RM10-300		350	200、225、260、300、350
RM10-600		600	350、450、500、600
RT0-100	380	100	30、40、50、60、80、100
RT0-200		200	80、100、120、150、200
RT0-400		400	150、200、250、300、350、400
RT0-600		600	350、400、450、500、550、600
RT0-1000		1000	700、800、900、1000

2. 选择原则

选择熔断器的一般原则是：

(1) 熔断器的类型应满足电路要求；

(2) 熔断器的额定电压应大于或等于电路的额定电压；

(3) 熔断器的额定电流应大于或等于所装熔体的额定电流；

(4) 熔体的额定电流可参见第四章相关说明。

3. 故障排除

熔断器的常见故障及排除方法见表 8-2。

表 8-2 熔断器的常见故障及排除方法

故障现象	可能原因	排除方法
电动机启动瞬间，熔体便熔断	熔体电流等级选择太小	更换合适的熔体
	电动机侧有短路或接地	排除短路或接地故障
	熔体安装时受到机械损伤	更换熔体
熔体未断，但电路不通	熔体或接线端接触不良	旋紧熔体或接线
	紧固螺钉松脱	旋紧螺钉或螺帽

(二) 低压开关的技术数据及常见故障

1. 技术数据

表 8-3 和表 8-4 分别为 HZ10 系列组合开关和 DZ10 系列自动开关的技术数据。

表 8-3　HZ10 系列组合开关技术数据

型号	额定电压/V	额定电流/A	级数	可控制电动机最大容量/kW
HZ10-10	直流 220 交流 380	6	1	3
		10	2,3	
HZ10-25		25		5.5
HZ10-60		60		
HZ10-100		100		

表 8-4　DZ10 系列自动空气开关技术数据

型号	壳架等级额定电流/A	额定工作电压/V	额定频率/Hz	额定极限短路分断能力				额定电流/A
				DC		AC		
				220V	T/ms	380V	$\cos\varphi$	
DZ10-100	100	交流 380	50	10	5	6	0.7	15,20,30,40,50,60,80,100
DZ10-100	100	交流 380	50	10	5	10	0.5	
DZ10-100	100	交流 380	50	10	5	12	0.3	
DZ10-250	250	交流 380	50	20	10	20	0.3	100,20,140,170,200,250
DZ10-600	600	交流 380	50	25	15	25	0.25	200,250,300,350,400,500,600

2. 选择原则

选择组合开关时，应根据电源种类、电压等级、所需触头数、接线方式、电动机容量进行选择，所选开关额定电流一般为电动机额定电流的 1.5～2.5 倍。选择自动空气开关时，应遵照下列原则：

（1）额定电压和额定电流应不小于电路的正常工作电压和电流；

（2）热脱扣器整定电流应与所控制负载的额定电流一致；

（3）电磁脱扣器的瞬时脱扣整定电流应大于负载电路正常工作时的最大电流，对于电动机负载来说，电磁脱扣器的瞬时脱扣整定电流一般为电动机启动电流的 1.7 倍。

3. 故障排除

低压开关的常见故障及排除方法见表 8-5。

表 8-5　低压开关常见故障及排除方法

	故障现象	可能原因	排除方法
组合开关	手柄转动后内部触头未动	手柄上的轴孔磨损变形	调换手柄
		绝缘杆变形	更换绝缘杆
		手柄与轴或轴与绝缘杆配合松动	紧固松动部件
		操作机构损坏	修理
	手柄转动后，动静触头不能同时通或断	触头角度装配不正确	重新装配
		触头失去弹性或接触不良	更换触头或清除氧化层或污垢
	接线柱间短路	因铁屑或油污附着在接线柱间，形成导电层，将胶木烧焦，绝缘损坏后而形成	更换开关

续表

	故障现象	可能原因	排除方法
自动空气开关	不能合闸	电源电压太低	将电源电压调到规定值
		热脱扣器的双金属片未冷却复原	待双金属片复位后再合闸
		锁链和搭钩衔接处磨损，合闸时滑扣	更换锁链及搭钩
		杠杆或搭钩卡阻	检查并排除卡阻
	电流达到整定值时开关不断开	热脱扣器双金属片损坏	更换双金属片
		电磁脱扣器的衔铁与铁芯距离太大或电磁线圈损坏	调整衔铁与铁芯的距离或更换新品
		主触头熔焊后不能分断	检查原因并更换主触头
	电流未达到整定值，开关误动作	整定电流调得过小	调高整定电流值
		锁链或搭钩磨损，稍受振动即脱钩	更换磨损部件
	开关温升过高	触头表面过分磨损，接触不良	处理接触面或更换触头
		触头压力过低	调整触头压力
		接线柱螺钉松动	拧紧螺钉

三、实训过程记录

1. 填写表8-6

表8-6　实训记录表

名称	常用类型	适用场合	选用要点
熔断器			
低压开关			

2. 填写表8-7

表8-7　实训记录表

名称	故障现象	分析原因	排除方法
熔断器	电动机启动瞬间熔体便熔断		
组合开关	手柄转而动触头未转		
自动空气开关	温升过高		

3. 按拆卸→检修→装配→校验的步骤对组合开关进行拆装及修理，并对过程作详细记录。

实训项目二　交流接触器及继电器的认识

一、实训目的及要求

（一）实训目的

（1）进一步巩固接触器及继电器的类型、基本结构、工作原理、主要技术性能、适用场合及使用方法等理论知识。

（2）通过实训加深对接触器及继电器的认识。

（3）通过对交流接触器拆装修理训练，增强动手能力，积累实践经验。

（二）实训要求

（1）熟悉常用接触器及继电器的类型及结构。

（2）清楚常用接触器及继电器的适用场合及使用方法。

（3）掌握常用接触器及继电器的技术数据及选用原则。

（4）能够分析、排除常用接触器及继电器的常见故障。

二、技术数据及常见故障

（一）交流接触器的技术数据及常见故障

1. 技术数据

表 8-8 为 CJ0 和 CJ10 系列交流接触器的技术数据。

表 8-8　CJ0 和 CJ10 系列交流接触器技术数据

<table>
<tr><th rowspan="2">型号</th><th colspan="3">主触头</th><th colspan="3">辅助触头</th><th colspan="2">线圈</th><th colspan="2">可控制三相步电动机的最大功率/kW</th><th rowspan="2">额定操作频率/（次/h）</th></tr>
<tr><th>对数</th><th>额定电流/A</th><th>额定电压/V</th><th>对数</th><th>额定电流/A</th><th>额定电压/V</th><th>电压/V</th><th>功率/W</th><th>220V</th><th>380V</th></tr>
<tr><td>CJ0-10</td><td>3</td><td>10</td><td rowspan="8">380</td><td rowspan="8">均为两常开两常闭</td><td rowspan="8">5</td><td rowspan="8">380</td><td rowspan="8">可为 36
110
（127）
220
380</td><td>14</td><td>2.5</td><td>4</td><td rowspan="8">≤600</td></tr>
<tr><td>CJ0-20</td><td>3</td><td>20</td><td>33</td><td>5.5</td><td>10</td></tr>
<tr><td>CJ0-40</td><td>3</td><td>40</td><td>33</td><td>11</td><td>20</td></tr>
<tr><td>CJ0-75</td><td>3</td><td>75</td><td>55</td><td>22</td><td>40</td></tr>
<tr><td>CJ10-10</td><td>3</td><td>10</td><td>11</td><td>2.2</td><td>4</td></tr>
<tr><td>CJ10-20</td><td>3</td><td>20</td><td>22</td><td>5.5</td><td>10</td></tr>
<tr><td>CJ10-40</td><td>3</td><td>40</td><td>32</td><td>11</td><td>20</td></tr>
<tr><td>CJ10-60</td><td>3</td><td>60</td><td>70</td><td>17</td><td>30</td></tr>
</table>

2. 选择原则

交流接触器通常是根据所控制的电动机或其他负载电流的大小、主辅触头的数量等来选择确定的，一般按照下列原则选定：

（1）主触头的额定电压应大于或等于所控制电路的额定电压；

（2）主触头的额定电流应大于或等于所控制电路的额定电流，在频繁启动、制动、正反转场合使用时，应按所控制电动机容量的 2 倍去考虑选择；

（3）电磁线圈电压由控制电路供电电压决定。

3. 故障排除

交流接触器的常见故障及排除方法见表 8-9。

表 8-9 交流接触器常见故障及排除方法

故障现象	可能原因	排除方法
吸不上或吸不足(即触头已闭合而铁芯尚未完全吸合)	电源电压太低或波动过大	调高电源电压
	操作回路电源容量不足或发生断线,配线错误及触头接触不良	增加电源容量,更换线路,修理控制触头
	线圈技术参数与使用条件不符	更换线圈
	产品本身受损	更换新品
	触头弹簧压力过大	按要求调整触头参数
不释放或释放缓慢	触头弹簧压力过小	调整触头参数
	触头熔焊	排除熔焊故障,更换触头
	机械可动部分被卡住,转轴生锈或歪斜	排除卡住现象,修理受损零件
	反力弹簧损坏	更换反力弹簧
	铁芯极面有油污或尘埃粘着	清理铁芯极面
	E 型铁芯磨损过大	更换 E 型铁芯
电磁铁(交流)噪声大	电源的电压过低	提高操作回路电压
	触头弹簧压力过大	调整触头弹簧压力
	短路环断裂	更换短路环
	铁芯极面有污垢	清刷铁芯极面
	磁系统歪斜或机械上卡住,使铁芯不能吸平	排除机械卡住故障
	铁芯极面过度磨损而不平	更换铁芯
线圈过热或烧损	电源电压过高或过低	调整电源电压
	线圈技术参数与实际使用条件不符	调换线圈或接触器
	操作频率过高	选择其他合适的接触器
	线圈匝间短路	排除短路故障,更换线圈
触头灼伤或熔焊	触头压力过小	调高触头弹簧压力
	触头表面有金属颗粒异物	清理触头表面
	操作频率过高,或工作电流过大,断开容量不够	调换容量较大的接触器
	长期过载使用	调换合适的接触器
	负载侧短路	排除短路故障,更换触头

(二) 继电器的技术数据及常见故障

1. 技术数据

表 8-10 和表 8-11 分别为 JZ7 系列中间继电器和 JR16 系列热继电器的技术数据。

表 8-10 JZ7 中间继电器主要技术数据

型号	触头参数						操作频率/(次/h)	线圈消耗功率/W	线圈电压/V
	常开	常闭	电压/V	电流/A	分断电流/A	闭合电流/A			
JZ7-44	4	4	380	5	1	13	1200	12	交流:12、24、36、48、110、127、220、380、420、440、500
JZ7-62	6	2	220	5	2	13			
JZ7-80	8	0	127	5	4	20			

表 8-11 JR16 系列热继电器技术数据

型号	额定电流/A	热元件规格			连接导线规格
		编号	额定电流/A	刻度电流调节范围/A	
JR16-20/3 JR16-20/3D	20	1	0.35	0.25～0.3～0.35	$4mm^2$ 单股或多股塑料铜线
		2	0.5	0.32～0.4～0.5	
		3	0.72	0.45～0.6～0.72	
		4	1.1	0.68～0.9～1.1	
		5	1.6	1.0～1.3～1.6	
		6	2.4	1.5～2.0～2.4	
		7	3.5	2.2～2.8～3.5	
		8	5.0	3.2～4.0～5.0	
		9	7.2	4.5～6.0～7.2	
		10	11.0	6.8～9.0～11.0	
		11	16.0	10.0～13.0～16.0	
		12	22.0	14.0～18.0～22.0	

2. 选择原则

中间继电器主要依据被控制电路的电压等级、所需触头的数量、种类、容量等要求来选择。

热继电器的选择主要是根据电动机的额定电流确定其型号和热元件的电流等级。一般情况下，可选两极结构的热继电器；若电网电压均衡性较差，电动机工作环境恶劣，可选三极结构的热继电器；对于三角形接法的电动机，要选带断相保护装置的热继电器。热继电器的额定电流通常与电动机的额定电流相等；若电动机拖动的时间较长，或电动机拖动的是冲击性负载，则热继电器的额定电流要稍大于电动机的额定电流。具体选用可参见第四章相关内容。

3. 故障排除

热继电器常见故障及排除与方法见表 8-12。

表 8-12 热继电器常见故障及排除方法

故障现象	可能原因	排除方法
热继电器不动作，电机烧坏	热继电器的额定电流值与电机的额定电压值不符	按电机的容量选用(不可按接触器的额定电流值调热继电器)
	整定电流值偏大	根据负载合理调整整定电流值
	触头接触不良	清除触头表面灰尘和氧化物
	热元件烧断或脱焊	更换热元件或热继电器
	导板脱出或动作机构卡住	重新放入，并试验动作的灵活程度，或排除卡阻

续表

故障现象	可能原因	排除方法
热继电器动作太快	整定电流值偏小	合理调整整定电流值，相差太大则换新品
	电动机启动时间过长	选择合适的热继电器或在启动时热继电器短接
	连接导线太细	按要求选用导线
	操作频率过高或点动控制	限定操作方法或改用过电流继电器
	环境温差太大	改善使用环境
动作不稳定，时快时慢	某些部件松动	固紧松动部件
	通电时电流波动太大，或接线松动	校验电压，或拧紧松动导线
热元件烧断	负载侧短路，电流过大	排除短路故障，更换热继电器
	操作频率过高	合理选用热继电器
主电路不通	热元件烧毁	更换热继电器
	接线松脱	拧紧松脱导线
控制电路不通	触头烧坏	修理触头
	控制电路侧导线松脱	检查控制电路侧

三、实训过程记录

1. 填写表 8-13

表 8-13　记录表

名称	常用类型	适用场合	选用要点
交流接触器			
继电器			

2. 填写表 8-14

表 8-14　记录表

名称	故障现象	分析原因	排除方法
交流接触器	触头烧伤或熔焊		
时间继电器	延时触头未作动		
热继电器	热继电器动作太快		

3. 按拆卸→检修→装配→校验的步骤对交流接触器进行拆装及修理，并对过程作详细记录。

实训项目三　单向旋转控制电路的安装与调试

一、实训目的及要求

（一）实训目的

（1）进一步巩固对三相异步电动机单向旋转控制电路工作原理的理解。

(2) 通过对三相异步电动机单向旋转控制电路的安装，学会由电气原理图接成控制电路的方法。

(二) 实训要求

掌握控制电路安装与调试过程中的元件选择安装、线路敷设检查以及通电试车的基本要领。

二、实训内容

(1) 根据第二章第四节图 2-14 所示电路及实训用电动机容量的大小选择电器元件，并填入表 8-15 中。

(2) 用万用表检查电器元件的好坏。

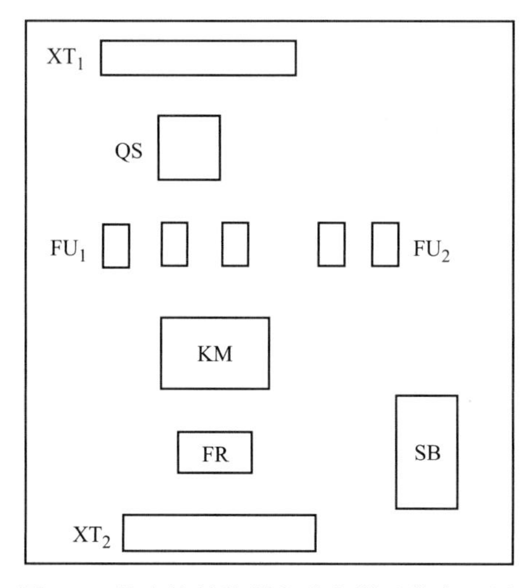

图 8-1　单向旋转控制电路电器元件布置图

(3) 按电器元件布置图布置并固定电器元件，见图 8-1。

(4) 根据电气原理图和元件布置图画出安装接线图。

(5) 按安装接线图（或电气原理图）进行接线，主电路用硬线，控制电路用软线。

(6) 用万用表检查线路，检查无误后通电试运行。

三、实训过程记录

(1) 将本次实训所选用电器元件填入表 8-15 中。

表 8-15　单向旋转控制电路元件明细表

序号	电气符号	元件名称	型号与规格	数量	作用

（2）写出安装及试运行的操作过程。

实训项目四　三相交流电动机正反转控制电路的安装与调试

一、实训目的及要求

（一）实训目的

（1）进一步巩固对三相交流电动机正反转控制电路工作原理以及自锁、互锁等环节的理解。

（2）通过对三相交流电动机正反转控制电路的安装，熟悉由电气原理图接成控制电路的方法。

（二）实训要求

掌握控制电路安装与调试过程中的元件选择安装、线路敷设检查以及通电试车的基本要领。学会对电气控制电路的检查和故障排除的方法。

二、实训内容

（1）根据第二章第四节图 2-15（c）所示电路及实训用电动机容量的大小选择电器元件，并填入表 8-16 中。

（2）按电器元件布置图布置并固定电器元件，见图 8-2。

（3）根据电气原理图和元件布置图画出安装接线图。

（4）按安装接线图（或电气原理图）进行接线，主电路用硬线，控制电路用软线。

（5）通电前用万用表检查线路，检查无误后通电试运行。

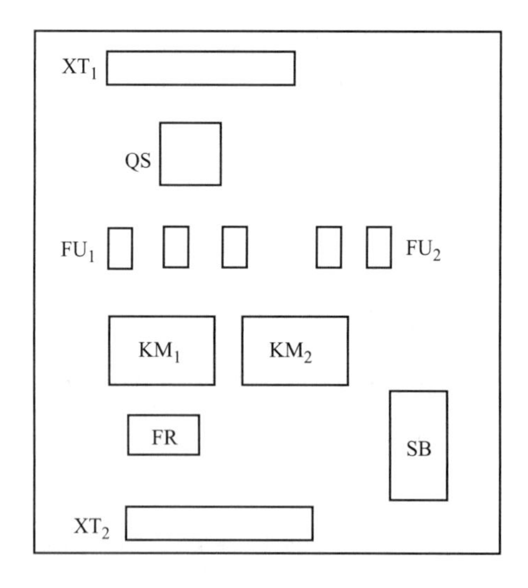

图 8-2　可逆旋转控制电路电器元件布置图

三、实训过程记录

（1）将本次实训所选用电器元件填入表 8-16 中。

表 8-16 可逆旋转控制电路元件明细表

序号	电气符号	元件名称	型号与规格	数量	作用

（2）写出安装及试运行的操作过程。

实训项目五 数控装置的连接与调试

一、实训目的及要求

（一）实训目的

（1）通过实训进一步理解数控系统的组成、基本功能和相关部件的工作原理。

（2）通过电气原理图能进行数控系统各部件之间的连接，掌握数控系统主要功能的调试方法。

（二）实训要求

（1）熟悉数控装置的类型及常用接口定义和功能。

（2）熟悉数控原理实验台上的主要部件及功能。

（3）掌握数控装置与主要部件的连接方法。

二、实训内容

实训内容基于 SIEMENS802C 系统的数控系统实验装置，可根据实验条件确定实训内容。802C 系统构成和接口定义等基本知识可参看第五章第五节和第六章第五、六节相关内容。

（一）数控维修实验台的部件认识

对照实验台，分别指出表 8-17 中各个部件的功能和作用，并进行简单的描述；指出表 8-18 中各个系统接口的功能。

表 8-17 实验台部件功能

名称	型号	功能描述
数控系统		
变频器		
伺服驱动装置		

续表

名称	型号	功能描述
步进驱动装置		
编码器		
断路器		
接触器		
继电器		
开关		
其它部件		

表 8-18　系统接口功能

接口代号	接口名称	接口功能说明
X1		
X2		
X3		
X4		
X5		
X6		
X7		
X10		
X20		
X100～X105		
X200、X201		

（二）数控系统的连接与调试

1. 数控系统的连接

数控系统的连接内容包括：

（1）数控系统输入输出开关量控制接线的连接；

（2）数控装置和进给交流伺服电机驱动器的连接；

（3）数控装置和主轴变频器的连接；

（4）进给交流伺服电机电源线的连接；

（5）主轴交流电机电源线的连接；

（6）反馈电缆及其它控制信号线的连接。

2. 系统功能调试

（1）按要求合上电源开关通电；

（2）按旋转方向指示旋转并拨起数控系统右上角的“急停”按钮，并使系统复位；

（3）按 MCP 面板上按钮 K1，给驱动装置提供使能信号；

（4）使系统工作于回参考点方式，并分别按“＋X”、“＋Y”“＋Z”执行回参考点；

（5）将系统设置为手动工作方式，分别按“-X”、“-Y”、“-Z”，使进给轴向负方向移动一段行程；

（6）将系统设置为手动工作方式，按主轴正转、停止和反转按钮，测试主轴电机的工作状态；

（7）编写一段程序并自动运行，观察实验台的工作状态；
（8）按下“急停”按键，并切断实验台总电源。

三、实训过程记录

根据实验设备，画出控制系统的电气原理图，记录实训操作过程。

实训项目六　数控系统 PLC 地址定义及机床数据设置

一、实训目的及要求

（一）实训目的

（1）数控系统内置的 PLC 有一些特定的变量位，即 NC 与 PLC 的通讯接口信号，通过实训进一步理解 NC、PLC 和机床侧之间的信号关系。

（2）通过实训了解数控系统输入输出信号的定义。

（二）实训要求

（1）熟悉系统各接口信号的定义和应用。

（2）掌握系统各接口 PLC 参数的调试方法。

（3）掌握数控系统外部 I/O 信号状态的查询方法。

二、实训内容

实训内容针对西门子 802C 数控系统，可根据实验实训设备类型及功能调整实训内容。

1. PLC 地址定义

当系统各部件连接完成后，首先必须调试 PLC 程序中的相关动作，如伺服使能、主轴电机旋转、限位开关动作等等。

西门子数控 PLC 数字输入映象寄存器定义为“I0.0～I7.7”，在标准车床和铣床中的信号定义见表 8-19；数字输出映象寄存器信号定义为“Q0.0～Q7.7”，在标准车床和铣床中的信号定义见表 8-20。

表 8-19　输入信号定义

X100	用于车床	用于铣床
I0.0	硬限位 X+	硬限位 X+
I0.1	硬限位 Z+	硬限位 Z+
I0.2	X 参考点开关	X 参考点开关
I0.3	Z 参考点开关	Z 参考点开关
I0.4	硬限位 X−	硬限位 X−
I0.5	硬限位 Z−	硬限位 Z−
I0.6	过载(611 馈入模块的 T52)	过载(611 馈入模块的 T52)
I0.7	急停按钮	急停按钮
X101	—	—
I1.0	刀架信号 T1	主轴低挡到位信号

续表

X100	用于车床	用于铣床
I1.1	刀架信号 T2	主轴高挡到位信号
I1.2	刀架信号 T3	硬限位 Y+
I1.3	刀架信号 T4	Y 参考点开关
I1.4	刀架信号 T5	硬限位 Y-
I1.5	刀架信号 T6	未定义
I1.6	超程释放信号(用于超程链)	超程释放信号(用于超程链)
I1.7	就绪信号(611 馈入模块的 T72)	就绪信号(611 馈入模块的 T72)
X102～X105	在实例程序中未定义	在实例程序中未定义

表 8-20 输出信号定义

X200	用于车床	用于铣床
Q0.0	主轴正转 CW	主轴正转 CW
Q0.1	主轴反转 CCW	主轴反转 CCW
Q0.2	冷却控制输出	冷却控制输出
Q0.3	润滑输出	润滑输出
Q0.4	刀架正转 CW	未定义
Q0.5	刀架反转 CCW	未定义
Q0.6	卡盘卡紧	卡盘卡紧
Q0.7	卡盘放松	卡盘放松
X201	—	—
Q1.0	未定义	主轴低挡输出
Q1.0	未定义	主轴高挡输出
Q1.0	未定义	未定义
Q1.0	电机抱闸释放	电机抱闸释放
Q1.0	主轴制动	主轴制动
Q1.0	馈入模块端子 T48	馈入模块端子 T48
Q1.0	馈入模块端子 T63	馈入模块端子 T63
Q1.0	馈入模块端子 T64	馈入模块端子 T64

2. PLC 参数定义

SINUMERIK 802C base line 在出厂时已经预装了车床和铣床的实例应用程序，实例程序为不同的机床接线而设计，即任何输入位既可以按常开连接也可以按常闭连接。通过设定 PLC 机床参数，可以对 PLC 实例应用程序的功能进行配置，满足实际性能要求。表 8-21 和表 8-22 分别为系统 PLC 调试中使用的 MD14512 和 MD14510 的参数定义说明。

表 8-21　MD14512 参数定义

<table>
<tr><td>MD14512
机床参数</td><td colspan="8">PLC 机床参数</td></tr>
<tr><td>数据号</td><td>位 7</td><td>位 6</td><td>位 5</td><td>位 4</td><td>位 3</td><td>位 2</td><td>位 1</td><td>位 0</td></tr>
<tr><td rowspan="2">14512[0]</td><td colspan="8">定义有效输入位(接口 X100,端子号:0～7)</td></tr>
<tr><td>I0.7</td><td>I0.6</td><td>I0.5</td><td>I0.4</td><td>I0.3</td><td>I0.2</td><td>I0.1</td><td>I0.0</td></tr>
<tr><td rowspan="2">14512[1]</td><td colspan="8">定义有效输入位(接口 X101,端子号:8～15)</td></tr>
<tr><td>I1.7</td><td>I1.6</td><td>I1.5</td><td>I1.4</td><td>I1.3</td><td>I1.2</td><td>I1.1</td><td>I1.0</td></tr>
<tr><td rowspan="2">14512[2]</td><td colspan="8">定义输入位为常闭连接(接口 X100,端子号:0～7)</td></tr>
<tr><td>I0.7</td><td>I0.6</td><td>I0.5</td><td>I0.4</td><td>I0.3</td><td>I0.2</td><td>I0.1</td><td>I0.0</td></tr>
<tr><td rowspan="2">14512[3]</td><td colspan="8">定义输入位为常闭连接(接口 X101,端子号:8～15)</td></tr>
<tr><td>I1.7</td><td>I1.6</td><td>I1.5</td><td>I1.4</td><td>I1.3</td><td>I1.2</td><td>I1.1</td><td>I1.0</td></tr>
<tr><td rowspan="2">14512[4]</td><td colspan="8">定义有效输出位(接口 X200,端子号:0～7)</td></tr>
<tr><td>Q0.7</td><td>Q0.6</td><td>Q0.5</td><td>Q0.4</td><td>Q0.3</td><td>Q0.2</td><td>Q0.1</td><td>Q0.0</td></tr>
<tr><td rowspan="2">14512[5]</td><td colspan="8">定义有效输出位(接口 X201,端子号:8～15)</td></tr>
<tr><td>Q1.7</td><td>Q1.6</td><td>Q1.5</td><td>Q1.4</td><td>Q1.3</td><td>Q1.2</td><td>Q1.1</td><td>Q1.0</td></tr>
<tr><td rowspan="2">14512[6]</td><td colspan="8">定义输出位为低电平有效(接口 X200,端子号:0～7)</td></tr>
<tr><td>Q0.7</td><td>Q0.6</td><td>Q0.5</td><td>Q0.4</td><td>Q0.3</td><td>Q0.2</td><td>Q0.1</td><td>Q0.0</td></tr>
<tr><td rowspan="2">14512[7]</td><td colspan="8">定义输出位为低电平有效(接口 X201,端子号:8～15)</td></tr>
<tr><td>Q1.7</td><td>Q1.6</td><td>Q1.5</td><td>Q1.4</td><td>Q1.3</td><td>Q1.2</td><td>Q1.1</td><td>Q1.0</td></tr>
<tr><td rowspan="2">14512[11]</td><td colspan="8">PLC 实例程序配置</td></tr>
<tr><td>刀架控制有效</td><td>模拟主轴换挡控制</td><td>—</td><td>—</td><td>主轴有效</td><td>卡紧放松有效</td><td>润滑有效</td><td>冷却有效</td></tr>
<tr><td rowspan="2">14512[12]</td><td colspan="8">进给/主轴倍率控制方式配置</td></tr>
<tr><td colspan="2">定义主轴倍率转换速度</td><td colspan="2">定义进给倍率转换速度</td><td>开机主轴倍率设置</td><td>开机进给倍率设置</td><td>—</td><td>倍率控制方式</td></tr>
<tr><td rowspan="2">14512[16]</td><td rowspan="2">—</td><td colspan="3">旋转监控</td><td colspan="4">主轴配置</td></tr>
<tr><td>Z 轴旋转监控</td><td>Y 轴旋转监控</td><td>X 轴旋转监控</td><td>配备倍率开关</td><td>单极性模拟主轴</td><td>主轴使能自动取消</td><td>调试过程中</td></tr>
<tr><td rowspan="2">14512[17]</td><td colspan="4">定义带制动装置的进给电机</td><td colspan="4">定义回参考点倍率无效的轴</td></tr>
<tr><td>—</td><td>Z 轴抱闸</td><td>Y 轴抱闸</td><td>X 轴抱闸</td><td>—</td><td>Z 轴 REF</td><td>Y 轴 REF</td><td>X 轴 REF</td></tr>
<tr><td rowspan="2">14512[18]</td><td colspan="4">定义硬限位螺距</td><td rowspan="2">—</td><td colspan="2">技术设定</td><td rowspan="2">—</td></tr>
<tr><td>急停链生效</td><td>Z 单开关硬限位</td><td>Y 单开关硬限位</td><td>X 单开关硬限位</td><td>开机自动润滑一次</td><td>驱动优化生效</td></tr>
</table>

例：

(1) MD14512 [0] ＝FF；MD14512 [1] ＝FF　　设置输入信号的有效位；

(2) MD14512 [2] ＝7F　　I0.0～I0.5 为常闭连接；

(3) MD14512 [3] ＝F　　I1.0～I1.3 为常闭连接，(铣床 MD14512 (3) ＝0)；

(4) MD14512 [4] ＝33　　Q0.0、Q0.1、Q0.4、Q0.5 为有效位；

(5) MD14512 [6] ＝0　　Q0.0～Q0.7 为高电平有效；

(6) MD14512 [11] ＝88　　设置刀架与主轴有效；

(7) MD14512 [16] =C　　设置倍率有效和主轴极性。

表 8-22　MD14510 参数定义

MD14510 机床参数	PLC 机床参数
数据号	字(16 位整型数)
14510[12]	定义:有关进给/主轴倍率控制的时间量设置。按住进给/主轴倍率减速键大于此设定时间值,进给/主轴倍率将直接降至 0%和 50%。单位:100ms。范围:5～30(0.5～3s),若超出此范围,将默认为 1.5s
14510[13]	定义:有关进给/主轴倍率控制的时间量设置。按住进给/主轴倍率 100%键大于此设定时间值,进给/主轴倍率将直接变为 100%。单位:100ms。范围:5～30(0.5～3s),若超出此范围,将默认为 1.5s
14510[16]	定义:机床类型。范围:0—车床;1—铣床;2—无定义
14510[17]	定义:驱动器类型。范围:0—步进驱动器;1—伺服驱动器;2—无定义
14510[20]	定义:刀架刀位数。范围:4,6,8
14510[21]	定义:换刀监控时间(换刀必须在该时间内完成)。单位:0.1s。范围:30～200(3～20s)
14510[22]	定义:刀架卡紧时间。单位:0.1s。范围:5～30(0.5～3s)
14510[23]	定义:外部主轴制动时间(适于开关量控制的主轴)。单位:0.1s。范围:5～200(0.5～20s)
14510[24]	定义:导轨润滑间隔。单位:1min。范围:5～300min
14510[25]	定义:导轨润滑时间。单位:0.1s。范围:10～200(1～20s)
14510[26]	定义:X 轴+点动键的键号。范围:22～30 之间,除 26 以外
14510[27]	定义:X 轴-点动键的键号。范围:22～30 之间,除 26 以外
14510[28]	定义:Y 轴+点动键的键号。范围:22～30 之间,除 26 以外
14510[29]	定义:Y 轴-点动键的键号。范围:22～30 之间,除 26 以外
14510[30]	定义:Z 轴+点动键的键号。范围:22～30 之间,除 26 以外
14510[31]	定义:Z 轴-点动键的键号。范围:22～30 之间,除 26 以外

例:

(1) MD14510 [12] =15　　设置主轴/进给倍率快速跳转到最大、最小时间;

(2) MD14510 [13] =15　　设置主轴/进给倍率快速跳转到 100%时间;

(3) MD14510 [16] =0　　设置系统类型;

(4) MD14510 [17] =0　　设置驱动器类型;

(5) MD14510 [20] =4　　设置刀架数量;

(6) MD14510 [21] =50　　设置换刀时间;

(7) MD14510 [22] =15　　设置刀架反锁时间。

系统首次上电进行初次调试时,当出现报警号为 700000 的报警信息时,应设定表 8-23 所示 PLC 机床参数。

表 8-23　PLC 机床参数设定

设定功能	参数值设置
设定机床类型	MD14510[16]——0 表示车床,1 表示铣床
定义输入输出	MD14512[0]～[3]——DI16 的输入使能和输入逻辑;MD14512[4]～[7]——DO16 的输出使能和输出逻辑
定义点动键	MD14510[26]——X+键;MD14510[27]——X-键;MD14510[30]——Z+键;MD14510[31]——Z-键;MD14510[28]——Y+键(在 MD14510[16]=1 时);MD14510[29]——Y-键(在 MD14510[16]=1 时)

续表

设定功能	参数值设置
屏蔽急停信号	MD14512[16]的 bit0=1，退出急停
定义使用功能	MD14512[11]：Bit7=1，车床刀架有效；Bit6=1，铣床主轴换挡生效；Bit3=1，主轴控制生效；Bit2=1，卡紧放松控制；Bit1=1，自动润滑生效；Bit0=1，冷却控制生效
设定系统参数	MD14512[16]/[17]/[18]

3. PLC 状态的显示

接口是连接 CNC 系统、PLC 及机床本体的节点，节点是信息传递和控制的通道，通过接口的状态信息通为“1”、断为“0”。若系统带有分立 PLC 时，系统发生故障后，应判断故障是出现在 CNC 系统内部，还是 PLC 或机床侧。通过查看 PLC 状态，用户可以检查机床输入输出开关量信号的状态。另外，用户还可通过查看 PLC 编程用的中间继电器（继电器不是指控制柜中的实际继电器）的状态信息调试 PLC 程序。

西门子 802C base line 数控系统 PLC 状态下可查询的数据如表 8-24 所示。

表 8-24　可查询的数据

输入端	I	输入字节(IBx)、输入字(IWx)、双输入字(IDx)
输出端	Q	输出字节(QBx)、输出字(QWx)、双输出字(QDx)
标志器	M	标志字节(Mx)、标志字(MW)、双标志字(MDx)
定时器	T	定时器(Tx)
计数器	C	计数器(Cx)
资料	V	数据字节(VBx)、数据字(VWx)、双数据字(VDx)
格式	B H D	二进制 十六进制 十进制 在双字方式中不可以使用二进制，计数器和定时器使用十进制

PLC 调试步骤：按［诊断］→［调试］→［PLC 状态］，键入所要查询的 PLC 数据→回车确认。图 8-3 中为查询“IB0”的状态。

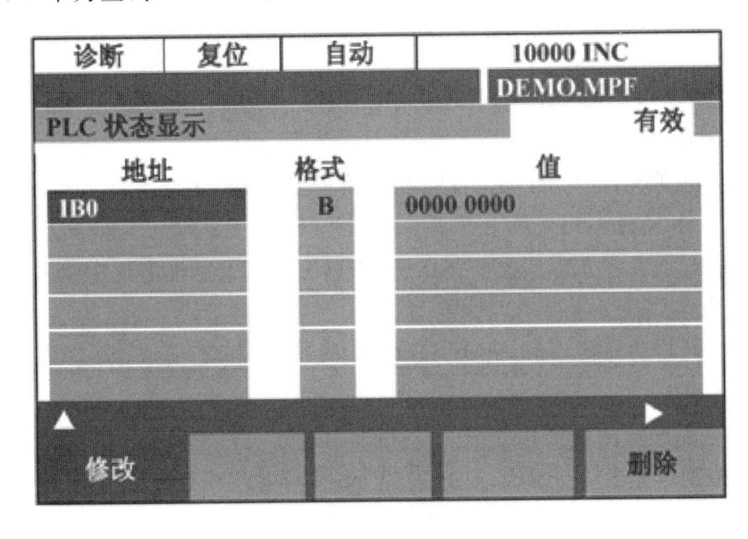

图 8-3　PLC 状态查询

三、实训过程记录

根据实验内容，记录 MD14510 和 MD14512 的参数设置、实验设备的输入输出端子定义，通过实验设备的 I/O 端子断开与闭合观察 PLC 的状态，记录实训操作过程。

实训项目七　进给伺服驱动器连线及参数设置

一、实训目的及要求

（一）实训目的

（1）通过实训进一步理解伺服驱动器的工作原理、常用接口类型及作用、驱动器与数控装置及电动机的连线。

（2）通过软件了解伺服驱动器的参数类型及设置方法。

（二）实训要求

（1）熟悉 SIMODRIVE 611U 伺服驱动器的接口类型、常用接口定义和功能。

（2）熟悉工具软件 SimoComU 的使用。

（3）掌握 SIMODRIVE 611U 伺服驱动器的参数设置及调试方法。

（4）能够分析、排除驱动器的基本故障。

二、实训内容

SIMODRIVE 611U 是用于联动而且具有高动态响应的运动控制系统。是一种模块化晶体管脉冲变频器，可以实现多轴以及组合驱动解决方案。其电源馈电模块可以提供最大 120kW 的总功率。

SINUMERIK 802C base line 与 SIMODRIVE 611U 配合使用，电缆连接方式及面板接口定义如图 8-4 所示。

SINUMERIK 802C base line 连接 SIMODRIVE 611U 伺服驱动，分为速度给定值电缆、电机编码器电缆、位置反馈电缆和电机动力电缆。

1. 速度给定值电缆（图 8-5）

连接 CNC 控制器 X7 接口到 SIMODRIVE611U 的 X451/X452 接口。

2. 电机编码器电缆（图 8-6）

连接 1FK7 电机到 SIMODRIVE611U 的 X411/X412 接口。

3. 位置反馈电缆（图 8-7）

连接 CNC 的 X3、X4、X5、X6 到 SIMODRIVE 611U 的 X461/X462 接口。

4. 电机动力电缆（图 8-8）

连接 1FK7 电机的动力接口到 SIMODRIVE 611U 的功率模块 A1/A2 的 U2、V2、W2 接线端子。

PLC 程序对电源模块的使能端子 T48、T63 和 T64 进行控制，端子 T72 和 T52 的状态也对使能端子的控制产生互锁。系统中所集成 PLC 实用应用程序已经对电源模块的各控制端子进行控制。

电源模块的控制端子接通与断开的延时时间大约为 50～100ms。

上电时，端子 T48 与 T9 接通，直流母线开始充电，延时后 T63 与 T9 接通，最后 T64 和 T9 接通。

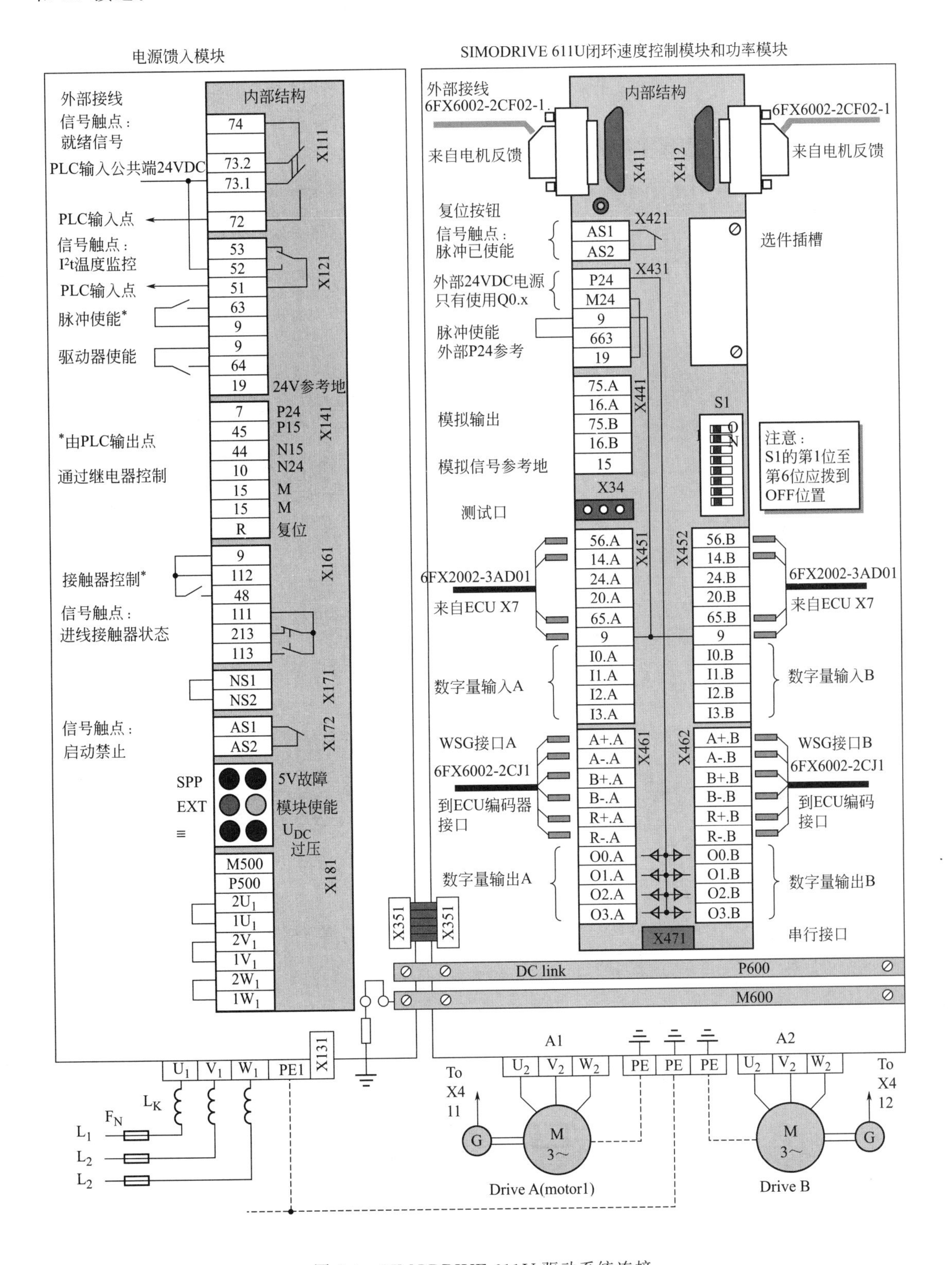

图 8-4　SIMODRIVE 611U 驱动系统连接

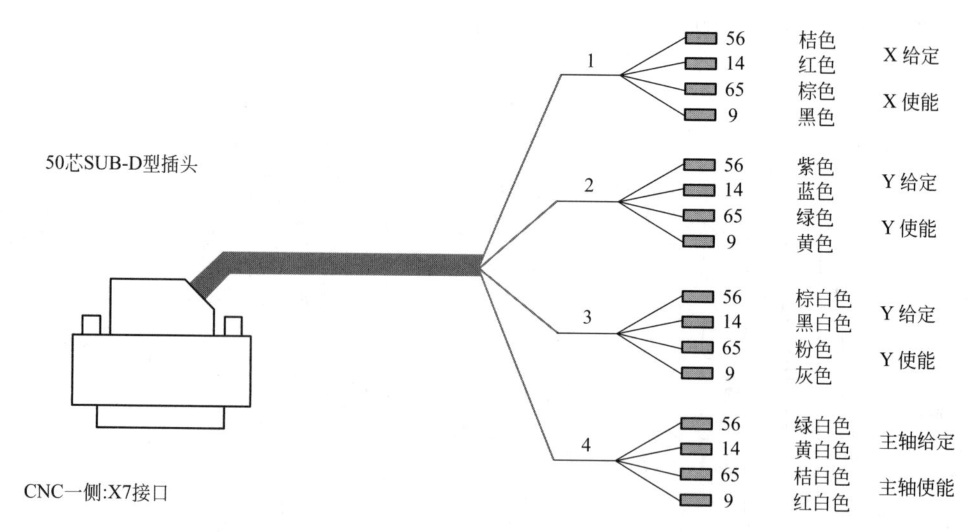

图 8-5 速度给定值电缆

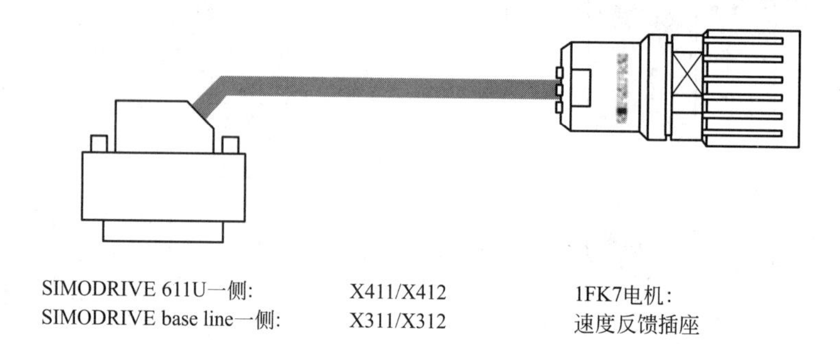

图 8-6 电机编码器电缆

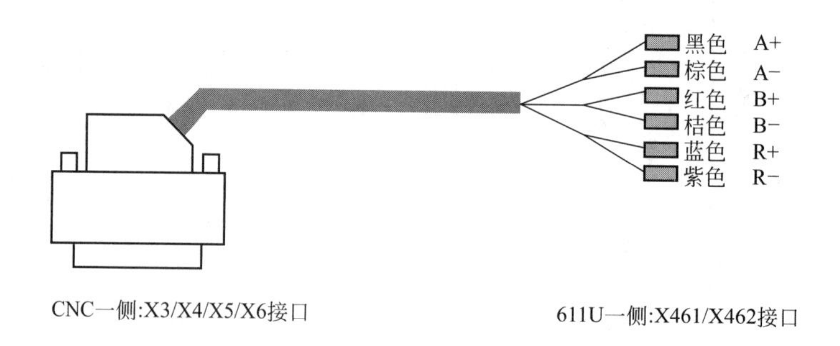

图 8-7 位置反馈电缆

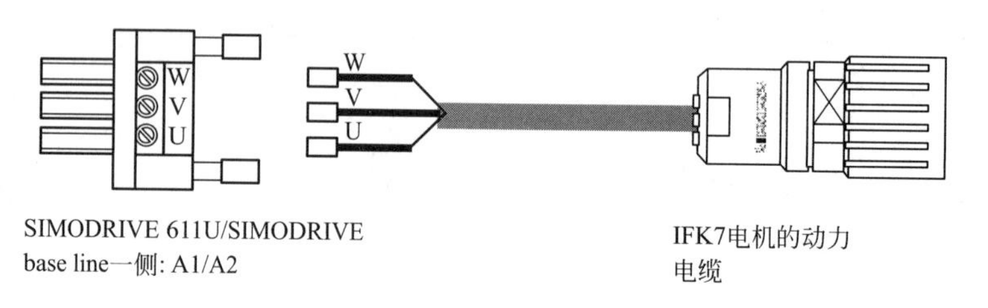

图 8-8 电机动力电缆

关电时，端子 T64 与 T9 断开，延时后（主轴和进给轴停止）T63 与 T9 断开，最后 T48 与 T9 断开。只有在 T48 断开之后才能切断总电源。

电源模块指示灯含义如图 8-9 所示。

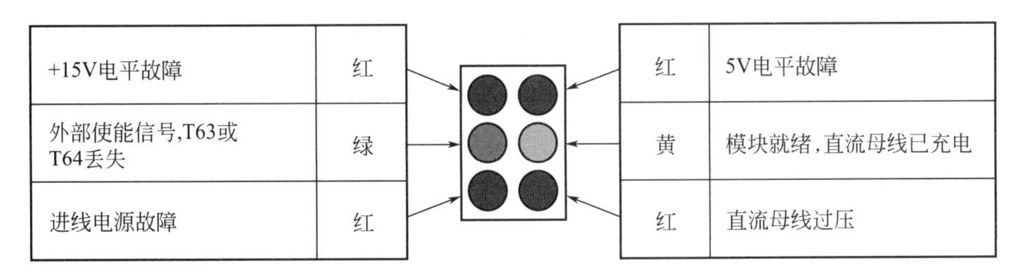

图 8-9　电源模块指示灯含义图

SIMODRIVE 611U 伺服驱动器分为电源馈入模块、闭环速度控制模块和功率模块两部分，分别针对这两部分的接线进行分析。电源馈入模块的接线可以参照其他资料。

闭环速度控制模块和功率模块外部接口的接线见图 8-10。

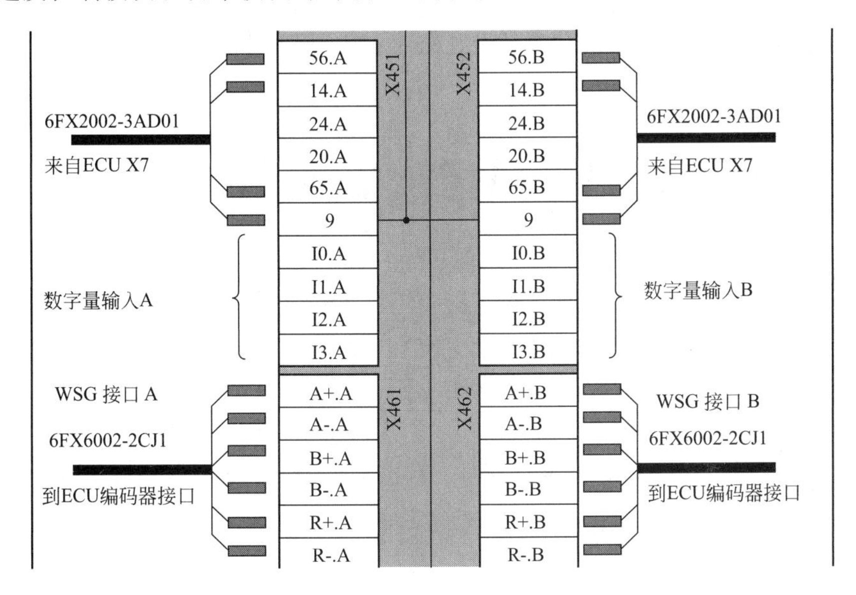

图 8-10　SIMODRIVE 611U 闭环速度控制模块和功率模块的接线

连接 CNC 控制器接口 X7 到 SIMODRIVE 611U X451/452 接口输入 X/Y 轴控制信号，连接 SIMODRIVE 611U X461/462 接口到 X/Y 轴编码器接口 X3/X4 输出 X/Y 轴控制信号，接口引脚接线图见图 8-11。SIMODRIVE 611U 是一种通用型的伺服驱动器，可以根据不同的应用场合，使用工具软件 SimoComU 进行各种参数的设定。

1. 电源模块和进给轴线路连接

（1）用电缆连接 SINUMERIK 802C base line 接口与 SIMODRIVE 611U 模块；

（2）检查线路；

（3）参照图纸连接 611U 电源模块和驱动器线路及进给轴驱动；

（4）启动系统，操作机床，检查可能的问题。

2. 通过工具软件 SimoComU 对 X、Y 轴进行伺服配置

（1）启动 SimoComU，选择联机方式，见图 8-12；

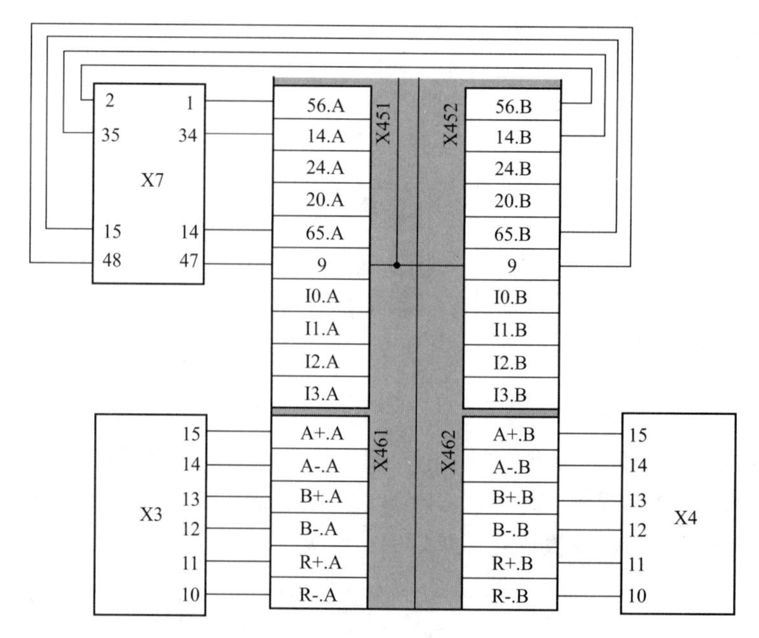

图 8-11　引脚接线图

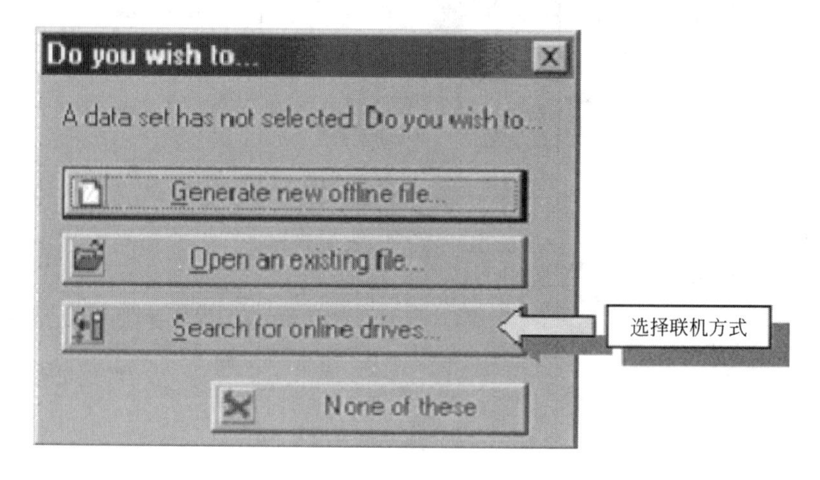

图 8-12　选择联机方式

(2) 命名将要调试的驱动器，然后选择“下一步”，见图 8-13；

(3) 进入联机方式后，SimoComU 自动识别功率模块和 611U 控制板型号，然后选择“下一步”，见图 8-14；

(4) 选择输入电机的型号，如 1FK7060-5AF71，然后选择“下一步”，见图 8-15；

(5) 根据电机的型号选择编码器类型，见图 8-16；

(6) 选择速度控制方式，然后选择“下一步”，见图 8-17；

(7) SimoComU 列出所选择的数据，如果数据无误，选择“接收该轴驱动器配置”，见图 8-18。

3. 操作要点及注意事项

(1) 连接 1FK7 电机的电缆 U、V、W 必须与 SIMODRIVE 611U 上 A1/A2 插头的 U、V、W 对应，不可接错。

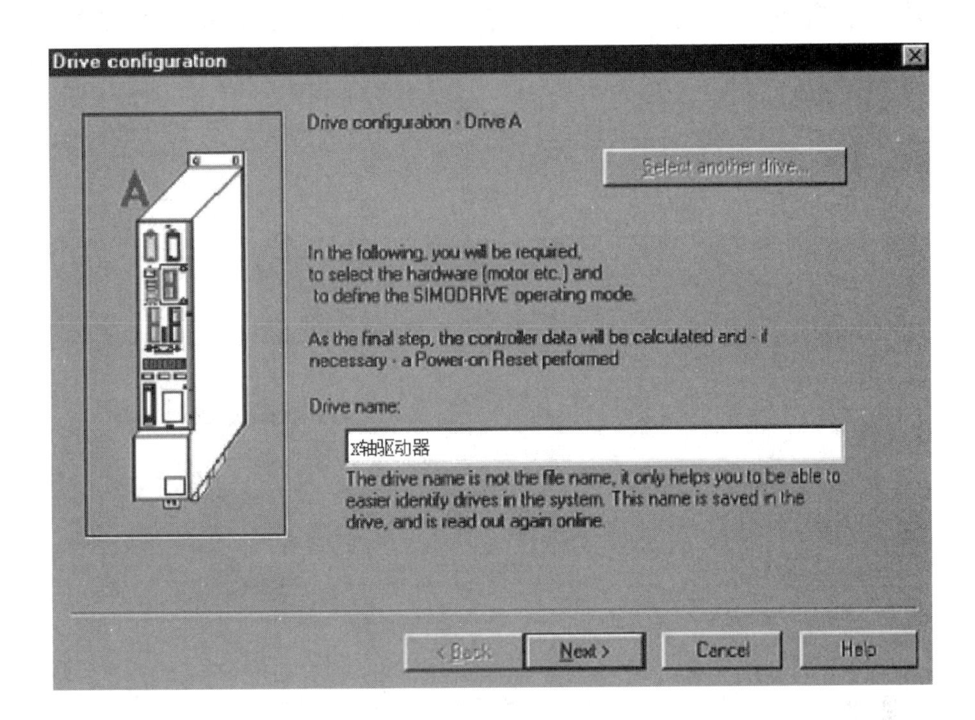

图 8-13　命名驱动器

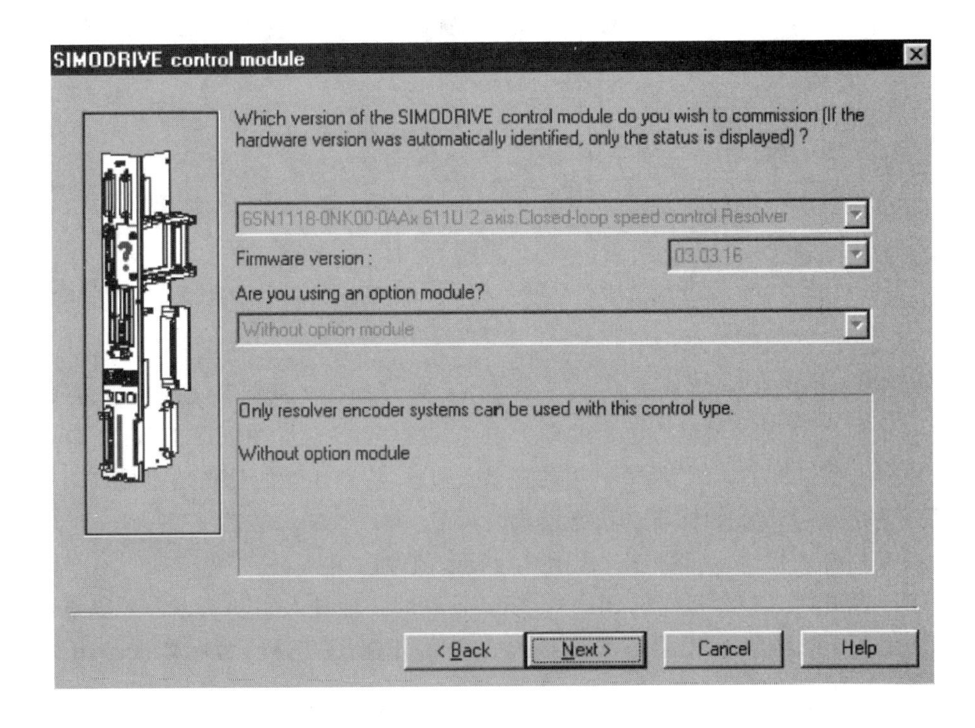

图 8-14　识别功率模块和控制板型号

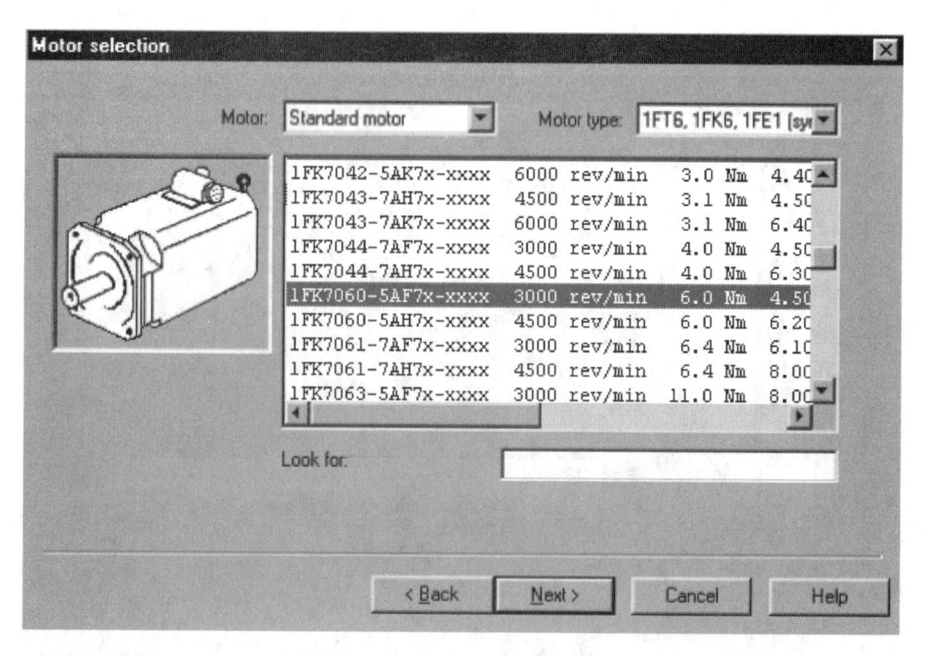

图 8-15 选择电机型号

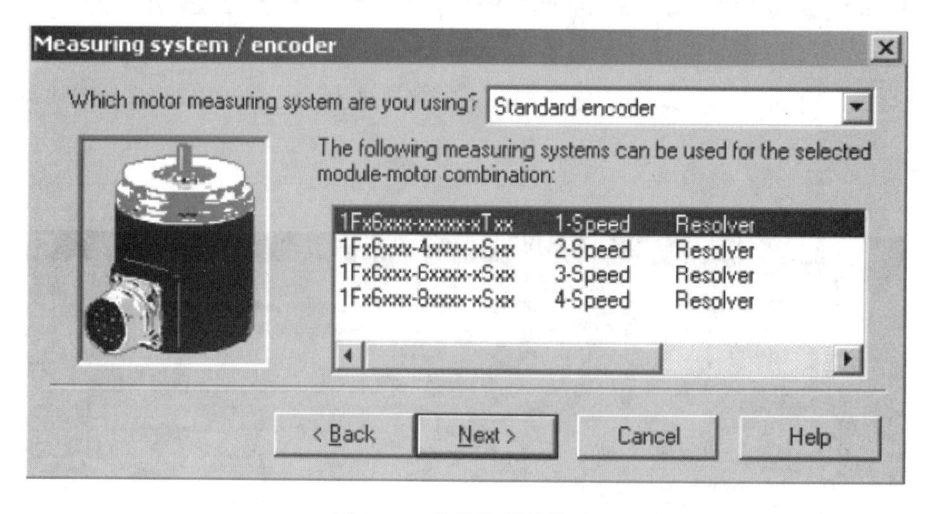

图 8-16 选择编码器类型

（2）在 SIMODRIVE 611U 上，A1（对应 X411）和 A2（对应 X412）不可接错。

（3）双轴模块中 A 通道伺服电机的动力电缆连接至 A1，反馈电缆与 X411 连接；通道 B 的电机动力电缆连接至 A2，反馈电缆连接至 X412。特别注意的是在功率模块一端的动力电缆不能连错。A1 和 A2 的标志在功率模块的底部。

（4）驱动器必须接地才能通电，否则可能导致硬件损坏。

（5）T64 断开后（T63 和 T48 闭合），驱动系统的各轴进入制动状态，并以最快速度停止。因此在急停/伺服禁止和关电时，必须首先断开端子 T64，然后依次断开端子 T63 和 T48。

（6）在 SIMODRIVE 611U 控制模块上，开关 S1 的第一位至第六位应拨到 OFF 位置，驱动器参数 P890 应设置为 1（角位置编码器输出到 NC）。

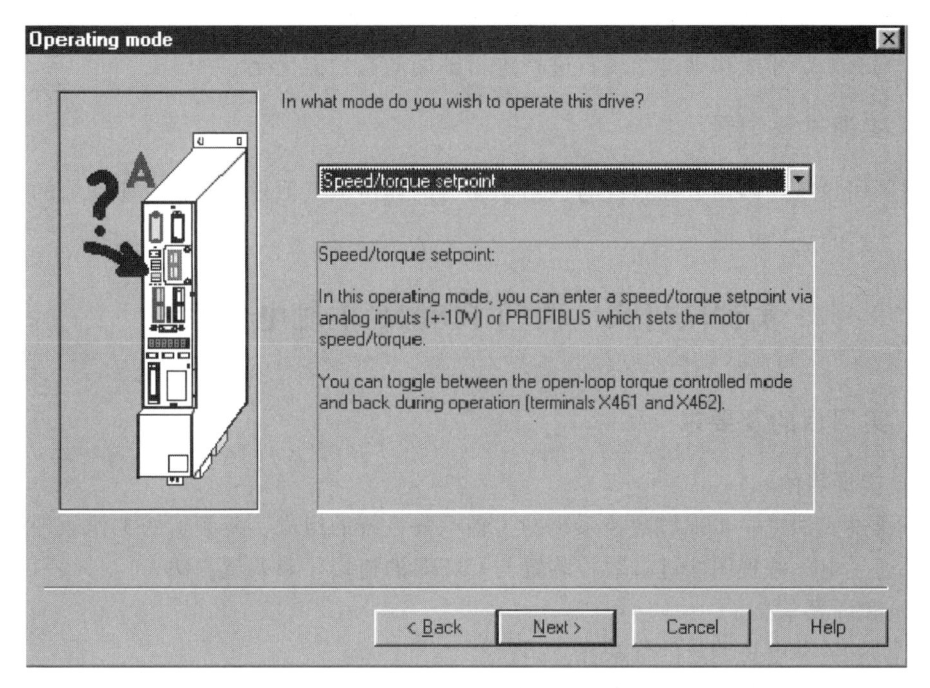

图 8-17　选择速度控制方式

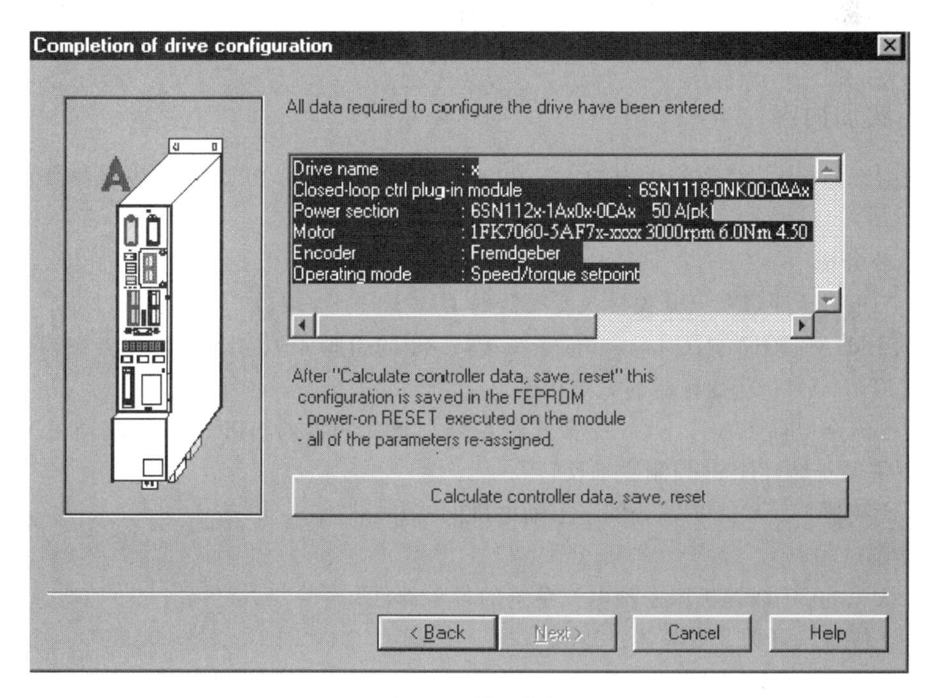

图 8-18　接收数据

（7）为了使电机电缆更好地屏蔽，最好使用屏蔽板。连接时，电机动力电缆的屏蔽线应与屏蔽板连接，电机信号电缆的屏蔽网应与功率模块的壳体连接。西门子提供的电机信号电缆是完整电缆。连接时，用户需要剥去屏蔽网的外部保护层，但不能损伤内部信号线。

（8）伺服配置设置完成之后，如果 PLC 应用程序还没有调试，驱动器的使能信号不会生效，电机也不能旋转。PLC功能驱动器使能控制生效之后，设定NC进给轴参数（MD：30130和30240），才能移动进给轴，进行进给轴的动态性能优化。

三、实训过程记录

根据所用设备，画出数控系统与进给驱动器的连接电气原理图，记录驱动器的参数设置过程。

实训项目八　西门子802C主轴电气系统

一、实训目的及要求

（一）实训目的

（1）通过实训进一步理解数控系统的主轴电气系统的组成、变频器的工作原理。

（2）通过电气原理图能进行数控装置与变频器的连接，和调试方法。

（二）实训要求

（1）了解各种电机调速的优缺点。

（2）理解主轴控制的基本要求。

（3）掌握变频器的常用接口功能、定义和接线。

（4）掌握变频器的基本参数、参数设置和调试方法。

二、实训内容

根据图纸连接802C数控机床的主轴电气系统部分。图8-19为某型号变频器的外部连线图。

1. 系统分析

（1）三相电源通过空气开关接入变频器的L1、L2、L3端。

（2）SINUMERIK 802C base line系统接口X7的引脚4（AGND4）与变频器的5端相连，引脚37（AO4）与变频器的2端相连。

（3）电流继电器KA7、KA8的常开触点分别将变频器的STF、STR端与SD端相连。KA7控制主轴正转，KA8控制主轴反转。

（4）变频器U、V、W端分别与主轴电机的三相相连。

2. 操作过程

（1）认识802C数控机床主轴电气系统的各个部件；

（2）连接空气开关及变频器；

（3）连接SINUMERIK 802C base line系统接口X7的引脚与变频器；

（4）连接变频器与主轴电机；

（5）根据相关图纸连接与变频器相关的各个开关信号；

（6）检查线路；

（7）上电试验。

3. 操作要点及注意事项

（1）系统必须接地才能通电，否则可能导致硬件损坏。

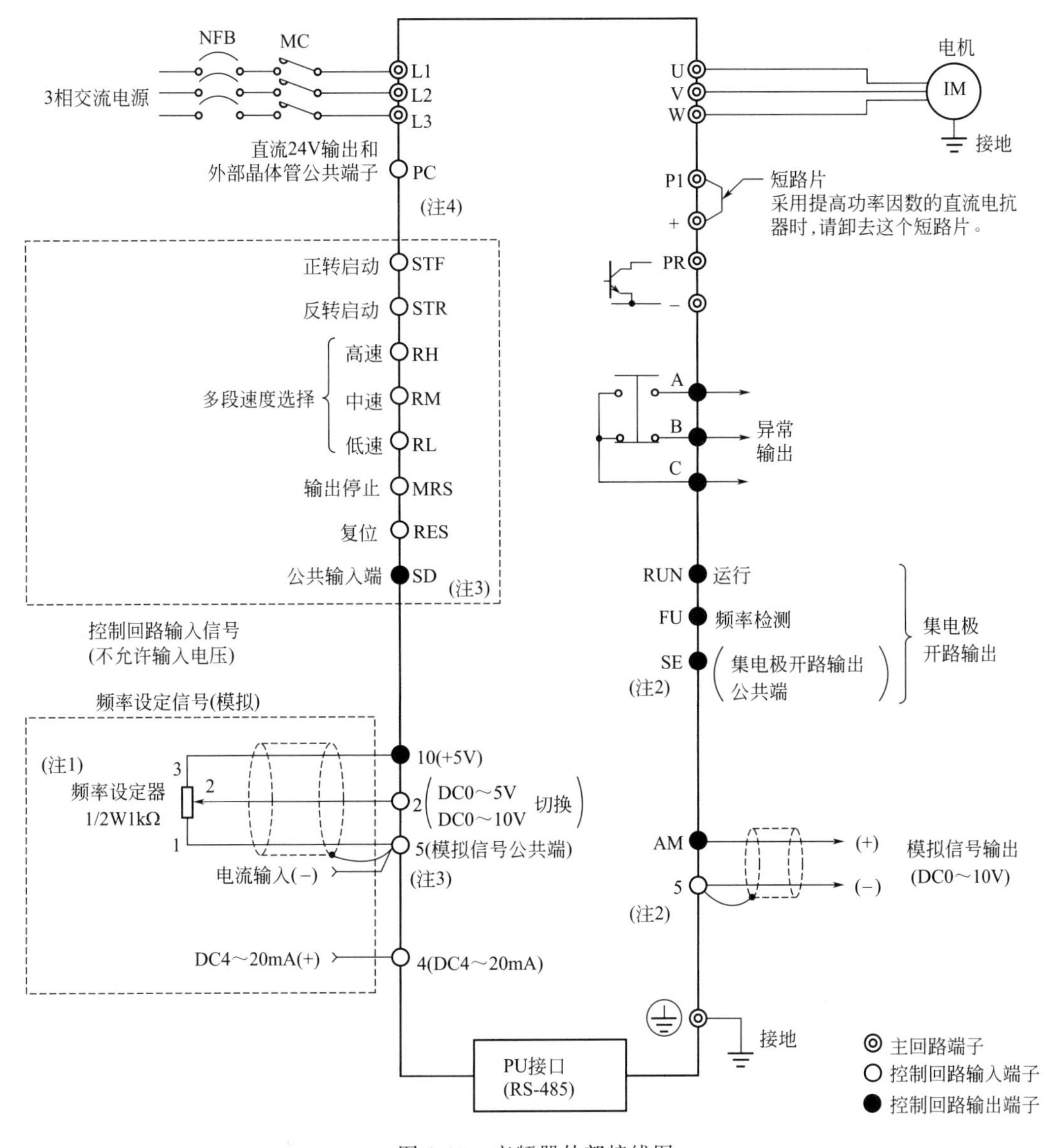

图 8-19　变频器外部接线图

(2) 三相电源输入接入变频器的 L1、L2、L3 端，不需要安排相的次序。如果将三相电源连接到了输出端子（U，V，W），变频器的内部将会损坏。

(3) 驱动器接口 X7 的引脚 37 和引脚 4 与变频器端子严格对应，不可接错。

(4) 空气开关常开触点接入数字输入接口 X104 的引脚 3，以防变频器供电过载。

(5) 电机应该连接到端子 U，V，W。如果正转开关（FX）处于 ON，从电机负载的方向看，电机应该按顺时针方向转动。如果电机处于反转状态，应该转换 U 和 V 端子的接线。

(6) 当变频器前面的盖子打开时，不要运行变频器。当输入电源接通时，严格禁止打开前端的盖子。否则会导致电击。

4. 控制要求

(1) 通过 M03/M04/M05 实现：

M03：主轴正转；

M04：主轴反转；

M05：主轴停止。

（2）通过 MCP 按钮实现：按正转按钮时电动机正转；按反转按钮时电动机反转；按停止按钮时电动机停止；电动机过载报警后正/反转按钮无效。

三、实训过程记录

画出主轴电气系统原理图，记录实训过程。

附　　录

常用电气图形符号和文字符号的新旧对照表

名称		新标准 图形符号	新标准 文字符号	旧标准 图形符号	旧标准 文字符号
一般三极电源开关			QS		K
低压断路器			QF		UZ
位置开关	常开触头		SQ		XK
位置开关	常闭触头		SQ		XK
位置开关	复合触头		SQ		XK
熔断器			FU		RD
按钮	启动		SB		QA
按钮	停止		SB		TA
按钮	复合		SB		AN
接触器	线圈		KM		C
接触器	主触头		KM		C
接触器	常开辅助触头		KM		C
接触器	常闭辅助触头		KM		C
速度继电器	常开触头	n	KS	n>	SDJ
速度继电器	常闭触头	n	KS	n>	SDJ
时间继电器	线圈		KT		SJ
时间继电器	常开延时闭合触头		KT		SJ
时间继电器	常闭延时打开触头		KT		SJ
时间继电器	常闭延时闭合触头		KT		SJ

参 考 文 献

[1] 张振国，方承远. 工厂电气与PLC控制技术. 北京：机械工业出版社，2011.
[2] 郑凤翼，杨洪升. 怎样看电气控制电路图. 北京：人民邮电出版社，2008.
[3] 陶亦亦. 机电设备电气控制与PLC应用. 北京：机械工业出版社，2016.
[4] 祝红芳. PLC及其在数控机床中的应用. 北京：人民邮电出版社，2007.
[5] 龚仲华. 西门子数控PLC程序典例. 北京：机械工业出版社，2015.
[6] 杜国臣，王士军. 机床数控技术. 北京：北京大学出版社，2006.
[7] 蒋丽. 数控原理与系统. 北京：国防工业出版社，2013.
[8] 张南乔. 数控技术实训教程. 北京：机械工业出版社，2009.
[9] 周兰，陈少艾. 数控机床故障诊断与维修. 北京：人民邮电出版社，2007.
[10] 刘光源. 机床电气设备的维修. 北京：机械工业出版社，2010.